- ふろくの「がんばり表」に使おう！
- はじめに、キミのおとも犬を選んで、がんばり表にはろう！
- 学習が終わったら、がんばり表に「はなまるシール」をはろう！
- 余ったシールは自由に使ってね。

キミのおとも犬

はなまるシール

ごほうびシール

1 分数×整数 ①

★できた問題には、「た」をかこう！

1 次の計算をしましょう。

月　日

① $\frac{1}{6}\times5$

② $\frac{2}{9}\times4$

③ $\frac{3}{4}\times9$

④ $\frac{4}{5}\times4$

⑤ $\frac{2}{3}\times2$

⑥ $\frac{3}{7}\times6$

2 次の計算をしましょう。

① $\frac{3}{8}\times2$

② $\frac{7}{6}\times3$

③ $\frac{5}{12}\times8$

④ $\frac{10}{9}\times6$

⑤ $\frac{1}{8}\times8$

⑥ $\frac{4}{3}\times6$

2 分数×整数 ②

1 次の計算をしましょう。　　　月　日

① $\frac{2}{7}\times3$　　② $\frac{1}{2}\times9$

③ $\frac{3}{8}\times7$　　④ $\frac{5}{4}\times3$

⑤ $\frac{6}{5}\times2$　　⑥ $\frac{2}{3}\times8$

2 次の計算をしましょう。　　　月　日

① $\frac{1}{4}\times2$　　② $\frac{5}{12}\times3$

③ $\frac{1}{12}\times10$　　④ $\frac{5}{8}\times6$

⑤ $\frac{1}{3}\times6$　　⑥ $\frac{5}{4}\times12$

3 分数÷整数 ①

★できた問題には、「た」をかこう！

できた 1　できた 2

1 次の計算をしましょう。

月　日

① $\frac{8}{7}\div 9$

② $\frac{6}{5}\div 7$

③ $\frac{4}{3}\div 5$

④ $\frac{10}{3}\div 2$

⑤ $\frac{9}{8}\div 3$

⑥ $\frac{3}{2}\div 3$

2 次の計算をしましょう。

月　日

① $\frac{2}{9}\div 6$

② $\frac{3}{5}\div 12$

③ $\frac{2}{3}\div 4$

④ $\frac{9}{10}\div 6$

⑤ $\frac{6}{7}\div 4$

⑥ $\frac{9}{4}\div 12$

4 分数÷整数 ②

★できた問題には、「た」をかこう！

1 でき　2 でき

1 次の計算をしましょう。

月　　日

① $\frac{5}{6} \div 8$

② $\frac{3}{8} \div 2$

③ $\frac{2}{3} \div 9$

④ $\frac{6}{5} \div 6$

⑤ $\frac{9}{10} \div 3$

⑥ $\frac{15}{2} \div 5$

2 次の計算をしましょう。

月　　日

① $\frac{3}{2} \div 9$

② $\frac{2}{7} \div 10$

③ $\frac{4}{3} \div 12$

④ $\frac{6}{5} \div 10$

⑤ $\frac{9}{4} \div 6$

⑥ $\frac{8}{5} \div 6$

★できた問題には、「た」をかこう！

でき 1　でき 2

5 分数のかけ算①

1 次の計算をしましょう。　　月　　日

① $\frac{1}{5}\times\frac{1}{6}$

② $\frac{2}{3}\times\frac{2}{5}$

③ $\frac{3}{5}\times\frac{2}{9}$

④ $\frac{3}{7}\times\frac{5}{6}$

⑤ $\frac{14}{9}\times\frac{12}{7}$

⑥ $\frac{5}{2}\times\frac{6}{5}$

2 次の計算をしましょう。　　月　　日

① $1\frac{1}{3}\times\frac{2}{5}$

② $1\frac{1}{8}\times1\frac{1}{6}$

③ $\frac{8}{15}\times2\frac{1}{2}$

④ $1\frac{3}{7}\times1\frac{13}{15}$

⑤ $6\times\frac{2}{7}$

⑥ $4\times2\frac{1}{4}$

6 分数のかけ算②

★できた問題には、「た」をかこう！

1 次の計算をしましょう。

月　　日

① $\frac{1}{2}\times\frac{1}{7}$

② $\frac{6}{5}\times\frac{6}{7}$

③ $\frac{4}{5}\times\frac{3}{8}$

④ $\frac{5}{8}\times\frac{4}{3}$

⑤ $\frac{7}{8}\times\frac{2}{7}$

⑥ $\frac{14}{9}\times\frac{3}{16}$

2 次の計算をしましょう。

月　　日

① $\frac{6}{7}\times1\frac{3}{5}$

② $1\frac{2}{5}\times1\frac{7}{8}$

③ $2\frac{1}{4}\times\frac{8}{15}$

④ $2\frac{1}{3}\times1\frac{1}{14}$

⑤ $1\frac{1}{8}\times1\frac{7}{9}$

⑥ $4\times\frac{5}{6}$

7 分数のかけ算③

★できた問題には、「た」をかこう！

1 でき　2 でき

1 次の計算をしましょう。　月　日

① $\frac{1}{4}\times\frac{1}{3}$

② $\frac{5}{6}\times\frac{5}{7}$

③ $\frac{2}{7}\times\frac{3}{8}$

④ $\frac{3}{4}\times\frac{8}{9}$

⑤ $\frac{7}{5}\times\frac{15}{7}$

⑥ $\frac{8}{3}\times\frac{9}{4}$

2 次の計算をしましょう。　月　日

① $2\frac{1}{3}\times\frac{5}{6}$

② $\frac{4}{7}\times2\frac{3}{4}$

③ $1\frac{1}{10}\times1\frac{4}{11}$

④ $1\frac{1}{4}\times1\frac{3}{5}$

⑤ $7\times\frac{3}{5}$

⑥ $8\times2\frac{1}{2}$

8 分数のかけ算④

★できた問題には、「た」をかこう！

でき 1　でき 2

1 次の計算をしましょう。　　月　　日

① $\frac{1}{3}\times\frac{1}{2}$　　② $\frac{2}{7}\times\frac{3}{7}$

③ $\frac{5}{6}\times\frac{3}{8}$　　④ $\frac{2}{5}\times\frac{5}{8}$

⑤ $\frac{9}{2}\times\frac{8}{3}$　　⑥ $\frac{14}{3}\times\frac{9}{7}$

2 次の計算をしましょう。　　月　　日

① $\frac{3}{7}\times1\frac{4}{5}$　　② $1\frac{3}{8}\times1\frac{2}{11}$

③ $3\frac{3}{4}\times\frac{8}{25}$　　④ $1\frac{1}{2}\times1\frac{1}{9}$

⑤ $2\frac{1}{4}\times1\frac{7}{9}$　　⑥ $6\times\frac{5}{4}$

9 3つの数の分数のかけ算

★できた問題には、「た」をかこう！

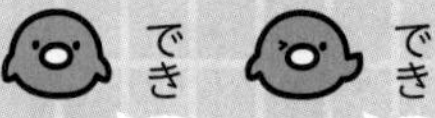

1 次の計算をしましょう。　　月　日

① $\frac{4}{3}\times\frac{5}{4}\times\frac{2}{7}$

② $\frac{8}{5}\times\frac{7}{8}\times\frac{7}{9}$

③ $\frac{2}{5}\times\frac{7}{3}\times\frac{5}{8}$

④ $\frac{1}{3}\times\frac{14}{5}\times\frac{6}{7}$

⑤ $\frac{7}{6}\times\frac{5}{3}\times\frac{9}{14}$

⑥ $\frac{5}{4}\times\frac{6}{7}\times\frac{8}{15}$

2 次の計算をしましょう。　　月　日

① $\frac{5}{11}\times\frac{5}{12}\times2\frac{3}{4}$

② $\frac{5}{7}\times\frac{1}{6}\times1\frac{4}{5}$

③ $\frac{3}{7}\times3\frac{1}{2}\times\frac{6}{11}$

④ $\frac{8}{9}\times1\frac{1}{4}\times\frac{3}{10}$

⑤ $2\frac{2}{3}\times\frac{3}{4}\times\frac{7}{12}$

⑥ $3\frac{3}{4}\times\frac{5}{6}\times\frac{4}{5}$

★できた問題には、
「た」をかこう！
でき
1

1 計算のきまりを使って、くふうして計算しましょう。

① $\left(\frac{1}{5}\times\frac{2}{7}\right)\times\frac{7}{2}$

② $\frac{35}{8}\times\left(\frac{1}{5}+\frac{3}{7}\right)$

③ $\left(\frac{1}{3}+\frac{1}{4}\right)\times\frac{12}{5}$

④ $\left(\frac{1}{2}-\frac{4}{9}\right)\times\frac{18}{5}$

⑤ $\frac{1}{4}\times\frac{10}{9}+\frac{1}{5}\times\frac{10}{9}$

⑥ $\frac{3}{5}\times\frac{5}{11}-\frac{2}{7}\times\frac{5}{11}$

11 分数のわり算①

★できた問題には、「た」をかこう！

できた 1　できた 2

1 次の計算をしましょう。

月　日

① $\frac{3}{4} \div \frac{1}{5}$　② $\frac{7}{5} \div \frac{3}{4}$

③ $\frac{8}{5} \div \frac{7}{10}$　④ $\frac{3}{4} \div \frac{9}{5}$

⑤ $\frac{5}{3} \div \frac{10}{9}$　⑥ $\frac{5}{6} \div \frac{15}{2}$

2 次の計算をしましょう。

月　日

① $1\frac{1}{9} \div \frac{3}{7}$　② $\frac{7}{8} \div 3\frac{1}{2}$

③ $2\frac{1}{2} \div 1\frac{1}{3}$　④ $1\frac{2}{5} \div 2\frac{3}{5}$

⑤ $8 \div \frac{1}{2}$　⑥ $\frac{7}{6} \div 14$

12 分数のわり算②

★できた問題には、「た」をかこう！

できた 1　できた 2

1 次の計算をしましょう。

月　日

① $\frac{5}{4} \div \frac{3}{7}$

② $\frac{7}{3} \div \frac{1}{9}$

③ $\frac{7}{2} \div \frac{5}{8}$

④ $\frac{4}{5} \div \frac{8}{9}$

⑤ $\frac{5}{9} \div \frac{20}{3}$

⑥ $\frac{3}{7} \div \frac{9}{14}$

2 次の計算をしましょう。

月　日

① $4\frac{2}{3} \div \frac{7}{9}$

② $\frac{8}{9} \div 1\frac{1}{2}$

③ $1\frac{1}{3} \div 1\frac{4}{5}$

④ $2\frac{2}{9} \div 3\frac{1}{3}$

⑤ $7 \div 4\frac{1}{2}$

⑥ $\frac{9}{8} \div 2$

13 分数のわり算③

★できた問題には、「た」をかこう！

できた 1　できた 2

1 次の計算をしましょう。　　月　日

① $\frac{2}{3} \div \frac{1}{4}$

② $\frac{3}{2} \div \frac{8}{3}$

③ $\frac{9}{4} \div \frac{5}{8}$

④ $\frac{7}{9} \div \frac{4}{3}$

⑤ $\frac{8}{7} \div \frac{12}{7}$

⑥ $\frac{5}{6} \div \frac{10}{9}$

2 次の計算をしましょう。　　月　日

① $1\frac{2}{5} \div \frac{3}{4}$

② $\frac{9}{10} \div 3\frac{3}{5}$

③ $3\frac{1}{2} \div 1\frac{3}{10}$

④ $1\frac{7}{8} \div 2\frac{1}{2}$

⑤ $6 \div \frac{1}{5}$

⑥ $\frac{3}{4} \div 5$

14 分数のわり算④

★ できた問題には、「た」をかこう！

1 でき　2 でき

1 次の計算をしましょう。

月　　日

① $\frac{8}{3}\div\frac{7}{10}$

② $\frac{4}{3}\div\frac{1}{6}$

③ $\frac{7}{4}\div\frac{5}{8}$

④ $\frac{6}{5}\div\frac{9}{7}$

⑤ $\frac{3}{8}\div\frac{9}{2}$

⑥ $\frac{7}{9}\div\frac{7}{6}$

2 次の計算をしましょう。

月　　日

① $4\frac{1}{4}\div\frac{5}{8}$

② $\frac{4}{5}\div1\frac{2}{3}$

③ $1\frac{1}{7}\div1\frac{1}{5}$

④ $3\frac{3}{4}\div4\frac{3}{8}$

⑤ $5\div\frac{10}{3}$

⑥ $5\frac{1}{3}\div3$

15 分数と小数のかけ算とわり算

1 次の計算をしましょう。

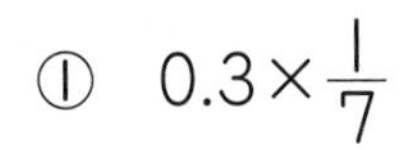

① $0.3\times\frac{1}{7}$

② $2.5\times1\frac{3}{5}$

③ $\frac{5}{12}\times0.8$

④ $1\frac{1}{6}\times1.2$

2 次の計算をしましょう。

月　日

① $0.9\div\frac{5}{6}$

② $1.6\div\frac{2}{3}$

③ $\frac{3}{4}\div0.2$

④ $1\frac{1}{5}\div1.2$

16 分数のかけ算とわり算のまじった式①

★できた問題には、「た」をかこう！

できた

1

月　　日

1 次の計算をしましょう。

① $\frac{1}{2}\times\frac{9}{2}\div\frac{3}{10}$

② $\frac{7}{3}\times\frac{5}{9}\div\frac{10}{3}$

③ $\frac{1}{4}\times\frac{6}{5}\div\frac{9}{5}$

④ $\frac{3}{5}\div\frac{1}{3}\times\frac{6}{7}$

⑤ $\frac{2}{3}\div\frac{8}{9}\times\frac{3}{4}$

⑥ $\frac{8}{5}\div\frac{2}{3}\times5$

⑦ $\frac{5}{9}\div\frac{5}{6}\div\frac{3}{7}$

⑧ $\frac{8}{7}\div\frac{4}{3}\div\frac{6}{5}$

17 分数のかけ算とわり算のまじった式②

月　　日

1 次の計算をしましょう。

① $\frac{9}{4}\times\frac{5}{2}\div\frac{7}{8}$

② $\frac{5}{3}\times\frac{2}{7}\div\frac{10}{21}$

③ $\frac{3}{8}\div\frac{5}{6}\times\frac{2}{9}$

④ $\frac{4}{5}\div3\times\frac{9}{8}$

⑤ $\frac{2}{3}\div\frac{8}{7}\div\frac{2}{9}$

⑥ $\frac{3}{4}\div\frac{9}{5}\div\frac{5}{8}$

⑦ $\frac{4}{5}\div\frac{8}{7}\div\frac{14}{15}$

⑧ $\frac{5}{6}\div\frac{1}{9}\div6$

18 かけ算とわり算のまじった式①

★できた問題には、「た」をかこう！

できた 1

月　日

1 次の計算をしましょう。

① $\frac{8}{5}\times\frac{3}{4}\div0.6$

② $\frac{8}{7}\div\frac{5}{6}\times0.5$

③ $\frac{5}{4}\div0.8\times\frac{8}{15}$

④ $\frac{4}{3}\div0.6\div\frac{8}{9}$

⑤ $0.5\times\frac{4}{3}\div0.08$

⑥ $0.9\div\frac{3}{8}\times1.2$

⑦ $0.9\div3.9\times5.2$

⑧ $0.15\times15\div\frac{5}{8}$

19 かけ算とわり算のまじった式②

1 次の計算をしましょう。

月　　日

① $0.2\times\frac{10}{9}\div6$

② $0.4\times\frac{4}{5}\div1.6$

③ $\frac{2}{3}\times0.8\div8$

④ $\frac{1}{3}\div1.4\times6$

⑤ $5\div0.5\times\frac{3}{4}$

⑥ $2\times\frac{7}{9}\times0.81$

⑦ $0.8\times0.4\div0.06$

⑧ $\frac{6}{5}\div4\div0.9$

6年間の計算のまとめ

20 整数のたし算とひき算

★できた問題には、「た」をかこう！

1 でき　2 でき

1 次の計算をしましょう。

月　日

① 23＋58　② 79＋84　③ 73＋134　④ 415＋569

⑤ 314＋298　⑥ 788＋497　⑦ 1710＋472　⑧ 2459＋1268

2 次の計算をしましょう。

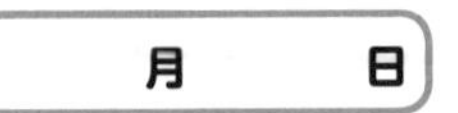

月　日

① 92−45　② 118−52　③ 813−522　④ 412−268

⑤ 431−342　⑥ 1000−478　⑦ 1870−984　⑧ 2241−1736

6年間の計算のまとめ

21 整数のかけ算

1 次の計算をしましょう。

① 45×2　② 29×7　③ 382×9　④ 708×5

⑤ 39×41　⑥ 54×28　⑦ 78×82　⑧ 32×45

2 次の計算をしましょう。

月　日

① 257×53　② 301×49　③ 83×265　④ 674×137

6年間の計算のまとめ

22 整数のわり算

1 次の計算をしましょう。

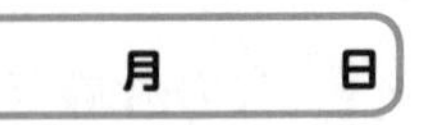

① 78÷6　② 92÷4　③ 162÷3　④ 492÷2

⑤ 68÷17　⑥ 152÷19　⑦ 406÷29　⑧ 5456÷16

2 商を一の位まで求め、あまりも出しましょう。

① 84÷5　② 906÷53　③ 956÷29　④ 2418÷95

6年間の計算のまとめ

23 小数のたし算とひき算

★できた問題には、「た」をかこう！

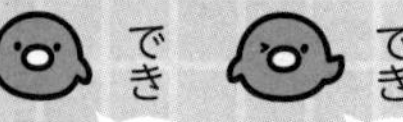

1 次の計算をしましょう。

① 4.3＋3.5　② 2.8＋0.3　③ 7.2＋4.9　④ 16＋0.5

⑤ 0.93＋0.69　⑥ 2.75＋0.89　⑦ 2.4＋0.08　⑧ 61.8＋0.94

2 次の計算をしましょう。

① 3.7－1.2　② 7.4－4.5　③ 11.7－3.6　④ 4－2.4

⑤ 0.43－0.17　⑥ 2.56－1.94　⑦ 5.7　0.68　⑧ 3－0.09

1 次の計算をしましょう。

月　日

① 3.2×8　② 0.27×2　③ 9.4×66　④ 7.18×15

2 次の計算をしましょう。

月　日

① 12×6.7　② 7.3×0.8　③ 2.8×8.2　④ 3.6×2.5

⑤ 9.08×4.8　⑥ 3.4×0.04　⑦ 0.65×0.77　⑧ 13.4×0.56

6年間の計算のまとめ

25 小数のわり算

★できた問題には、「た」をかこう！

1 でき　2 でき

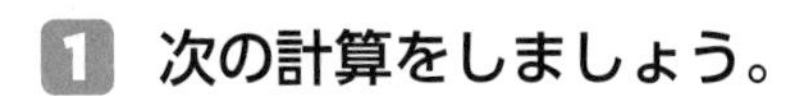

1 次の計算をしましょう。

月　日

① 6.5÷5　② 42÷0.7　③ 39.2÷0.8　④ 37.1÷5.3

⑤ 50.7÷0.78　⑥ 8.37÷2.7　⑦ 19.32÷6.9　⑧ 6.86÷0.98

2 商を $\frac{1}{10}$ の位まで求め、あまりも出しましょう。

月　日

① 6.8÷3　② 2.7÷1.6　③ 5.9÷0.15　④ 32.98÷4.3

26 わり進むわり算

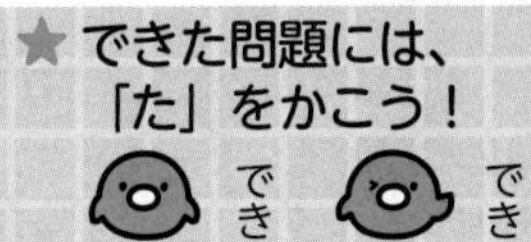

1 次のわり算を、わり切れるまで計算しましょう。　　月　　日

① 5.1÷6　② 11.7÷15　③ 13÷4　④ 21÷24

2 次のわり算を、わり切れるまで計算しましょう。　　月　　日

① 2.3÷0.4　② 2.09÷0.5　③ 3.3÷2.5　④ 9.36÷4.8

⑤ 1.96÷0.35　⑥ 4.5÷0.72　⑦ 72.8÷20.8　⑧ 3.85÷3.08

6年間の計算のまとめ

27 商をがい数で表すわり算

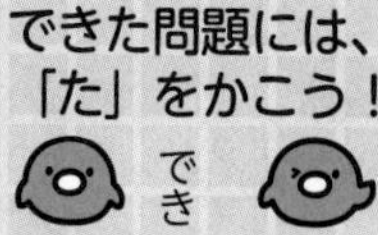

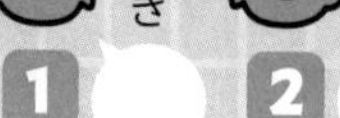

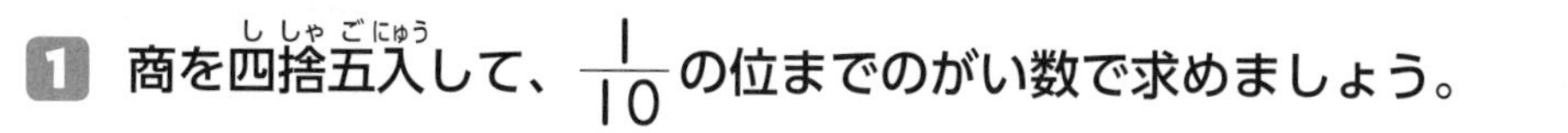

1 商を四捨五入（ししゃごにゅう）して、$\frac{1}{10}$の位までのがい数で求めましょう。

① 9.9÷49　② 4.9÷5.7　③ 5.06÷7.9　④ 1.92÷0.28

2 商を四捨五入して、上から2けたのがい数で求めましょう。

① 26÷9　② 12.9÷8.3　③ 8÷0.97　④ 5.91÷4.2

6年間の計算のまとめ

28 分数のたし算とひき算

★できた問題には、「た」をかこう！

1 次の計算をしましょう。

月　日

① $\frac{4}{7}+\frac{1}{7}$

② $\frac{2}{3}+\frac{3}{8}$

③ $\frac{1}{5}+\frac{7}{15}$

④ $1\frac{3}{10}+\frac{7}{8}$

⑤ $\frac{5}{6}+3\frac{1}{2}$

⑥ $1\frac{5}{7}+1\frac{11}{14}$

2 次の計算をしましょう。

月　日

① $\frac{3}{5}-\frac{2}{5}$

② $\frac{4}{5}-\frac{3}{10}$

③ $\frac{5}{6}-\frac{3}{10}$

④ $\frac{34}{21}-\frac{11}{14}$

⑤ $1\frac{1}{12}-\frac{3}{8}$

⑥ $2\frac{3}{5}-1\frac{2}{3}$

6年間の計算のまとめ

29 分数のかけ算

1 次の計算をしましょう。

月　日

① $\frac{3}{7}\times4$

② $9\times\frac{5}{6}$

③ $\frac{2}{5}\times\frac{4}{3}$

④ $\frac{3}{4}\times\frac{5}{9}$

⑤ $\frac{2}{3}\times\frac{9}{8}$

⑥ $\frac{7}{5}\times\frac{10}{7}$

2 次の計算をしましょう。

月　日

① $\frac{4}{5}\times1\frac{2}{3}$

② $1\frac{1}{8}\times\frac{2}{3}$

③ $1\frac{1}{2}\times1\frac{5}{9}$

④ $1\frac{1}{9}\times1\frac{7}{8}$

⑤ $1\frac{2}{5}\times1\frac{3}{7}$

⑥ $2\frac{1}{4}\times1\frac{1}{3}$

6年間の計算のまとめ

30 分数のわり算

★できた問題には、「た」をかこう！

できた 1　できた 2

1 次の計算をしましょう。

月　日

① $\frac{3}{4}\div5$

② $7\div\frac{5}{8}$

③ $\frac{2}{5}\div\frac{6}{7}$

④ $\frac{5}{6}\div\frac{10}{9}$

⑤ $\frac{10}{7}\div\frac{5}{14}$

⑥ $\frac{8}{3}\div\frac{4}{9}$

2 次の計算をしましょう。

月　日

① $\frac{4}{9}\div3\frac{1}{3}$

② $1\frac{3}{5}\div\frac{4}{5}$

③ $2\frac{2}{3}\div1\frac{2}{3}$

④ $2\frac{1}{2}\div1\frac{7}{8}$

⑤ $1\frac{1}{3}\div1\frac{7}{9}$

⑥ $1\frac{3}{5}\div2$

6年間の計算のまとめ

31 分数のかけ算とわり算のまじった式

★できた問題には、「た」をかこう！

月　　日

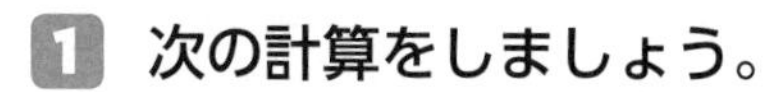

1 次の計算をしましょう。

① $\frac{3}{2}\times\frac{5}{9}\times\frac{4}{5}$

② $5\times\frac{2}{15}\times4\frac{1}{2}$

③ $\frac{8}{7}\times\frac{5}{16}\div\frac{5}{6}$

④ $\frac{5}{6}\times4\frac{1}{2}\div\frac{5}{7}$

⑤ $\frac{5}{8}\div\frac{3}{4}\times\frac{3}{5}$

⑥ $2\frac{1}{4}\div6\times\frac{14}{15}$

⑦ $\frac{2}{3}\div\frac{14}{15}\div\frac{8}{7}$

⑧ $1\frac{2}{5}\div\frac{9}{10}\div7$

6年間の計算のまとめ

32 いろいろな計算

★できた問題には、「た」をかこう！

1 でき　2 でき

1 次の計算をしましょう。

月　日

① $4\times5+3\times6$

② $6\times7-14\div2$

③ $48\div6-16\div8$

④ $10-(52-7)\div9$

⑤ $(9+7)\div2+8$

⑥ $12+2\times(3+5)$

2 次の計算をしましょう。

月　日

① $\left(\frac{2}{7}+\frac{3}{5}\right)\times35$

② $30\times\left(\frac{5}{6}-\frac{7}{10}\right)$

③ $0.4\times6\times\frac{5}{8}$

④ $0.32\times9\div\frac{8}{5}$

⑤ $\frac{2}{9}\div4\times0.6$

⑥ $0.49\div\frac{7}{25}\div3$

答え

1 分数×整数 ①

1
① $\frac{5}{6}$　② $\frac{8}{9}$
③ $\frac{27}{4}\left(6\frac{3}{4}\right)$　④ $\frac{16}{5}\left(3\frac{1}{5}\right)$
⑤ $\frac{4}{3}\left(1\frac{1}{3}\right)$　⑥ $\frac{18}{7}\left(2\frac{4}{7}\right)$

2
① $\frac{3}{4}$　② $\frac{7}{2}\left(3\frac{1}{2}\right)$
③ $\frac{10}{3}\left(3\frac{1}{3}\right)$　④ $\frac{20}{3}\left(6\frac{2}{3}\right)$
⑤ 1　⑥ 8

2 分数×整数 ②

1
① $\frac{6}{7}$　② $\frac{9}{2}\left(4\frac{1}{2}\right)$
③ $\frac{21}{8}\left(2\frac{5}{8}\right)$　④ $\frac{15}{4}\left(3\frac{3}{4}\right)$
⑤ $\frac{12}{5}\left(2\frac{2}{5}\right)$　⑥ $\frac{16}{3}\left(5\frac{1}{3}\right)$

2
① $\frac{1}{2}$　② $\frac{5}{4}\left(1\frac{1}{4}\right)$
③ $\frac{5}{6}$　④ $\frac{15}{4}\left(3\frac{3}{4}\right)$
⑤ 2　⑥ 15

3 分数÷整数 ①

1
① $\frac{8}{63}$　② $\frac{6}{35}$
③ $\frac{4}{15}$　④ $\frac{5}{3}\left(1\frac{2}{3}\right)$
⑤ $\frac{3}{8}$　⑥ $\frac{1}{2}$

2
① $\frac{1}{27}$　② $\frac{1}{20}$
③ $\frac{1}{6}$　④ $\frac{3}{20}$
⑤ $\frac{3}{14}$　⑥ $\frac{3}{16}$

4 分数÷整数 ②

1
① $\frac{5}{48}$　② $\frac{3}{16}$
③ $\frac{2}{27}$　④ $\frac{1}{5}$
⑤ $\frac{3}{10}$　⑥ $\frac{3}{2}\left(1\frac{1}{2}\right)$

2
① $\frac{1}{6}$　② $\frac{1}{35}$
③ $\frac{1}{9}$　④ $\frac{3}{25}$
⑤ $\frac{3}{8}$　⑥ $\frac{4}{15}$

5 分数のかけ算①

1
① $\frac{1}{30}$　② $\frac{4}{15}$
③ $\frac{2}{15}$　④ $\frac{5}{14}$
⑤ $\frac{8}{3}\left(2\frac{2}{3}\right)$　⑥ 3

2
① $\frac{8}{15}$　② $\frac{21}{16}\left(1\frac{5}{16}\right)$
③ $\frac{4}{3}\left(1\frac{1}{3}\right)$　④ $\frac{8}{3}\left(2\frac{2}{3}\right)$
⑤ $\frac{12}{7}\left(1\frac{5}{7}\right)$　⑥ 9

6 分数のかけ算②

1
① $\frac{1}{14}$　② $\frac{36}{35}\left(1\frac{1}{35}\right)$
③ $\frac{3}{10}$　④ $\frac{5}{6}$
⑤ $\frac{1}{4}$　⑥ $\frac{7}{24}$

2
① $\frac{48}{35}\left(1\frac{13}{35}\right)$　② $\frac{21}{8}\left(2\frac{5}{8}\right)$
③ $\frac{6}{5}\left(1\frac{1}{5}\right)$　④ $\frac{5}{2}\left(2\frac{1}{2}\right)$
⑤ 2　⑥ $\frac{10}{3}\left(3\frac{1}{3}\right)$

7 分数のかけ算③

1
① $\frac{1}{12}$　② $\frac{25}{42}$
③ $\frac{3}{28}$　④ $\frac{2}{3}$
⑤ 3　⑥ 6

2 ①$\frac{35}{18}\left(1\frac{17}{18}\right)$ ②$\frac{11}{7}\left(1\frac{4}{7}\right)$
③$\frac{3}{2}\left(1\frac{1}{2}\right)$ ④2
⑤$\frac{21}{5}\left(4\frac{1}{5}\right)$ ⑥20

8 分数のかけ算④

1 ①$\frac{1}{6}$ ②$\frac{6}{49}$
③$\frac{5}{16}$ ④$\frac{1}{4}$
⑤12 ⑥6

2 ①$\frac{27}{35}$ ②$\frac{13}{8}\left(1\frac{5}{8}\right)$
③$\frac{6}{5}\left(1\frac{1}{5}\right)$ ④$\frac{5}{3}\left(1\frac{2}{3}\right)$
⑤4 ⑥$\frac{15}{2}\left(7\frac{1}{2}\right)$

9 3つの数の分数のかけ算

1 ①$\frac{10}{21}$ ②$\frac{49}{45}\left(1\frac{4}{45}\right)$
③$\frac{7}{12}$ ④$\frac{4}{5}$
⑤$\frac{5}{4}\left(1\frac{1}{4}\right)$ ⑥$\frac{4}{7}$

2 ①$\frac{25}{48}$ ②$\frac{3}{14}$
③$\frac{9}{11}$ ④$\frac{1}{3}$
⑤$\frac{7}{6}\left(1\frac{1}{6}\right)$ ⑥$\frac{5}{2}\left(2\frac{1}{2}\right)$

10 計算のきまり

1 ①$\frac{1}{5}$(0.2) ②$\frac{11}{4}\left(2\frac{3}{4}、2.75\right)$
③$\frac{7}{5}\left(1\frac{2}{5}、1.4\right)$ ④$\frac{1}{5}$(0.2)
⑤$\frac{1}{2}$(0.5) ⑥$\frac{1}{7}$

11 分数のわり算①

1 ①$\frac{15}{4}\left(3\frac{3}{4}\right)$ ②$\frac{28}{15}\left(1\frac{13}{15}\right)$
③$\frac{16}{7}\left(2\frac{2}{7}\right)$ ④$\frac{5}{12}$
⑤$\frac{3}{2}\left(1\frac{1}{2}\right)$ ⑥$\frac{1}{9}$

2 ①$\frac{70}{27}\left(2\frac{16}{27}\right)$ ②$\frac{1}{4}$
③$\frac{15}{8}\left(1\frac{7}{8}\right)$ ④$\frac{7}{13}$
⑤16 ⑥$\frac{1}{12}$

12 分数のわり算②

1 ①$\frac{35}{12}\left(2\frac{11}{12}\right)$ ②21
③$\frac{28}{5}\left(5\frac{3}{5}\right)$ ④$\frac{9}{10}$
⑤$\frac{1}{12}$ ⑥$\frac{2}{3}$

2 ①6 ②$\frac{16}{27}$
③$\frac{20}{27}$ ④$\frac{2}{3}$
⑤$\frac{14}{9}\left(1\frac{5}{9}\right)$ ⑥$\frac{9}{16}$

13 分数のわり算③

1 ①$\frac{8}{3}\left(2\frac{2}{3}\right)$ ②$\frac{9}{16}$
③$\frac{18}{5}\left(3\frac{3}{5}\right)$ ④$\frac{7}{12}$
⑤$\frac{2}{3}$ ⑥$\frac{3}{4}$

2 ①$\frac{28}{15}\left(1\frac{13}{15}\right)$ ②$\frac{1}{4}$
③$\frac{35}{13}\left(2\frac{9}{13}\right)$ ④$\frac{3}{4}$
⑤30 ⑥$\frac{3}{20}$

14 分数のわり算④

1 ①$\frac{80}{21}\left(3\frac{17}{21}\right)$ ②8
③$\frac{14}{5}\left(2\frac{4}{5}\right)$ ④$\frac{14}{15}$
⑤$\frac{1}{12}$ ⑥$\frac{2}{3}$

2 ①$\frac{34}{5}\left(6\frac{4}{5}\right)$　②$\frac{12}{25}$
③$\frac{20}{21}$　④$\frac{6}{7}$
⑤$\frac{3}{2}\left(1\frac{1}{2}\right)$　⑥$\frac{16}{9}\left(1\frac{7}{9}\right)$

15 分数と小数のかけ算とわり算

1 ①$\frac{3}{70}$　②4
③$\frac{1}{3}$　④$\frac{7}{5}\left(1\frac{2}{5}、1.4\right)$

2 ①$\frac{27}{25}\left(1\frac{2}{25}、1.08\right)$　②$\frac{12}{5}\left(2\frac{2}{5}、2.4\right)$
③$\frac{15}{4}\left(3\frac{3}{4}、3.75\right)$　④1

16 分数のかけ算とわり算のまじった式①

1 ①$\frac{15}{2}\left(7\frac{1}{2}\right)$　②$\frac{7}{18}$
③$\frac{1}{6}$　④$\frac{54}{35}\left(1\frac{19}{35}\right)$
⑤$\frac{9}{16}$　⑥12
⑦$\frac{14}{9}\left(1\frac{5}{9}\right)$　⑧$\frac{5}{7}$

17 分数のかけ算とわり算のまじった式②

1 ①$\frac{45}{7}\left(6\frac{3}{7}\right)$　②1
③$\frac{1}{10}$　④$\frac{3}{10}$
⑤$\frac{21}{8}\left(2\frac{5}{8}\right)$　⑥$\frac{2}{3}$
⑦$\frac{3}{4}$　⑧$\frac{5}{4}\left(1\frac{1}{4}\right)$

18 かけ算とわり算のまじった式①

1 ①2　②$\frac{24}{35}$
③$\frac{5}{6}$　④$\frac{5}{2}\left(2\frac{1}{2}、2.5\right)$
⑤$\frac{25}{3}\left(8\frac{1}{3}\right)$　⑥$\frac{72}{25}\left(2\frac{22}{25}、2.88\right)$
⑦$\frac{6}{5}\left(1\frac{1}{5}、1.2\right)$　⑧$\frac{18}{5}\left(3\frac{3}{5}、3.6\right)$

19 かけ算とわり算のまじった式②

1 ①$\frac{1}{27}$　②$\frac{1}{5}$(0.2)
③$\frac{1}{15}$　④$\frac{10}{7}\left(1\frac{3}{7}\right)$
⑤$\frac{15}{2}\left(7\frac{1}{2}、7.5\right)$　⑥$\frac{63}{50}\left(1\frac{13}{50}、1.26\right)$
⑦$\frac{16}{3}\left(5\frac{1}{3}\right)$　⑧$\frac{1}{3}$

20 6年間の計算のまとめ 整数のたし算とひき算

1 ①81　②163　③207　④984
⑤612　⑥1285　⑦2182　⑧3727

2 ①47　②66　③291　④144
⑤89　⑥522　⑦886　⑧505

21 6年間の計算のまとめ 整数のかけ算

1 ①90　②203　③3438　④3540
⑤1599　⑥1512　⑦6396　⑧1440

2 ①13621　②14749　③21995　④92338

22 6年間の計算のまとめ 整数のわり算

1 ①13　②23　③54　④246
⑤4　⑥8　⑦14　⑧341

2 ①16 あまり 4　②17 あまり 5
③32 あまり 28　④25 あまり 43

23 6年間の計算のまとめ 小数のたし算とひき算

1 ①7.8　②3.1　③12.1　④16.5
⑤1.62　⑥3.64　⑦2.48　⑧62.74

2 ①2.5　②2.9　③8.1　④1.6
⑤0.26　⑥0.62　⑦5.02　⑧2.91

24 6年間の計算のまとめ 小数のかけ算

1 ①25.6　②0.54　③620.4　④107.7

2 ①80.4　②5.84　③22.96　④9
⑤43.584　⑥0.136　⑦0.5005　⑧7.504

25 6年間の計算のまとめ 小数のわり算

1 ①1.3 ②60 ③49 ④7 ⑤65 ⑥3.1 ⑦2.8 ⑧7

2 ①2.2 あまり 0.2 ②1.6 あまり 0.14 ③39.3 あまり 0.005 ④7.6 あまり 0.3

26 6年間の計算のまとめ わり進むわり算

1 ①0.85 ②0.78 ③3.25 ④0.875

2 ①5.75 ②4.18 ③1.32 ④1.95 ⑤5.6 ⑥6.25 ⑦3.5 ⑧1.25

27 6年間の計算のまとめ 商をがい数で表すわり算

1 ①0.2 ②0.9 ③0.6 ④6.9

2 ①2.9 ②1.6 ③8.2 ④1.4

28 6年間の計算のまとめ 分数のたし算とひき算

1 ①$\frac{5}{7}$ ②$\frac{25}{24}\left(1\frac{1}{24}\right)$ ③$\frac{2}{3}$ ④$\frac{87}{40}\left(2\frac{7}{40}\right)$ ⑤$\frac{13}{3}\left(4\frac{1}{3}\right)$ ⑥$\frac{7}{2}\left(3\frac{1}{2}\right)$

2 ①$\frac{1}{5}$ ②$\frac{1}{2}$ ③$\frac{8}{15}$ ④$\frac{5}{6}$ ⑤$\frac{17}{24}$ ⑥$\frac{14}{15}$

29 6年間の計算のまとめ 分数のかけ算

1 ①$\frac{12}{7}\left(1\frac{5}{7}\right)$ ②$\frac{15}{2}\left(7\frac{1}{2}\right)$ ③$\frac{8}{15}$ ④$\frac{5}{12}$ ⑤$\frac{3}{4}$ ⑥2

2 ①$\frac{4}{3}\left(1\frac{1}{3}\right)$ ②$\frac{3}{4}$ ③$\frac{7}{3}\left(2\frac{1}{3}\right)$ ④$\frac{25}{12}\left(2\frac{1}{12}\right)$ ⑤2 ⑥3

30 6年間の計算のまとめ 分数のわり算

1 ①$\frac{3}{20}$ ②$\frac{56}{5}\left(11\frac{1}{5}\right)$ ③$\frac{7}{15}$ ④$\frac{3}{4}$ ⑤4 ⑥6

2 ①$\frac{2}{15}$ ②2 ③$\frac{8}{5}\left(1\frac{3}{5}\right)$ ④$\frac{4}{3}\left(1\frac{1}{3}\right)$ ⑤$\frac{3}{4}$ ⑥$\frac{4}{5}$

31 6年間の計算のまとめ 分数のかけ算とわり算のまじった式

1 ①$\frac{2}{3}$ ②3 ③$\frac{3}{7}$ ④$\frac{21}{4}\left(5\frac{1}{4}\right)$ ⑤$\frac{1}{2}$ ⑥$\frac{7}{20}$ ⑦$\frac{5}{8}$ ⑧$\frac{2}{9}$

32 6年間の計算のまとめ いろいろな計算

1 ①38 ②35 ③6 ④5 ⑤16 ⑥28

2 ①31 ②4 ③$\frac{3}{2}\left(1\frac{1}{2}、1.5\right)$ ④$\frac{9}{5}\left(1\frac{4}{5}、1.8\right)$ ⑤$\frac{1}{30}$ ⑥$\frac{7}{12}$

教科書ぴったりトレーニングの使い方

『ぴたトレ』は教科書にぴったり合わせて使うことができるよ。教科書も見ながら、勉強していこうね。ぴた犬たちが勉強をサポートするよ。

ふだんの学習

ぴったり1 準備

教科書のだいじなところをまとめていくよ。
めあて でどんなことを勉強するかわかるよ。
問題に答えながら、わかっているかかくにんしよう。
QRコードから「3分でまとめ動画」が見られるよ。

※QRコードは株式会社デンソーウェーブの登録商標です。

ぴったり2 練習

「ぴったり1」で勉強したことが身についているかな？かくにんしながら、練習問題に取り組もう。

★できた問題には、「た」をかこう！★

ぴったり3 確かめのテスト

「ぴったり1」「ぴったり2」が終わったら取り組んでみよう。
学校のテストの前にやってもいいね。
わからない問題は、ふりかえり を見て前にもどってかくにんしよう。

実力チェック

- 夏のチャレンジテスト
- 冬のチャレンジテスト
- 春のチャレンジテスト
- 6年 算数のまとめ 学力診断テスト

夏休み、冬休み、春休み前に使いましょう。
学期の終わりや学年の終わりのテストの前にやってもいいね。

別冊

答えとてびき

うすいピンク色のところには「答え」が書いてあるよ。取り組んだ問題の答え合わせをしてみよう。わからなかった問題やまちがえた問題は、右の「てびき」を読んだり、教科書を読み返したりして、もう一度見直そう。

おうちのかたへ

本書『教科書ぴったりトレーニング』は、教科書の要点や重要事項をつかむ「ぴったり1 準備」、おさらいをしながら問題に慣れる「ぴったり2 練習」、テスト形式で学習事項が定着したか確認する「ぴったり3 確かめのテスト」の3段階構成になっています。教科書の学習順序やねらいに完全対応していますので、日々の学習（トレーニング）にぴったりです。

「観点別学習状況の評価」について

学校の通知表は、「知識・技能」「思考・判断・表現」「主体的に学習に取り組む態度」の3つの観点による評価がもとになっています。

問題集やドリルでは、一般に知識・技能を問う問題が中心になりますが、本書『教科書ぴったりトレーニング』では、次のように、観点別学習状況の評価に基づく問題を取り入れて、成績アップに結びつくことをねらいました。

ぴったり3 確かめのテスト　チャレンジテスト

- ●「知識・技能」を問う問題か、「思考・判断・表現」を問う問題かで、それぞれに分類して出題しています。
- ●「知識・技能」では、主に基礎・基本の問題を、「思考・判断・表現」では、主に活用問題を取り扱っています。

発展について

はってん … 学習指導要領では示されていない「発展的な学習内容」を扱っています。

別冊『答えとてびき』について

おうちのかたへ では、次のようなものを示しています。

- 学習のねらいやポイント
- 他の学年や他の単元の学習内容とのつながり
- まちがいやすいことやつまずきやすいところ

お子様への説明や、学習内容の把握などにご活用ください。

しあげの5分レッスン では、学習の最後に取り組む内容を示しています。

しあげの5分レッスン
まちがえた問題をもう1回やってみよう。

学習をふりかえることで学力の定着を図ります。

教科書ぴったりトレーニング **算数６年 がんばり表**

いつも見えるところに、この「がんばり表」をはっておこう。
この「ぴたトレ」を学習したら、シールをはろう！
どこまでがんばったかわかるよ。

シールの中から好きなぴた犬を選ぼう。

おうちのかたへ

がんばり表のデジタル版「デジタルがんばり表」では、デジタル端末でも学習の進捗記録をつけることができます。１冊やり終えると、抽選でプレゼントが当たります。「ぴたサポシステム」にご登録いただき、「デジタルがんばり表」をお使いください。LINE または PC・ブラウザを利用する方法があります。

★ぴたサポシステムご利用ガイドはこちら★
https://www.shinko-keirin.co.jp/shinko/news/pittari-support-system

スタート

1. 対称な図形
① 線対称 ② 点対称 ③ 多角形と対称

2〜3ページ	4〜5ページ	6〜7ページ	8〜9ページ
ぴったり12	ぴったり12	ぴったり12	ぴったり3
できたらシールをはろう	できたらシールをはろう	できたらシールをはろう	できたらシールをはろう

2. 文字と式

10〜11ページ	12〜13ページ	14〜15ページ
ぴったり12	ぴったり12	ぴったり3
できたらシールをはろう	できたらシールをはろう	できたらシールをはろう

3. 分数×整数、分数÷整数、分数×分数
① 分数と整数のかけ算、わり算 ② 練習 ③ 分数をかける計算

16〜17ページ	18〜19ページ	20〜21ページ	22〜23ページ	24〜25ページ	26〜27ページ
ぴったり12	ぴったり12	ぴったり12	ぴったり12	ぴったり12	ぴったり3
できたらシールをはろう	できたらシールをはろう	できたらシールをはろう	できたらシールをはろう	できたらシールをはろう	できたらシールをはろう

4. 分数÷分数

28〜29ページ	30〜31ページ	32〜33ページ	34〜35ページ
ぴったり12	ぴったり12	ぴったり12	ぴったり3
できたらシールをはろう	できたらシールをはろう	できたらシールをはろう	できたらシールをはろう

●分数の倍

36〜37ページ	38〜39ページ
ぴったり12	ぴったり3
できたらシールをはろう	できたらシールをはろう

5. 比
① 比と比の値 ② 等しい比の性質 ③ 比の利用

40〜41ページ	42〜43ページ	44〜45ページ	46〜47ページ
ぴったり12	ぴったり12	ぴったり12	ぴったり3
できたらシールをはろう	できたらシールをはろう	できたらシールをはろう	できたらシールをはろう

活用 算数で読みとこう

48〜49ページ
できたらシールをはろう

6. 拡大図と縮図
① 拡大図と縮図 ② 縮図の利用

50〜51ページ	52〜53ページ	54〜55ページ	56〜57ページ
ぴったり12	ぴったり12	ぴったり12	ぴったり3
できたらシールをはろう	できたらシールをはろう	できたらシールをはろう	できたらシールをはろう

7. データの調べ方
① 問題の解決の進め方 ② いろいろなグラフ

58〜59ページ	60〜61ページ	62〜63ページ	64〜65ページ	66〜67ページ
ぴったり12	ぴったり12	ぴったり12	ぴったり12	ぴったり3
できたらシールをはろう	できたらシールをはろう	できたらシールをはろう	できたらシールをはろう	できたらシールをはろう

8. 円の面積

68〜69ページ	70〜71ページ
ぴったり12	ぴったり3
できたらシールをはろう	できたらシールをはろう

9. 角柱と円柱の体積

72〜73ページ	74〜75ページ
ぴったり12	ぴったり3
できたらシールをはろう	できたらシールをはろう

10. およその面積と体積

76〜77ページ	78〜79ページ
ぴったり12	ぴったり3
できたらシールをはろう	できたらシールをはろう

★考える力をのばそう

80〜81ページ
できたらシールをはろう

11. 比例と反比例
① 比例の性質 ② 比例の式 ③ 比例のグラフ ④ 比例の利用 ⑤ 練習 ⑥ 反比例

82〜83ページ	84〜85ページ	86〜87ページ	88〜89ページ	90〜91ページ
ぴったり12	ぴったり12	ぴったり12	ぴったり12	ぴったり3
できたらシールをはろう	できたらシールをはろう	できたらシールをはろう	できたらシールをはろう	できたらシールをはろう

12. 並べ方と組み合わせ方
① 並べ方 ② 組み合わせ方

92〜93ページ	94〜95ページ	96〜97ページ
ぴったり12	ぴったり12	ぴったり3
できたらシールをはろう	できたらシールをはろう	できたらシールをはろう

★考える力をのばそう

98〜99ページ
できたらシールをはろう

活用 データを使って生活を見なおそう

100〜101ページ
できたらシールをはろう

★プログラミングを体験しよう！

102〜103ページ
プログラミング
できたらシールをはろう

算数のしあげ

104〜112ページ
できたらシールをはろう

ゴール

最後までがんばったキミは「ごほうびシール」をはろう！

ごほうびシールをはろう

教科書ぴったりトレーニング 算数 6年 東京書籍版 折込①(オモテ)
(キリトリ線)

もくじ

算数６年
東京書籍版
新編　新しい算数

教科書ぴったりトレーニング

▶ ３分でまとめ動画

1 対称な図形

① 線対称

教科書 8～13ページ　答え 1ページ

次の□にあてはまる記号やことば、対称の軸をかきましょう。

めあて 線対称な図形を見分けられるようにしよう。　練習 1→

1本の直線を折り目にして二つ折りにしたとき、両側の部分がぴったり重なる図形を、**線対称**な図形といいます。
また、この直線を**対称の軸**といいます。

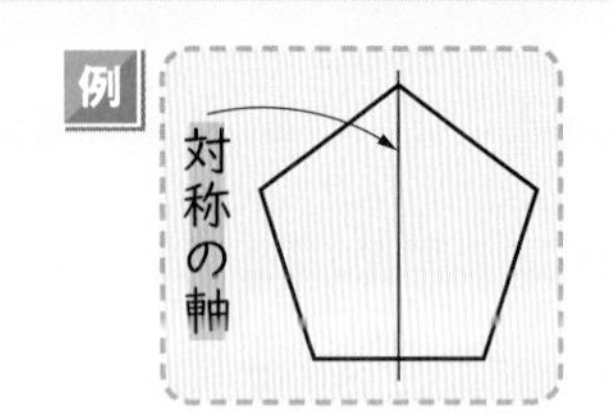

1 右の図で、線対称な図形はどちらですか。
また、その図形に、対称の軸をかきましょう。

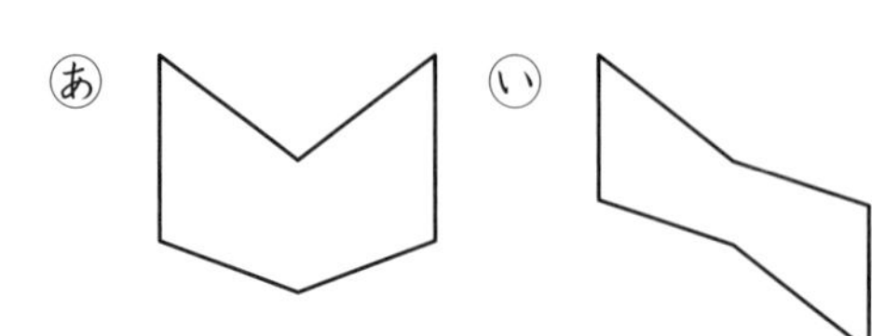

解き方 線対称な図形は、対称の軸を折り目にして二つ折りにすると、ぴったり重なります。
だから、線対称な図形は□です。

答え

めあて 線対称な図形の性質を理解しよう。　練習 2 3 4→

✪線対称な図形では、対応する辺の長さや、対応する角の大きさは等しくなっています。
✪線対称な図形では、対応する2つの点を結ぶ直線は、対称の軸と垂直に交わります。また、この交わる点から対応する2つの点までの長さは、等しくなっています。

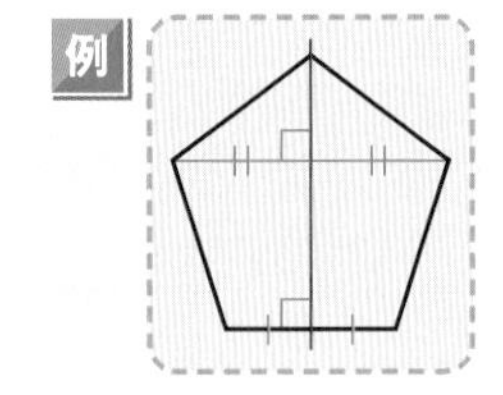

2 右の図は線対称な図形で、直線アイは対称の軸です。
(1) 辺BCと長さが等しい辺はどれですか。
(2) 直線CEは、対称の軸アイと、どのように交わっていますか。
また、直線CGと長さが等しい直線はどれですか。

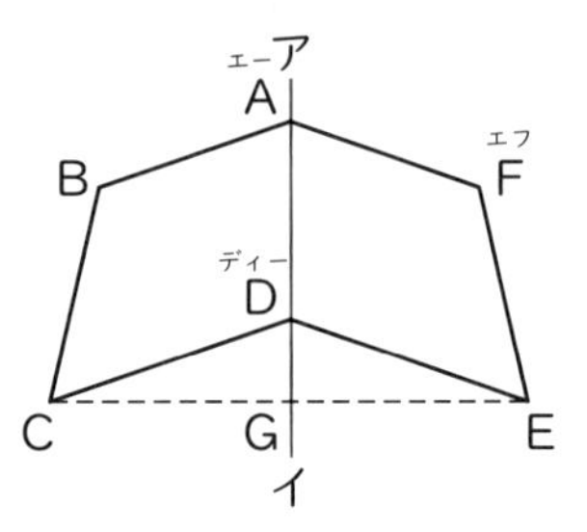

解き方 (1) 辺BCに対応する辺は辺□で、対応する辺の長さは□なります。　答え 辺□

(2) 対応する2つの点を結ぶ直線CEと対称の軸アイは、□に交わり、CG＝□　答え □、直線□

★できた問題には、「た」をかこう！★

教科書 8〜13ページ　答え 1〜2ページ

1 下の図で、線対称な図形はどれですか。記号で答えましょう。
また、線対称な図形に、対称の軸をかきましょう。　教科書 9ページ 1

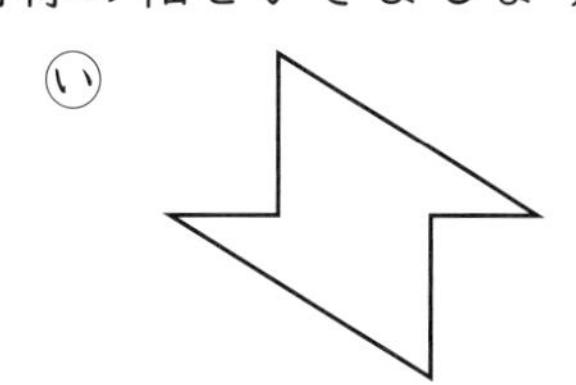

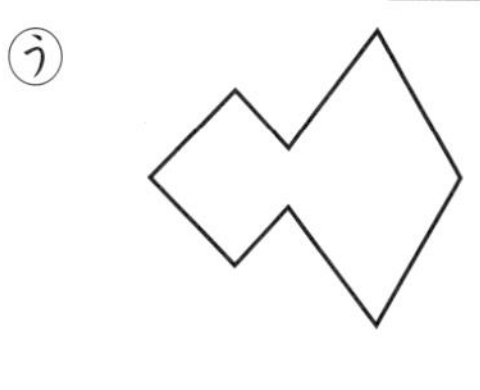

（　　　）

2 右の図は線対称な図形で、直線アイは対称の軸です。
教科書 10ページ 2、11ページ 3、12ページ 2

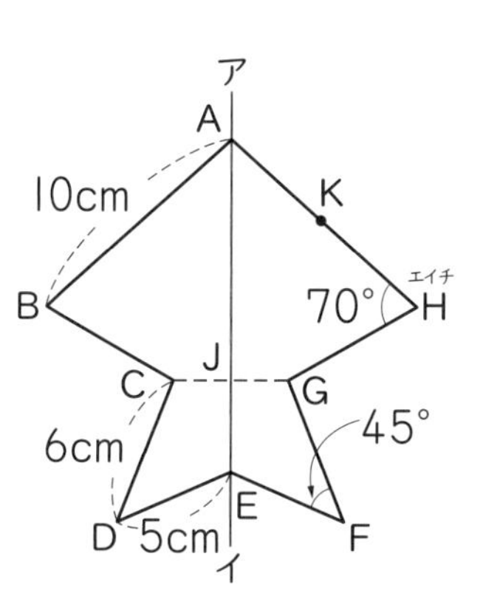

① 頂点（ちょうてん）Dに対応する頂点はどれですか。（　　　）

② 辺FGの長さは何cmですか。（　　　）

③ 角Bの大きさは何度ですか。（　　　）

④ 直線CGは、対称の軸アイとどのように交わっていますか。
（　　　）

⑤ 直線CJ（ジェー）と直線GJの長さの関係を表しましょう。（　　　）

⑥ 点K（ケー）に対応する点L（エル）をかきましょう。

3 右の図は線対称な図形で、直線アイは対称の軸です。対称の軸は、直線アイのほかに何本ありますか。　教科書 12ページ 1

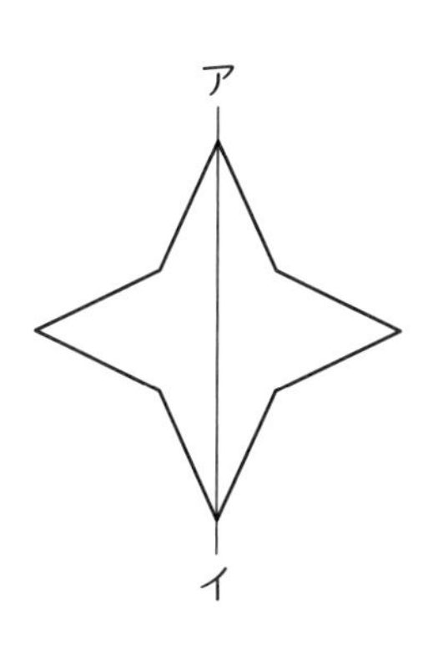

（　　　）

4 直線アイが対称の軸になるように、線対称な図形をかきましょう。　教科書 13ページ 4

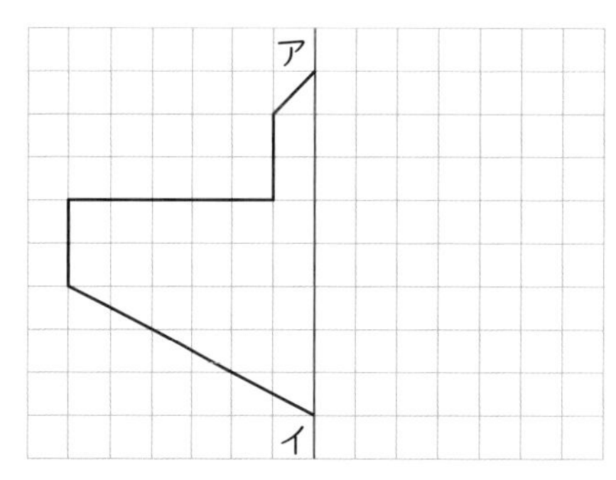

3 対称の軸で分けてできた2つの図形は合同になることから考えます。
4 対応する2つの頂点を結ぶ直線と対称の軸の交わり方を使って、頂点を決めます。

② 点対称

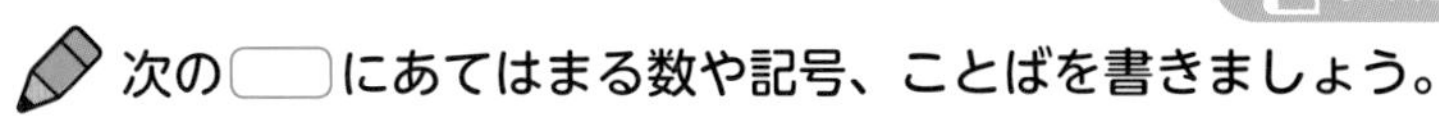

次の□にあてはまる数や記号、ことばを書きましょう。

めあて 点対称(てんたいしょう)な図形を見分けられるようにしよう。 練習 1→

1つの点を中心にして180°回転させたとき、もとの図形にぴったり重なる図形を、**点対称**な図形といいます。
また、この点を**対称の中心**といいます。

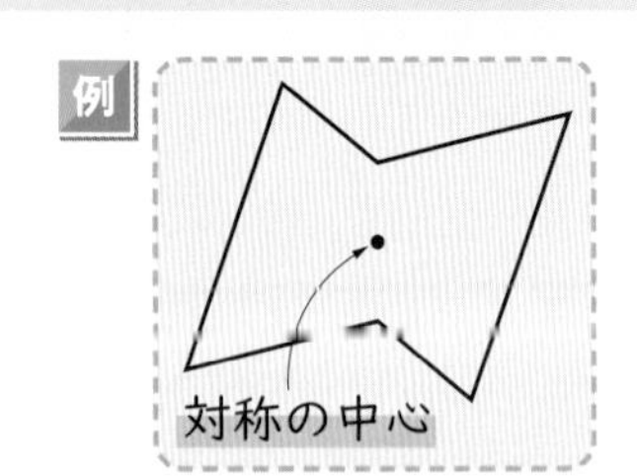

1 右の図で、点対称な図形はどちらですか。

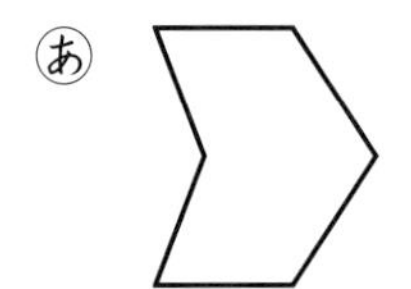

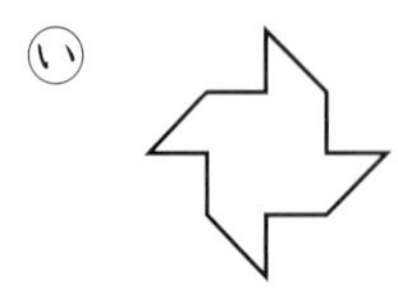

解き方 あ 直線アイを折り目にして二つ折りにすると、ぴったり重なります。
い 点O(オー)を中心にして□°回転させると、もとの図形にぴったり重なります。

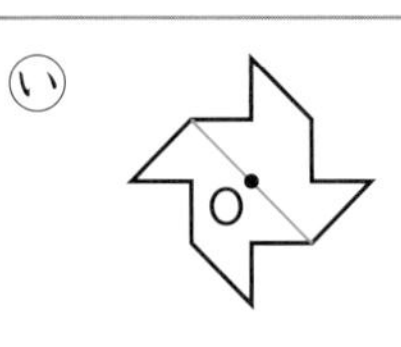

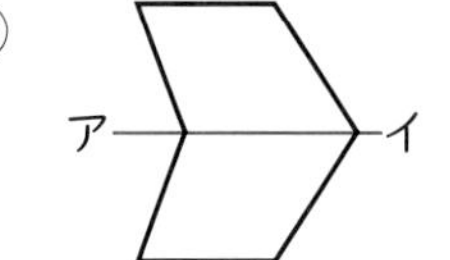

対称の中心Oを通る直線で、合同な図形に分けられるね。

答え □

めあて 点対称な図形の性質を理解しよう。 練習 2 3 4→

✪点対称な図形では、対応する辺の長さや、対応する角の大きさは等しくなっています。
✪点対称な図形では、対応する2つの点を結ぶ直線は、対称の中心を通ります。また、対称の中心から対応する2つの点までの長さは、等しくなっています。

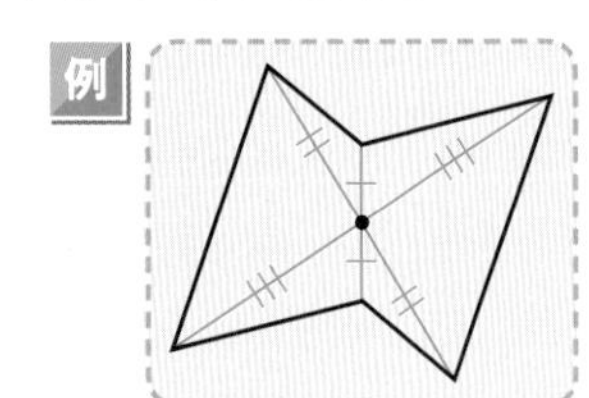

2 右の図は点対称な図形で、点Oは対称の中心です。
(1) 辺CD(シーディー)と長さが等しい辺はどれですか。
(2) 直線BF(ビーエフ)と直線AE(エーイー)は、どこで交わりますか。
また、直線BOと長さが等しい直線はどれですか。

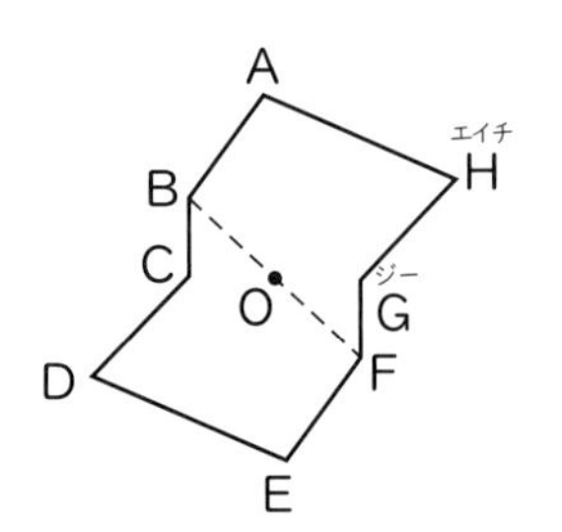

解き方 (1) 辺CDに対応する辺は辺□で、対応する辺の長さは□なります。 答え 辺□
(2) 対応する2つの点を結ぶ直線は□を通り、BO＝□ 答え 点□で交わる。直線□

★できた問題には、「た」をかこう！★

でき ① でき ② でき ③ でき ④

学習日　月　日

教科書 14～19ページ　答え 2ページ

1 下の図で、線対称な図形と点対称な図形はどれですか。記号で答えましょう。
また、点対称な図形に、対称の中心Oをかきましょう。 教科書 14ページ 1

㋐ 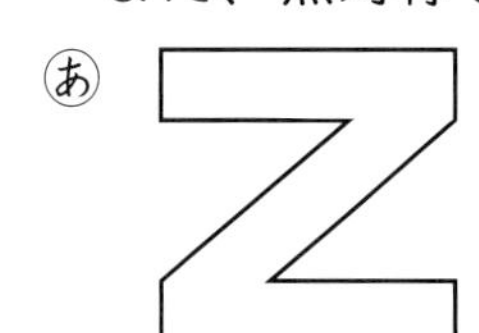　㋑ 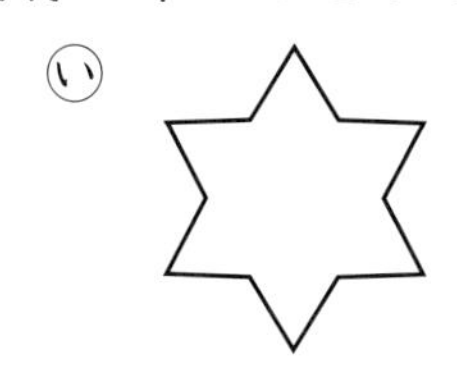　㋒ 

線対称な図形（　　　）　点対称な図形（　　　）

2 **右の図は点対称な図形で、点Oは対称の中心です。** 教科書 15ページ 2、17ページ 3

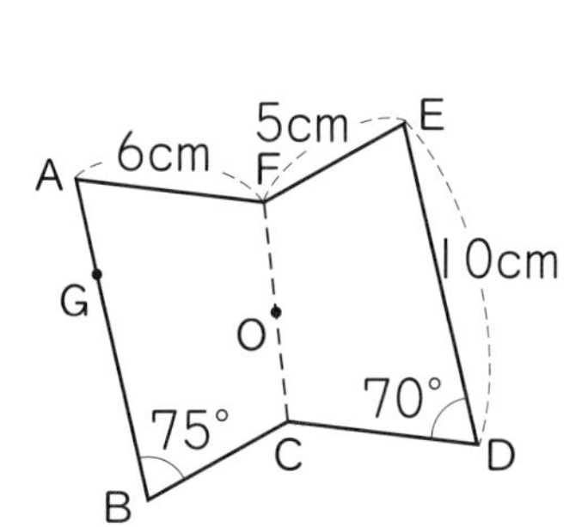

① 頂点（ちょうてん）Eに対応する頂点はどれですか。（　　　）

② 辺CDの長さは何cmですか。（　　　）

③ 角Aの大きさは何度ですか。（　　　）

④ 直線BEと直線CFは、どこで交わりますか。（　　　）

⑤ 直線COと直線FOの長さの関係を表しましょう。（　　　）

⑥ 点Gに対応する点Hをかきましょう。

3 **右のひし形は点対称な図形です。** 教科書 17ページ 3

① 対称の中心Oをかきましょう。

② 点Eに対応する点G、点Fに対応する点Hを、それぞれかきましょう。

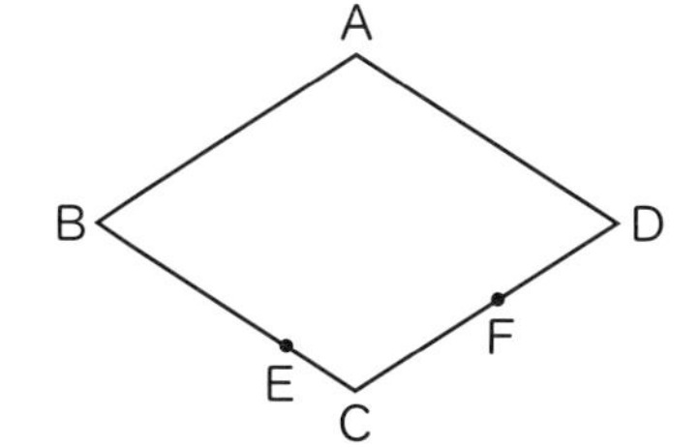

4 点Oが対称の中心になるように、点対称な図形をかきましょう。 教科書 18ページ 4

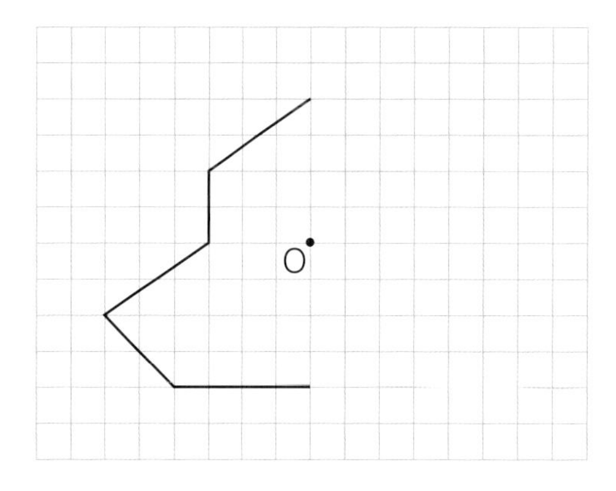

ヒント
3 ① 対応する2つの点を結ぶ直線は、対称の中心を通ります。
4 対称の中心から対応する2つの頂点までの長さは、等しくなっています。

③ 多角形と対称

学習日 月 日

教科書 20～21ページ　答え 3ページ

次の□にあてはまる数や記号、ことばを書きましょう。

めあて 線対称や点対称な図形になっている三角形や四角形を知ろう。 練習 ❶❷→

・平行四辺形　・ひし形　・正方形　・二等辺三角形

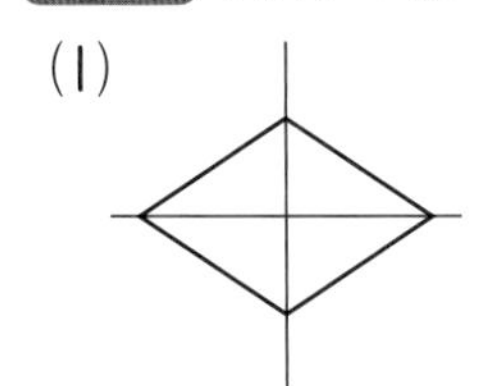
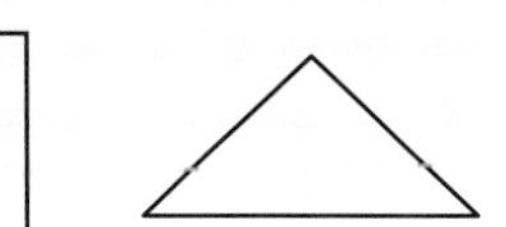

	線対称	点対称
平行四辺形	×	○
ひし形	○	○
正方形	○	○
二等辺三角形	○	×

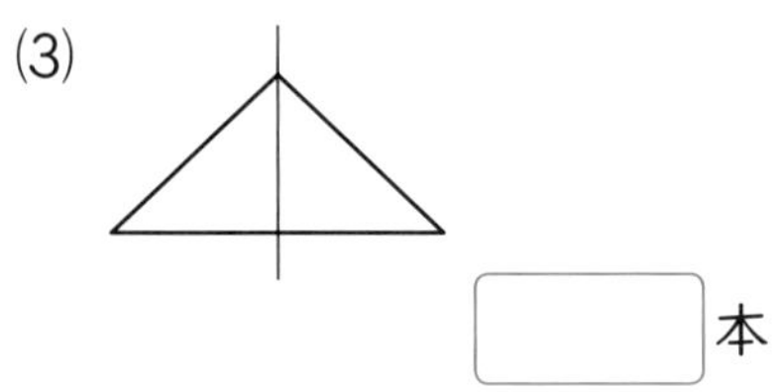

1 次の四角形や三角形は線対称な図形です。対称の軸は何本ありますか。
(1) ひし形　(2) 正方形　(3) 二等辺三角形

解き方 対称の軸をかきこむと、次のようになります。

(1) □本　(2) □本　(3) □本

めあて 線対称や点対称な図形になっている正多角形を知ろう。 練習 ❶→

✪正多角形は、すべて線対称な図形です。対称の軸は、頂点の数だけあります。
✪頂点の数が偶数の正多角形は、点対称な図形でもあります。

2 右のような正多角形があります。
(1) 線対称な図形はどれですか。
また、対称の軸は何本ありますか。
(2) 点対称な図形はどれですか。

㋐ 正三角形　㋑ 正五角形　㋒ 正六角形

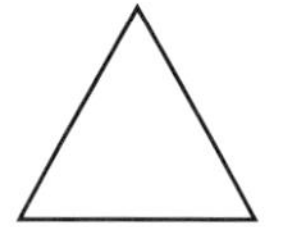
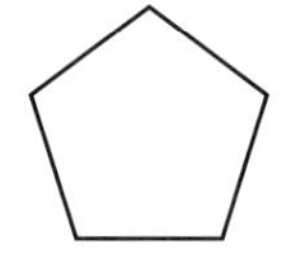

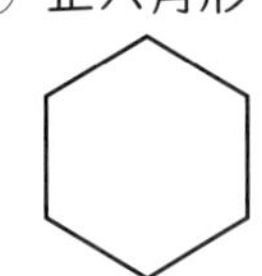

解き方 (1) 正多角形は、すべて線対称な図形だから、
線対称な図形は、□、□、□です。
対称の軸をかきこむと、次のようになります。

㋐ 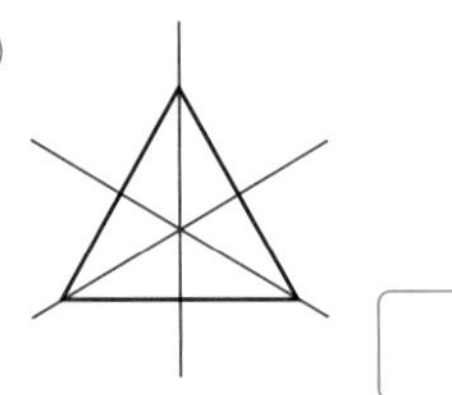 □本　㋑ 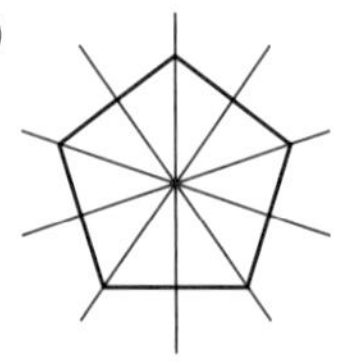 □本　㋒ 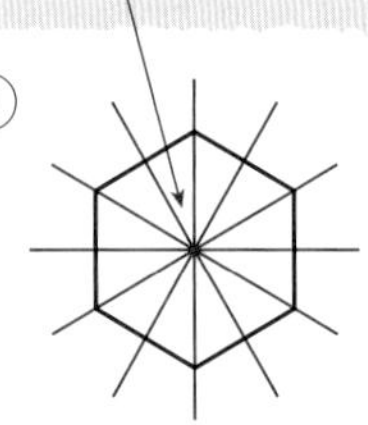 □本

(2) 頂点の数が偶数の正多角形だから、点対称な図形は□で、対称の軸が交わった点が□になります。

★できた問題には、「た」をかこう！★

できた ❶ できた ❷

学習日　月　日

教科書 20～21ページ　答え 3ページ

❶ 下の図形について、あとの問題に答えましょう。①～③は記号で答えましょう。

教科書 20ページ 1

あ 台形　い 平行四辺形　う 長方形　え 正方形　お たこ形(がた)

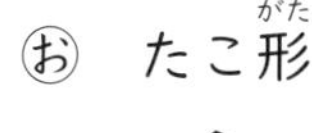
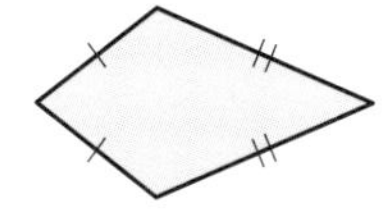
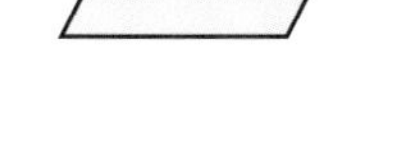

か 直角三角形　き 正三角形　く 正五角形　け 正八角形　こ 円

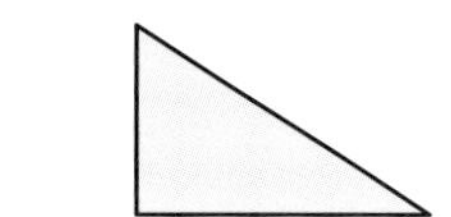

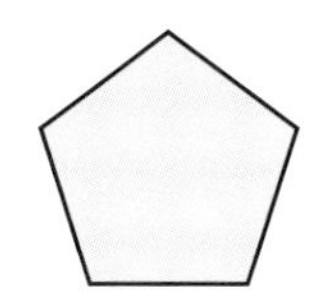
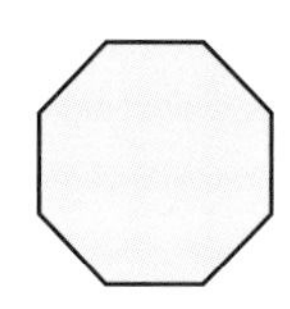

① あ～けの図形で、線対称な図形はどれですか。また、線対称な図形に対称の軸をすべてかきましょう。

（　　　　　　　　）

② あ～けの図形で、点対称な図形はどれですか。また、点対称な図形に対称の中心O(オー)をかきましょう。

（　　　　　　　　）

③ あ～おの図形は、対角線が2本ずつあります。その対角線が2本とも対称の軸となっている図形はどれですか。

（　　　　　　　　）

④ この図形は、線対称な図形であって、点対称な図形でもあります。
対称の軸はどんな直線ですか。また、対称の中心はどんな点ですか。

対称の軸（　　　　　　　　）　対称の中心（　　　　　　　　）

❷ 右の図は、工作用紙を二つ折りにしたものです。

この紙に半分の形をかいて、線対称な図形になっている台形を作りましょう。

教科書 20ページ 1

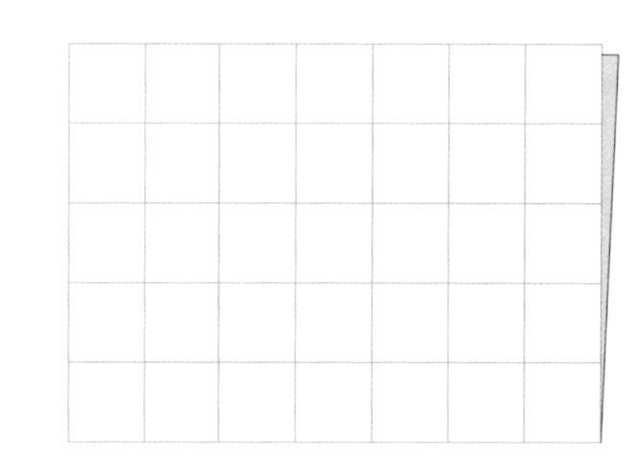

ヒント
❶ 長さや大きさが等しい辺や角を見つけたり、対角線の交わり方から考えます。
❷ 紙の折り目が、対称の軸になっています。

1 対称な図形

教科書 8～23ページ　答え 3ページ

知識・技能　／80点

1 右の図は線対称な図形で、直線アイは対称の軸です。　各5点(15点)

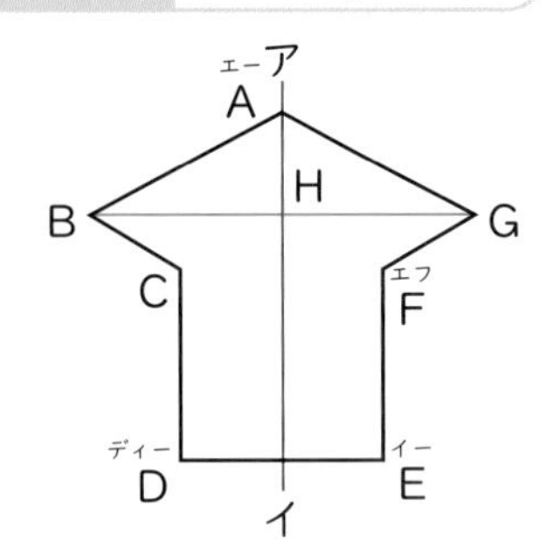

① 頂点Cに対応する頂点はどれですか。

(　　　　)

② 直線BGは、対称の軸アイとどのように交わっていますか。

(　　　　)

③ 直線BHと長さが等しい直線はどれですか。

(　　　　)

2 右の図は点対称な図形で、点Oは対称の中心です。

各5点(10点)

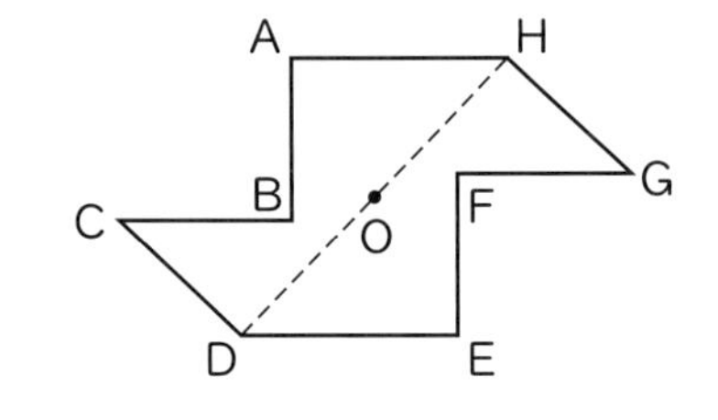

① 辺ABに対応する辺はどれですか。

(　　　　)

② 直線DOと長さが等しい直線はどれですか。

(　　　　)

3 よく出る　下の図形で、線対称な図形はどれですか。また、点対称な図形はどれですか。
Ⓐ～Ⓞの中から選び、記号で答えましょう。　各15点(30点)

あ　台形　　い　平行四辺形　　う　ひし形　　え　正三角形　　お　正六角形

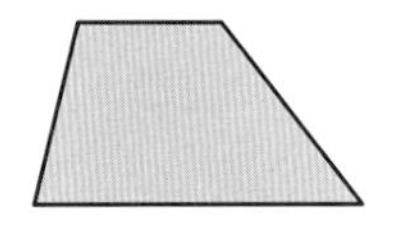
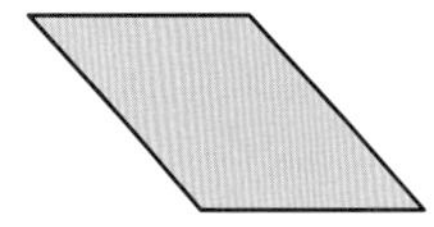
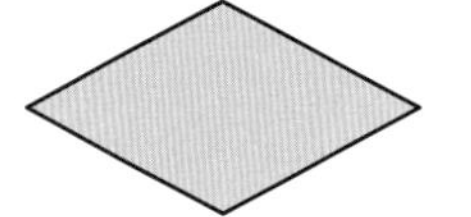
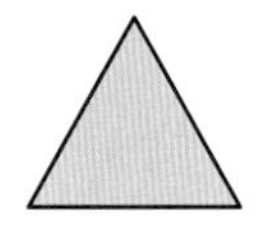
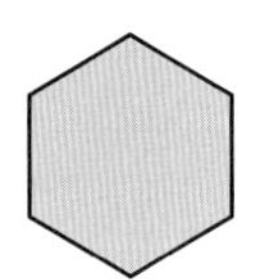

線対称な図形 (　　　　)　　点対称な図形 (　　　　)

4 右の図は、線対称な図形です。対称の軸をすべてかきましょう。　(5点)

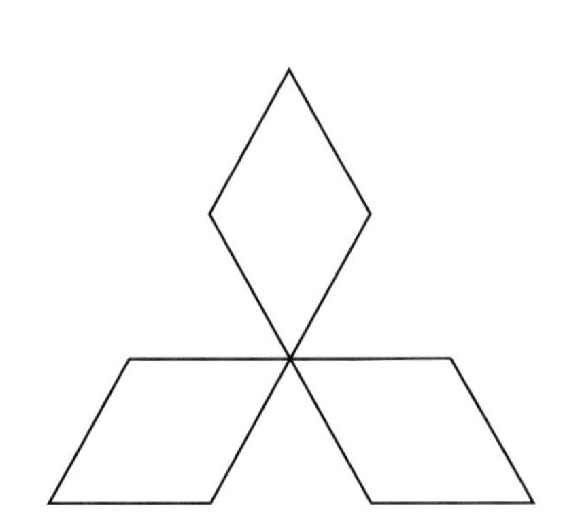

学習日　　月　　日

5 **右の図は、２つの正三角形をあわせた点対称な図形です。** 各5点(10点)

① 対称の中心Oをかきましょう。

② 点Aに対応する点Bをかきましょう。

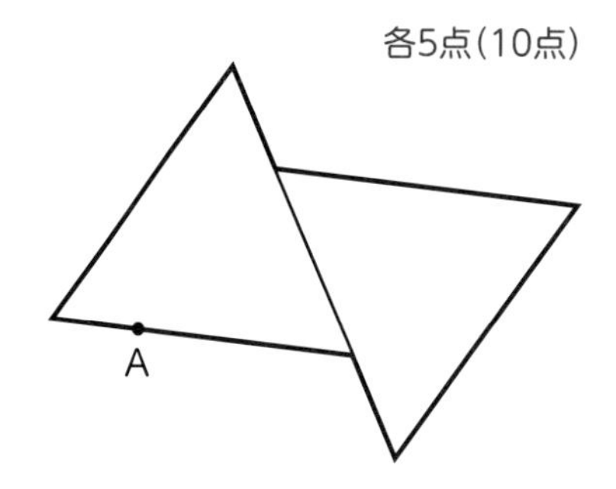

6 よく出る **次の対称な図形をかきましょう。** 各5点(10点)

① 直線アイが対称の軸になるような線対称な図形

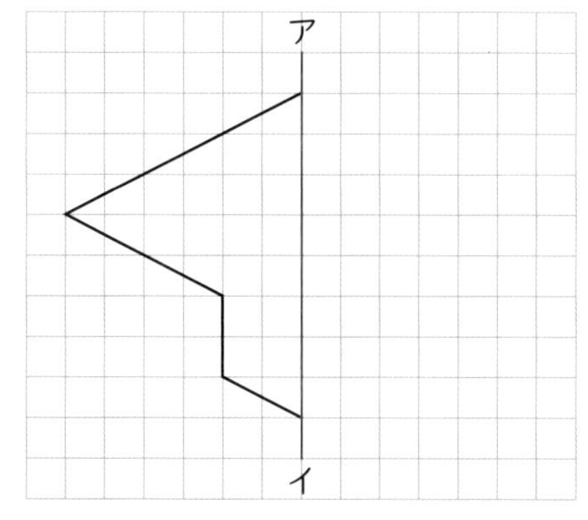

② 点Oが対称の中心になるような点対称な図形

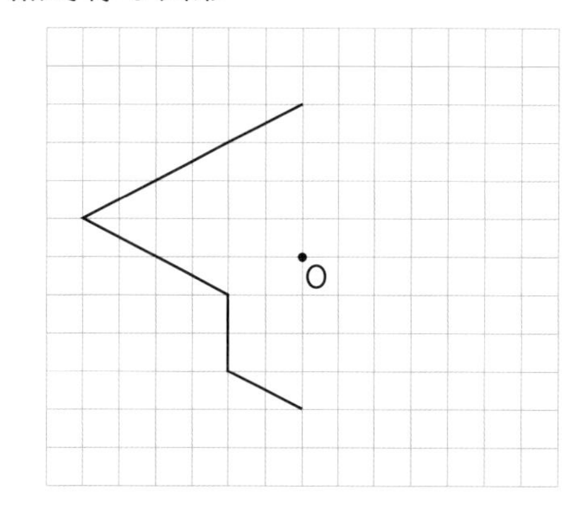

思考・判断・表現 ／20点

できたらスゴイ！

7 **右の正八角形について、次の問題に答えましょう。** 各5点(10点)

① 頂点Aに頂点Gが対応する線対称な図形とみたとき、辺BCに対応する辺はどれですか。

(　　　)

② 点対称な図形とみたとき、辺BCに対応する辺はどれですか。

(　　　)

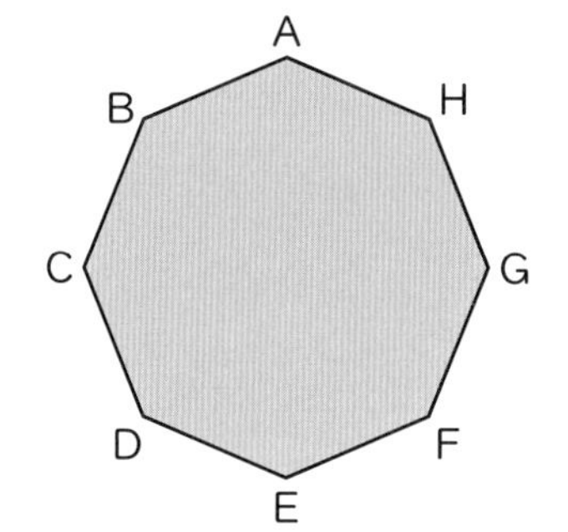

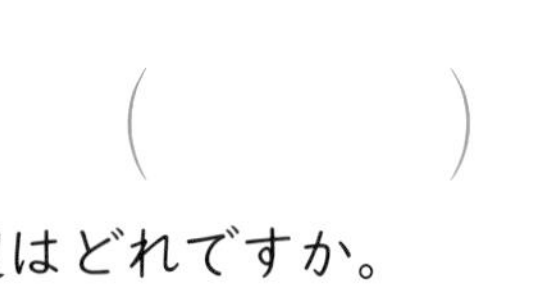

8 右の直角二等辺三角形は線対称な図形です。

二つ折りにしないで、対称の軸をかきます。どのようなかき方がありますか。 (5点)

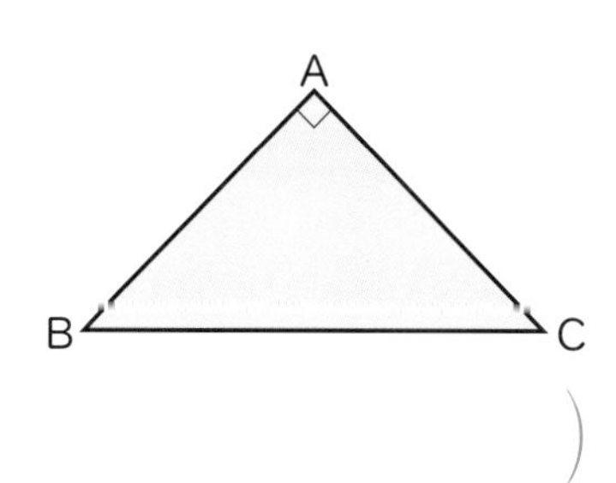

(　　　)

できたらスゴイ！

9 平行四辺形、ひし形、長方形、正方形は、それぞれ１本の直線で、２つの合同な図形に分けることができます。その直線が必ず通る点は、どのような点ですか。 (5点)

(例)

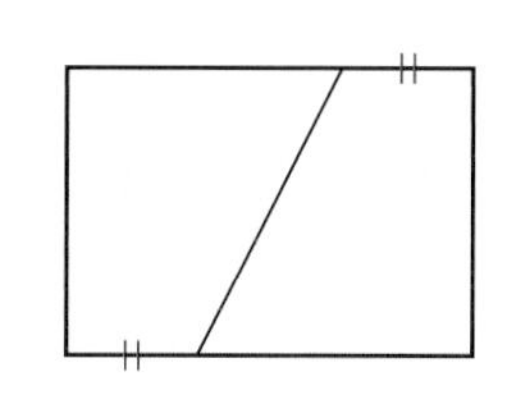

(　　　)

ふりかえり　**1**がわからないときは、２ページの**2**にもどって確認してみよう。

2 文字と式
（文字を使った式）

教科書 24〜28ページ　答え 4ページ

次の□にあてはまる文字や数を書きましょう。

めあて x（エックス）などの文字を使って、式に表せるようになろう。　練習 1→

いろいろと変わる数のかわりに、xなどの文字を使うと、いくつかの式を１つの式にまとめて表すことができます。

1 63円切手を何枚（まい）か買います。

(1) x枚買うときの、代金を求める式を書きましょう。

(2) 4枚買うときの代金を求めましょう。

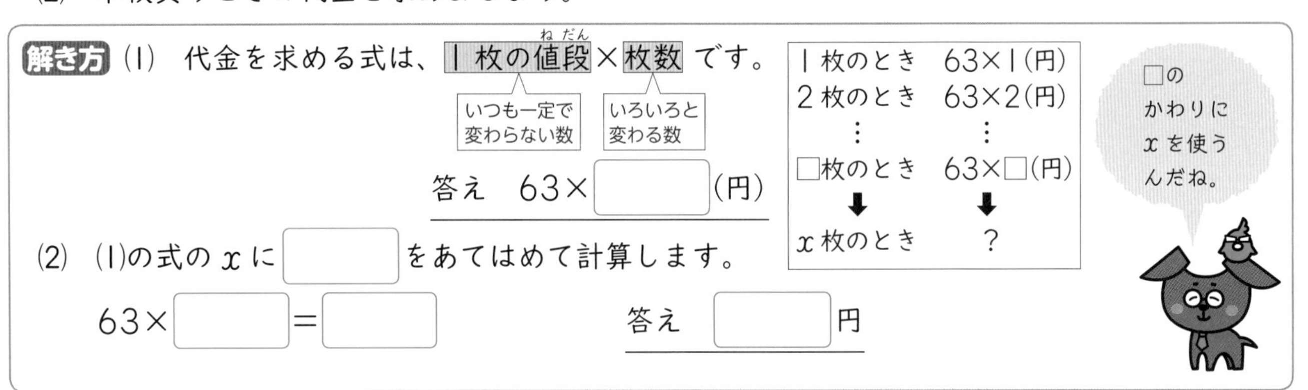

解き方 (1) 代金を求める式は、１枚の値段（ねだん）×枚数 です。

いつも一定で変わらない数　いろいろと変わる数

１枚のとき	63×1(円)
2枚のとき	63×2(円)
⋮	⋮
□枚のとき	63×□(円)
⬇	⬇
x枚のとき	?

答え 63×□(円)

(2) (1)の式のxに□をあてはめて計算します。

63×□＝□　　答え □円

めあて xやy（ワイ）などの文字を使って、数量の関係を式に表せるようになろう。　練習 2 3→

✪ xやyなどの文字を使うと、数量の関係を１つの式にまとめて表すことができます。

✪ xにあてはめた数をxの値（あたい）、そのときのyの表す数を、xの値に対応するyの値といいます。

2 縦（たて）がx cm、横が12 cmの長方形があります。面積はy cm²です。

(1) xとyの関係を式に表しましょう。

(2) xの値が4.5のとき、対応するyの値を求めましょう。

(3) yの値が60になるときの、xの値を求めましょう。

解き方 (1) 長方形の面積を求める式は、縦×横＝長方形の面積です。

答え □×12＝□

(2) (1)の式のxに□をあてはめると、□×12＝□

答え □

(3) (1)の式のyに□をあてはめると、

x×□＝□

x＝□÷□＝□　　答え □

ぴったり2

練習

★できた問題には、「た」をかこう！★

学習日　月　日

教科書 24〜28ページ　答え 4ページ

1 えみさんは、えん筆とノートを買いに行きました。

教科書 25ページ1、27ページ⚠1

① 1本60円のえん筆 x 本と、80円のノートを1冊（さつ）買ったときの、代金の合計を式に表しましょう。

（　　　）

② ①で、えん筆を3本、8本買ったときの代金の合計を、それぞれ求めましょう。

3本のとき（　　　）　8本のとき（　　　）

2 1辺の長さが x cm の正方形があります。まわりの長さは y cm です。

教科書 27ページ2

① x と y の関係を式に表しましょう。

（　　　）

② x の値が2.5のとき、対応する y の値を求めましょう。

（　　　）

③ y の値が28になるときの、x の値を求めましょう。

（　　　）

3 次の場面で、x と y の関係を式に表しましょう。

教科書 28ページ⚠2

① 底辺が8cm、高さが x cm の平行四辺形があります。面積は y cm^2 です。

（　　　）

② 110ページの本があります。x ページ読みました。残りは y ページです。

（　　　）

③ x 円のシャツと350円のハンカチを買いました。代金の合計は y 円です。

（　　　）

④ x cm のリボンを同じ長さずつ6本に分けます。1本の長さは y cm です。

（　　　）

ヒント

2 ③　①の式に y の値をあてはめます。

3 数量の関係をことばの式に表してみましょう。

ぴったり1 準備

2 文字と式

(式に表される場面)

学習日 月 日

教科書 29〜30ページ　答え 4ページ

次の□にあてはまる数や文字を書きましょう。

めあて 式が表している場面を読み取れるようになろう。 練習 1→

式が表している場面を読み取るには、x（エックス）はどんな数量を表しているか、x の単位は何か、どんな計算をしているか、などに目をつけます。

1 1個 x 円のケーキと、1個150円のプリンがあります。
次の式は、どんな買い物の代金を表していますか。

(1) $x \times 6$　　(2) $x \times 2 + 150 \times 2$

解き方 x は、ケーキ1個の値段（ねだん）を表しています。
(1) ケーキの値段に6をかけているので、6は買った個数です。
答え　1個 x 円のケーキを□個買った代金
(2) ケーキとプリンの値段に2をかけているので、2は買った個数です。
答え　1個 x 円のケーキを□個と、1個150円のプリンを□個買った代金

めあて 式が表している場面をつくれるようになろう。 練習 2→

これまでの学習をふり返り、たし算、ひき算、かけ算、わり算のそれぞれを使って答えを求めた、いろいろな場面を思い出しましょう。

2 次の式で表される場面を1つずつつくりましょう。

(1) $100 + x = y$（ワイ）　　(2) $100 \div x = y$

解き方 (1) たし算は、「あわせて〇〇」、「〇〇増えた」のような場面で使いました。
100の単位と x、y の単位は同じで、100にあった単位にします。
答え　(例)　100円のノートと□円のえん筆を買います。
代金は□円です。
(2) わり算は、「〇等分」のような場面で使いました。
答え　(例)　100 dLのジュースを□人で同じ量ずつ分けると、
1人分は□dLになります。

★できた問題には、「た」をかこう！★

できき ❶ できき ❷ できき ❸

教科書 29～30ページ 答え 4ページ

❶ Ⅰ皿 x 円のオムライスと、Ⅰつ200円のジュースがあります。オムライスのライスを少なめにすると、50円びきです。
下の式は、どんな注文の代金を表していますか。 教科書 29ページ❸

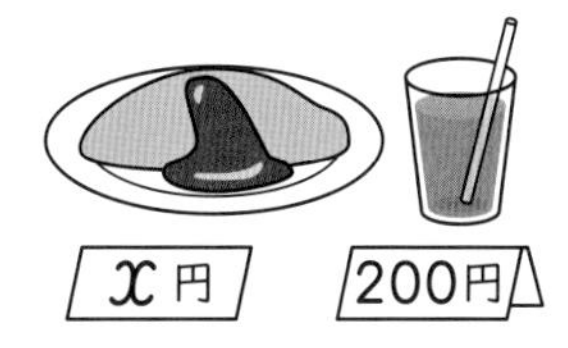

① $x \times 5$

(　　　　　　　　　　)

② $(x-50)+200$

(　　　　　　　　　　)

❷ 右の絵や図を使って、次の式に表される場面をつくりましょう。 教科書 29ページ❸

① $x+100=y$

(　　　　　　　　　　)

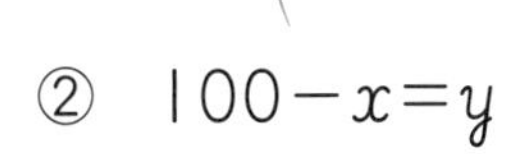

② $100-x=y$

(　　　　　　　　　　)

③ $80 \times x=y$

(　　　　　　　　　　)

④ $80 \div x=y$

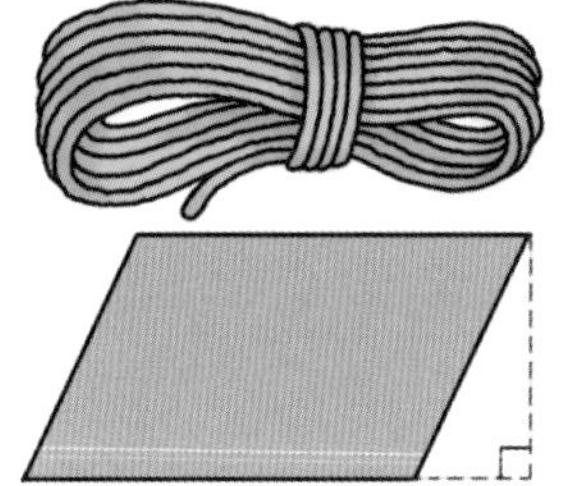

(　　　　　　　　　　)

❸ 横の長さが 7 cm、面積が 42 cm² の長方形があります。 教科書 30ページ❹

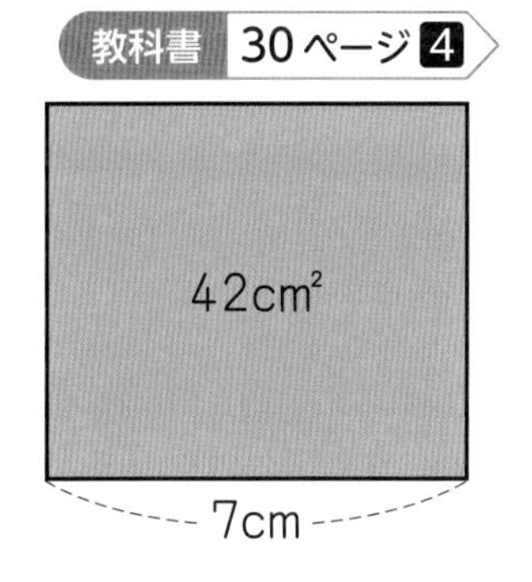

① 縦（たて）の長さを x cm として、数量の関係をかけ算の式に表します。□にあてはまる数を書きましょう。

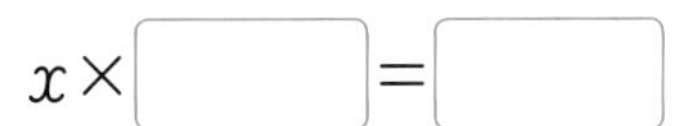

$x \times$ □ ＝ □

② x にあてはまる数を求めると、縦の長さは何 cm ですか。

(　　　　　)

ヒント ❷ どの図を使って、どんな場面にするか考えます。

2 文字と式

教科書 24～31 ページ　答え 5ページ

知識・技能 ／60点

1 次の場面を式に表しましょう。 各5点(10点)

① 2.4 L の牛乳(ぎゅうにゅう)を x(エックス) 個のコップに等分したときの 1 個分の量

(　　　　　　)

② x 才の姉と 7 才の妹の年れいのちがい

(　　　　　　)

2 よく出る ゆみさんは、プレゼント用に花束を買いに行きました。 各5点(15点)

① 1 本 150 円のカーネーション x 本と、200 円のかすみ草で花束を作ってもらったときの、代金の合計を式に表しましょう。

(　　　　　　)

② ①で、カーネーションを 5 本、7 本にしたときの代金の合計を、それぞれ求めましょう。

5 本のとき (　　　　　　)　7 本のとき (　　　　　　)

3 よく出る 次の場面で、x と y(ワイ) の関係を式に表しましょう。 各5点(20点)

① x ページの本を 4 日間で読み終わりました。1 日に平均 y ページ読んだことになります。

(　　　　　　)

② x kg のみかんを 0.3 kg の箱に入れます。全体の重さは y kg です。

(　　　　　　)

③ 20 問の計算問題があります。x 問解きました。残りは y 問です。

(　　　　　　)

④ 240 mL 入りのジュースのパックが x 個あります。ジュースは全部で y mL あります。

(　　　　　　)

4 1個 x g のビー玉が 6 個あります。全部の重さは y g です。

各5点(15点)

① x と y の関係を式に表しましょう。

(　　　　　　)

② x の値(あたい)が 6.5 のとき、対応する y の値を求めましょう。

(　　　　　　)

③ y の値が 26.4 になるときの、x の値を求めましょう。

(　　　　　　)

思考・判断・表現　／40点

5 次の式で表される場面は、下のㇰ～㋕のうちのどれですか。記号で答えましょう。

各5点(20点)

① $50+x=y$　(　　　)

② $50-x=y$　(　　　)

③ $50\times x=y$　(　　　)

④ $50\div x=y$　(　　　)

㋐ 50枚(まい)の画用紙があります。x 枚使いました。残りは y 枚です。

㋑ 50人乗りのバスを借ります。x 台借りると、y 人の人が乗ることができます。

㋒ 面積が x cm^2 の長方形の形をした花だんがあります。縦(たて)の長さが 50 cm のとき、横の長さは y cm です。

㋓ x cm のテープを 2 つに切ります。1 つが 50 cm のとき、もう 1 つは y cm です。

㋔ 米が 50 kg あります。1 日に平均 x kg 食べると、y 日間食べることができます。

㋕ 入館者のうち、子どもは 50 人で、大人は x 人です。入館者は全部で y 人です。

6 底辺が 5 cm、面積が 40 cm^2 の平行四辺形があります。

各10点(20点)

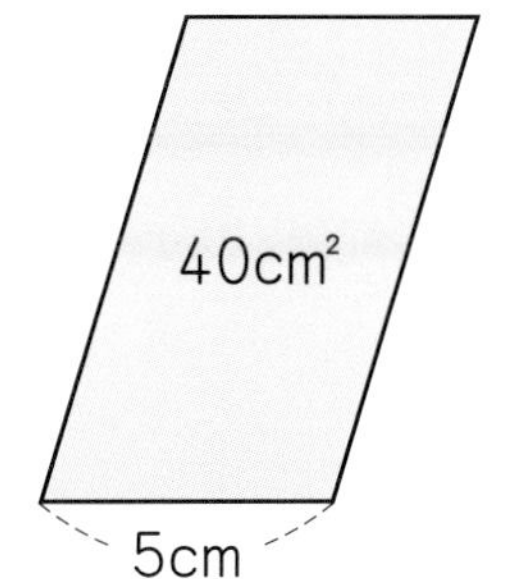

① 高さを x cm として、数量の関係をかけ算の式に表しましょう。

(　　　　　　)

② x にあてはまる数を求めると、高さは何 cm ですか。

(　　　　　　)

ふりかえり　1がわからないときは、10ページの1にもどって確認してみよう。

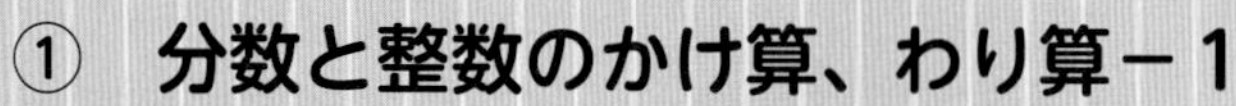

① 分数と整数のかけ算、わり算－1
② 練習－1

教科書 32～35、38ページ　答え 5ページ

次の□にあてはまる数を書きましょう。

めあて 分数に整数をかける計算ができるようになろう。 練習 1 2 →

分数に整数をかける計算は、分母はそのままにして、分子にその整数をかけます。

$$\frac{b}{a}\times c=\frac{b\times c}{a}$$

（ビー、エー、シー）

1 1mの重さが $\frac{4}{9}$ kgの鉄の棒（ぼう）があります。
この鉄の棒2mの重さは何kgですか。

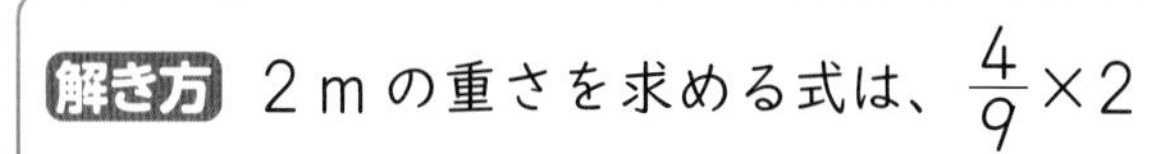

解き方 2mの重さを求める式は、$\frac{4}{9}\times 2$

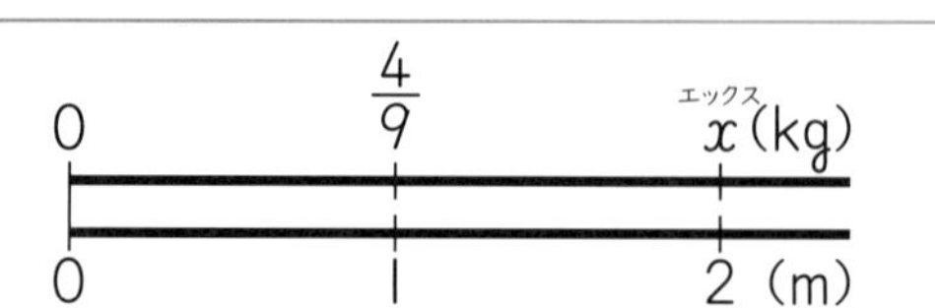

$\frac{4}{9}$ は、$\frac{1}{9}$ の ① □ こ分だから、

$\frac{4}{9}\times 2$ は、$\frac{1}{9}$ の（② □ ×2）こ分になります。

$$\frac{4}{9}\times 2=\frac{③\square\times④\square}{9}=⑤\square$$

答え ⑥ □ kg

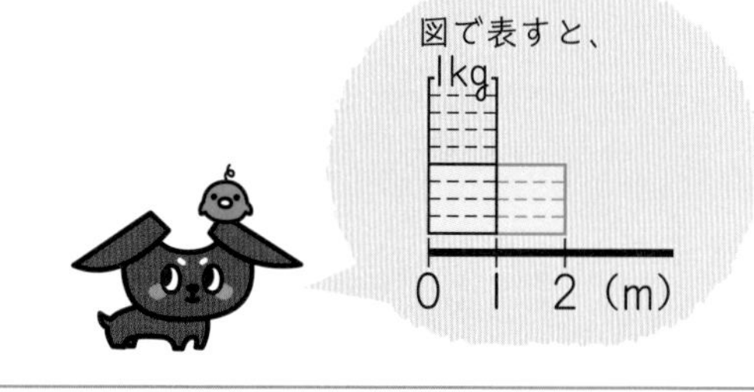

めあて 分数×整数で、約分のある計算ができるようになろう。 練習 3 4 →

計算のとちゅうで約分できるときは、約分してから計算すると簡単（かんたん）です。

2 1dLで、板を $\frac{5}{12}$ m² ぬれるペンキがあります。
このペンキ4dLでは、板を何m² ぬれますか。

解き方 面積を求める式は、$\frac{5}{12}\times 4$

$$\frac{5}{12}\times 4=\frac{5\times \cancel{4}}{\cancel{12}}=③\square$$

① □ ← 約分
② □ ← 約分

答え ④ □ m²

答えが仮分数になったときは、帯分数になおすと大きさがわかりやすいよ。

★できた問題には、「た」をかこう！★

学習日　　月　　日

教科書 32～35、38ページ　答え 5ページ

1 パンを1個作るのに、小麦粉を $\frac{6}{25}$ kg使います。
このパンを3個作るのに、小麦粉は何kg使いますか。

教科書 33ページ 1

式

答え（　　　）

2 次の計算をしましょう。

教科書 34ページ⚠1、38ページ⚠1

① $\frac{2}{7}\times4$　② $\frac{5}{11}\times2$　③ $\frac{3}{16}\times5$

④ $\frac{3}{2}\times5$　⑤ $\frac{7}{4}\times3$　⑥ $\frac{1}{3}\times7$

3 1mの重さが $\frac{2}{25}$ kgの針金（はりがね）があります。
この針金5mの重さは何kgですか。

教科書 35ページ 2

式

答え（　　　）

4 次の計算をしましょう。

教科書 35ページ⚠2、38ページ⚠1

① $\frac{5}{6}\times3$　② $\frac{1}{4}\times6$　③ $\frac{5}{8}\times12$

④ $\frac{4}{3}\times3$　⑤ $\frac{7}{9}\times18$　⑥ $\frac{7}{20}\times100$

ヒント　4 とちゅうで約分できるときは、約分してから計算します。

① 分数と整数のかけ算、わり算－2
② 練習－2

教科書 36～38ページ　答え 6ページ

次の □ にあてはまる数を書きましょう。

めあて 分数を整数でわる計算のしかたを理解しよう。 練習 1→

分数を整数でわるわり算では、分子を整数でわります。

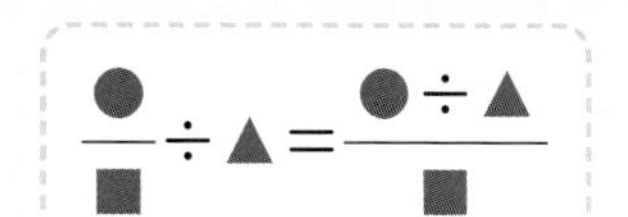

$\frac{●}{■}÷▲=\frac{●÷▲}{■}$

1 2mの重さが $\frac{6}{7}$ kgの鉄のぼうがあります。

この鉄のぼう1mの重さは何kgですか。

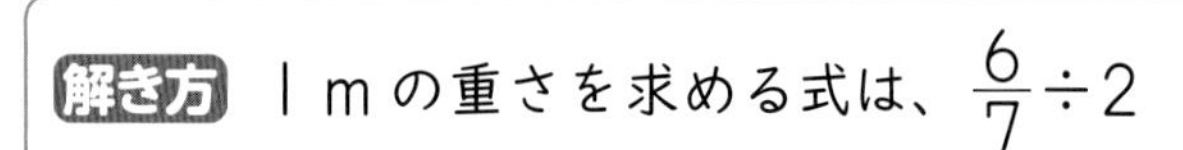

解き方 1mの重さを求める式は、$\frac{6}{7}÷2$

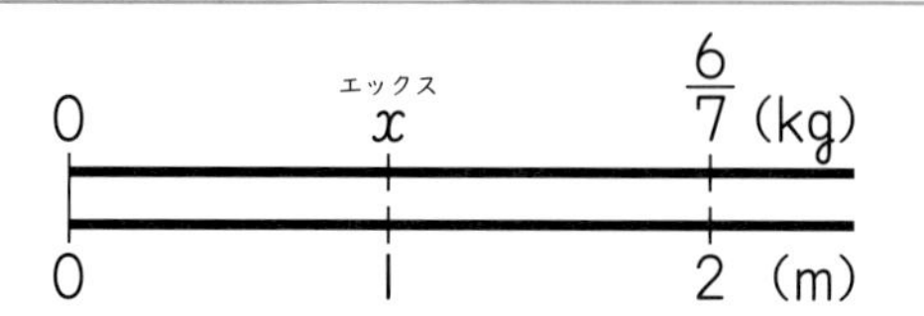

$\frac{6}{7}$ は、$\frac{1}{7}$ の ① □ こ分だから、

$\frac{6}{7}÷2$ は、$\frac{1}{7}$ の（② □ ÷2）こ分になります。

$\frac{6}{7}÷2=\frac{③□÷④□}{7}=$ ⑤ □

答え ⑥ □ kg

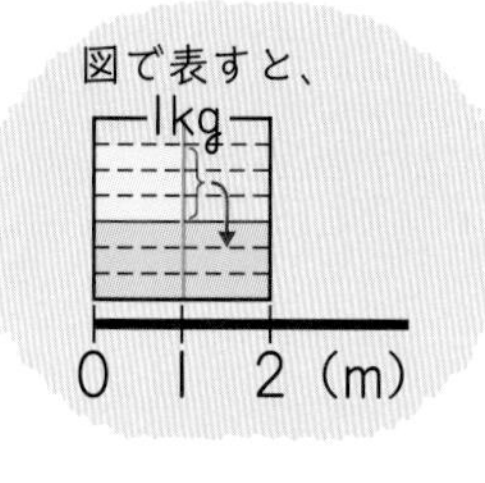

めあて 分数を整数でわる計算ができるようになろう。 練習 2 3→

分数を整数でわる計算は、分子はそのままにして、
分母にその整数をかけます。

$\frac{b}{a}÷c=\frac{b}{a×c}$（ビー、エー、シー）

2 次の計算をしましょう。

(1) $\frac{3}{4}÷5$　　(2) $\frac{2}{3}÷6$

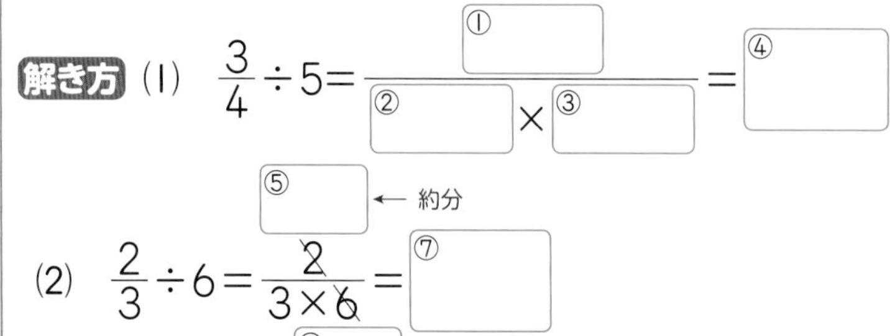

解き方 (1) $\frac{3}{4}÷5=\frac{①□}{②□×③□}=$ ④ □

(2) $\frac{2}{3}÷6=\frac{2}{3×6}=$ ⑦ □ （2 の上に ⑤ □ ← 約分、6 の下に ⑥ □ ← 約分）

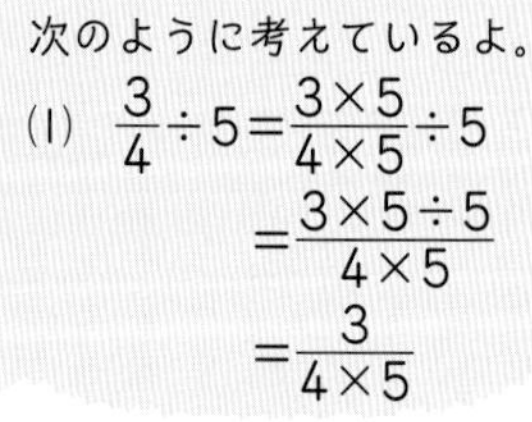

わる整数を分母にかけた式を
書いたら、約分できるかどうか
考えてから計算しよう。

練習

★できた問題には、「た」をかこう！★

学習日　月　日

教科書 36～38ページ　答え 6ページ

1 2分間で $\frac{12}{5}$ Lの水を入れるポンプがあります。
このポンプで、1分間水を入れると、何Lの水が入りますか。　教科書 36ページ 3

式

答え（　　　）

2 次の計算をしましょう。　教科書 37ページ 4、38ページ 1

① $\frac{3}{5}\div 4$　② $\frac{5}{8}\div 6$　③ $\frac{1}{6}\div 4$

④ $\frac{9}{7}\div 2$　⑤ $\frac{5}{4}\div 3$　⑥ $\frac{4}{3}\div 7$

⑦ $\frac{4}{7}\div 2$　⑧ $\frac{5}{9}\div 5$　⑨ $\frac{3}{5}\div 3$

⑩ $\frac{9}{5}\div 6$　⑪ $\frac{12}{17}\div 18$　⑫ $\frac{20}{9}\div 100$

3 4mの重さが $\frac{10}{7}$ kgの針金(はりがね)があります。
この針金1mの重さは何kgですか。　教科書 36ページ 3、37ページ 4

式

答え（　　　）

ヒント　2 とちゅうで約分できるときは、約分してから計算します。

③ 分数をかける計算－1

教科書 39～43ページ　答え 6ページ

次の□にあてはまる数を書きましょう。

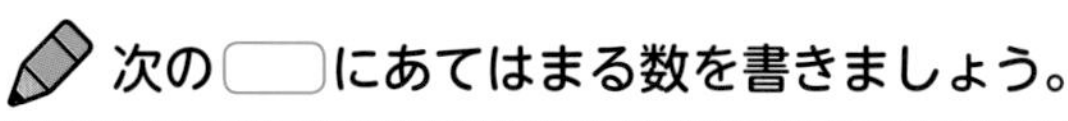

めあて 分数×分数の計算ができるようになろう。

練習 1 2

分数に分数をかける計算は、分母どうし、分子どうしをかけます。

計算のとちゅうで約分できるときは、約分してから計算すると、計算が簡単になります。

$$\frac{b}{a}\times\frac{d}{c}=\frac{b\times d}{a\times c}$$

1 次の計算をしましょう。

(1) $\frac{2}{3}\times\frac{4}{7}$　　(2) $\frac{3}{8}\times\frac{4}{9}$

解き方 分母どうし、分子どうしをかけます。

(1) $\frac{2}{3}\times\frac{4}{7}=\frac{2\times①}{3\times②}=③$

(2) $\frac{3}{8}\times\frac{4}{9}=\frac{\cancel{3}\times\cancel{4}}{\cancel{8}\times\cancel{9}}=⑧$

約分 → ④　⑤ ← 約分

約分 → ⑥　⑦ ← 約分

$\frac{2}{3}\times\frac{4}{7}=x$

×7　×7　÷7

$\frac{2}{3}\times\left(\frac{4}{7}\times7\right)=\frac{2}{3}\times4$

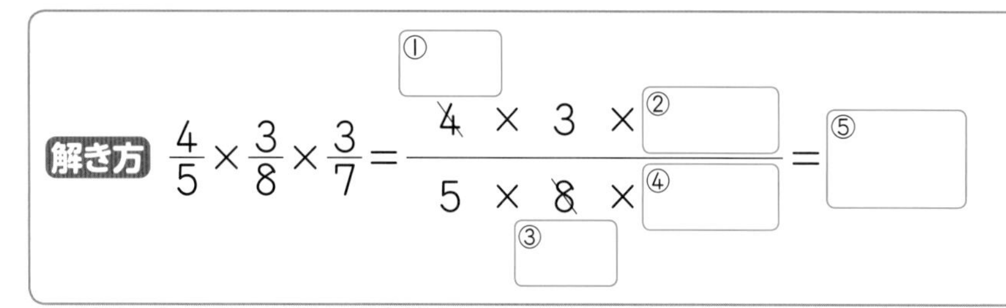

めあて いくつもの分数のかけ算ができるようになろう。

練習 3

3つの分数のかけ算でも、分母どうし、分子どうしをまとめてかけて計算できます。

2 $\frac{4}{5}\times\frac{3}{8}\times\frac{3}{7}$ を計算しましょう。

解き方 $\frac{4}{5}\times\frac{3}{8}\times\frac{3}{7}=\frac{\cancel{4}^{①}\times3\times②}{5\times\cancel{8}_{③}\times④}=⑤$

めあて 整数×分数の計算ができるようになろう。

練習 4

整数を、分母が1の分数と考えて、分数×分数と同じしかたで計算します。

3 $4\times\frac{2}{9}$ を計算しましょう。

解き方 $4\times\frac{2}{9}=\frac{4}{\square}\times\frac{2}{9}=\frac{4\times2}{\square\times9}=\square$

★できた問題には、「た」をかこう！★

できた 1　できた 2　できた 3　できた 4

学習日　　月　　日

教科書 39～43ページ　答え 6ページ

1 次の計算をしましょう。

教科書 39ページ 1、42ページ 2

① $\frac{1}{5}\times\frac{4}{9}$　② $\frac{7}{9}\times\frac{5}{6}$　③ $\frac{3}{2}\times\frac{5}{4}$

④ $\frac{7}{10}\times\frac{9}{14}$　⑤ $\frac{8}{15}\times\frac{3}{4}$　⑥ $\frac{9}{2}\times\frac{8}{9}$

2 1mの重さが $\frac{4}{7}$ kgの針金（はりがね）があります。この針金 $\frac{3}{5}$ mの重さは何kgですか。

教科書 39ページ 1

式

答え（　　　）

3 次の計算をしましょう。

教科書 43ページ ①・△3

① $\frac{3}{4}\times\frac{4}{7}\times\frac{1}{3}$　② $\frac{3}{8}\times\frac{5}{6}\times\frac{2}{5}$

③ $\frac{5}{7}\times\frac{3}{5}\times\frac{7}{9}$　④ $\frac{5}{6}\times\frac{9}{10}\times\frac{4}{3}$

4 次の計算をしましょう。

教科書 43ページ 3

① $2\times\frac{3}{7}$　② $9\times\frac{5}{12}$　③ $15\times\frac{3}{10}$

④ $\frac{5}{14}\times3$　⑤ $\frac{3}{8}\times6$　⑥ $\frac{3}{4}\times8$

ヒント　4 整数を、分母が1の分数と考えて計算します。

学習日 月 日

③ 分数をかける計算－2

教科書 43～45ページ　答え 7ページ

次の□にあてはまる数を書きましょう。

めあて 帯分数のかけ算ができるようになろう。 練習 1→

帯分数のかけ算は、帯分数を仮分数で表して、真分数のかけ算と同じように計算します。

1 $1\frac{4}{5}\times\frac{1}{6}$ を計算しましょう。

解き方 $1\frac{4}{5}\times\frac{1}{6}=\frac{\square}{5}\times\frac{1}{6}=\frac{\overset{3}{\cancel{9}}\times 1}{5\times\underset{2}{\cancel{6}}}=\square$

めあて かける数の大きさと積の大きさの関係を理解しよう。 練習 2→

分数をかけるかけ算でも、1より小さい数をかけると、「積＜かけられる数」となります。

2 1mの値段(ねだん)が200円のリボンがあります。このリボン$1\frac{2}{5}$m、$\frac{4}{5}$mの代金は、それぞれ何円ですか。

解き方

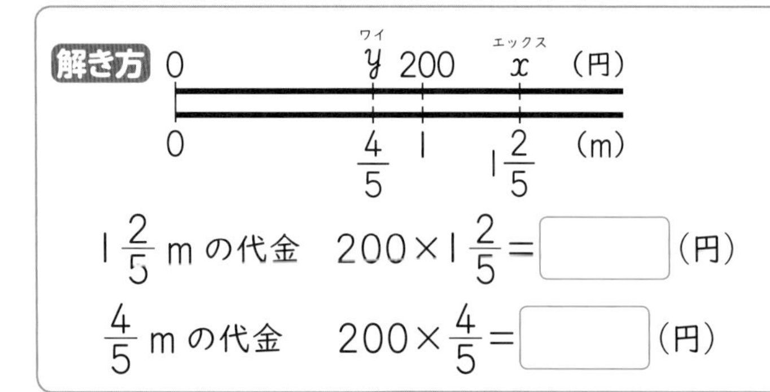

$1\frac{2}{5}$mの代金　$200\times1\frac{2}{5}=\square$（円）

$\frac{4}{5}$mの代金　$200\times\frac{4}{5}=\square$（円）

積がかけられる数200より小さくなるのは、かける数が1より小さい$\frac{4}{5}$のときだね。小数のかけ算と同じだね。

めあて 辺の長さが分数で表された図形の面積や体積が求められるようになろう。 練習 3→

面積や体積は、辺の長さが分数で表されていても、整数や小数のときと同じように、公式を使ってかけ算で求められます。

3 右の長方形の面積と、直方体の体積を求めましょう。

(1)
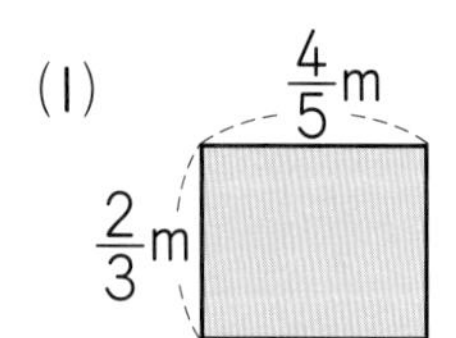

(2)
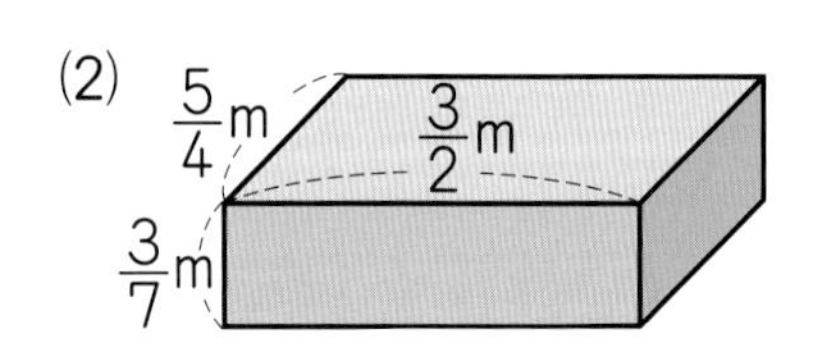

解き方 辺の長さが分数のときも、公式を使います。

(1) 縦(たて)×横＝長方形の面積　①□×②□＝③□（m^2）

(2) 縦×横×高さ＝直方体の体積　④□×⑤□×⑥□＝⑦□（m^3）

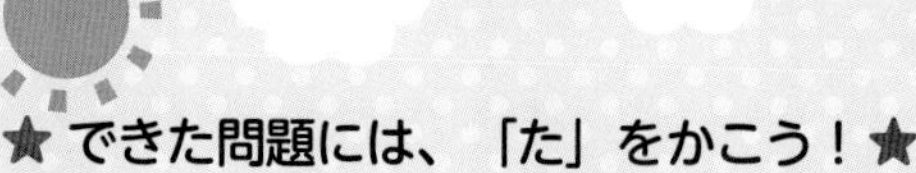

★できた問題には、「た」をかこう！★

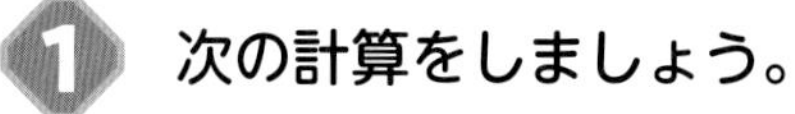

教科書 43～45ページ　答え 7ページ

1 次の計算をしましょう。

教科書 43ページ 3

① $1\frac{3}{4}\times\frac{1}{5}$　② $\frac{5}{6}\times2\frac{1}{4}$　③ $4\frac{2}{3}\times\frac{6}{7}$

④ $2\frac{1}{3}\times1\frac{2}{5}$　⑤ $2\frac{1}{4}\times3\frac{1}{6}$　⑥ $2\frac{5}{8}\times2\frac{2}{9}$

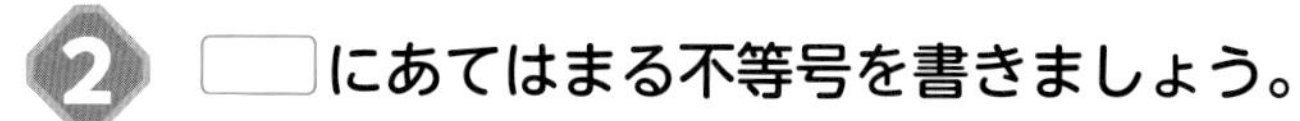

2 □にあてはまる不等号を書きましょう。

教科書 44ページ 4

① $4\times1\frac{1}{2}$ □ 4　② $\frac{2}{9}\times\frac{3}{4}$ □ $\frac{2}{9}$　③ $\frac{5}{8}\times\frac{9}{7}$ □ $\frac{5}{8}$

3 ①～③の図形の面積、④、⑤の立体の体積を求めましょう。

教科書 45ページ 5

① 正方形

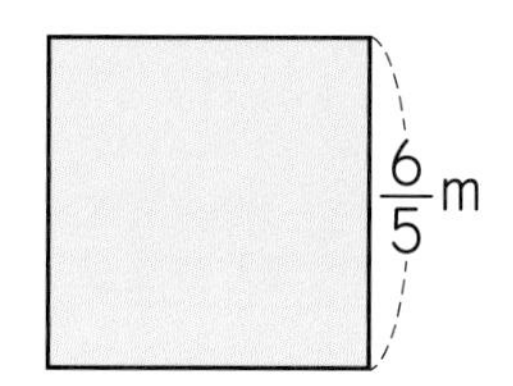

② 長方形

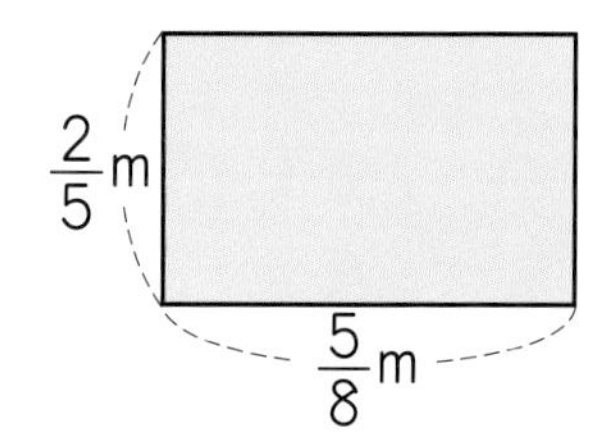

③ 平行四辺形

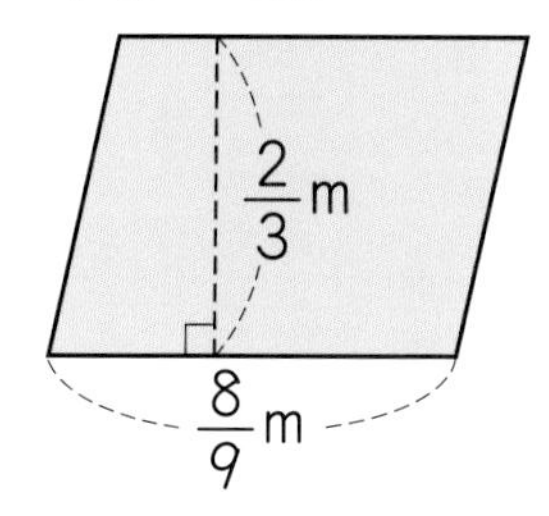

(　　)　(　　)　(　　)

④ 立方体

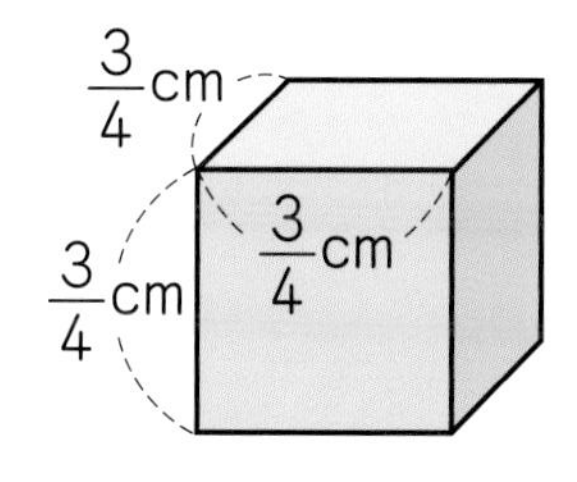

⑤ 直方体

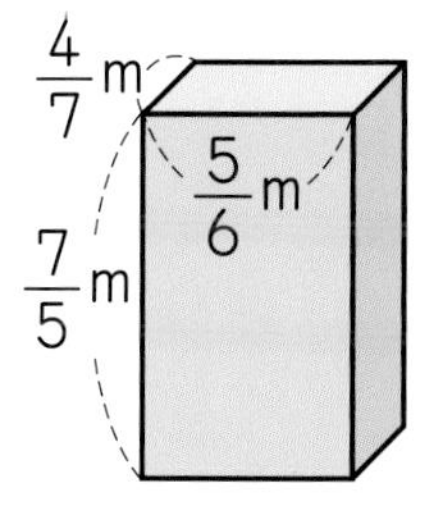

(　　)　(　　)

1 帯分数を仮分数になおして計算します。
3 ③　平行四辺形の面積＝底辺×高さ を使って求めます。

学習日　　月　　日

③　分数をかける計算－3

教科書 46～47ページ　答え 7ページ

次の□にあてはまる数を書きましょう。

めあて 計算のきまりを使って、くふうして計算できるようになろう。　練習 1 2 →

分数のときも、次のような計算のきまりが成り立ちます。

ア　$a \times b = b \times a$　（a：エー、b：ビー）
イ　$(a \times b) \times c = a \times (b \times c)$　（c：シー）
ウ　$(a + b) \times c = a \times c + b \times c$
エ　$(a - b) \times c = a \times c - b \times c$

1　計算のきまりを使って、くふうして計算しましょう。

(1)　$\left(\frac{5}{9} \times \frac{7}{8}\right) \times \frac{8}{7}$

(2)　$\left(\frac{1}{2} + \frac{2}{3}\right) \times 6$

(3)　$\frac{7}{6} \times \frac{4}{9} + \frac{7}{6} \times \frac{5}{9}$

解き方　分数のときも、上の計算のきまりア～エが使えます。

(1)　$\left(\frac{5}{9} \times \frac{7}{8}\right) \times \frac{8}{7}$
$= \frac{5}{9} \times$ (①□ × ②□)　← きまりイ
$= \frac{5}{9} \times$ ③□
$=$ ④□

(2)　$\left(\frac{1}{2} + \frac{2}{3}\right) \times 6$
$= \frac{1}{2} \times 6 +$ ⑤□ × ⑥□　← きまりウ
$=$ ⑦□ + ⑧□
$=$ ⑨□

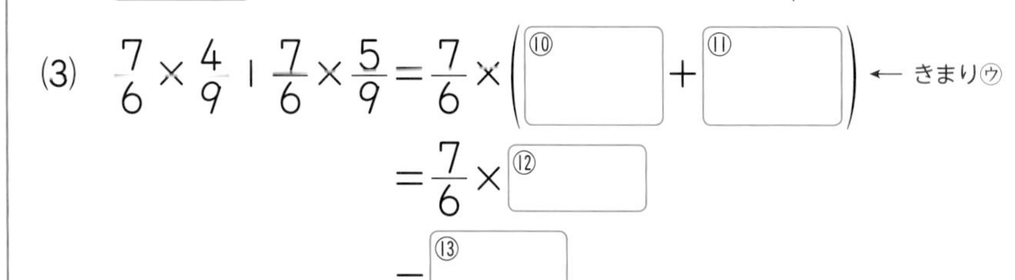

(3)　$\frac{7}{6} \times \frac{4}{9} + \frac{7}{6} \times \frac{5}{9} = \frac{7}{6} \times$ (⑩□ + ⑪□)　← きまりウ
$= \frac{7}{6} \times$ ⑫□
$=$ ⑬□

(2)は、(　)の中を先に計算するより計算が簡単（かんたん）だね。
(3)は、かけられる数が同じになっているよ。

めあて 逆数（ぎゃくすう）の意味を理解して、逆数を求められるようになろう。　練習 3 →

2つの数の積が1になるとき、
一方の数をもう一方の**逆数**（ぎゃくすう）といいます。

$\frac{b}{a} \to \frac{a}{b}$　**例**　$\frac{5}{8}$ と $\frac{8}{5}$　$\frac{1}{2}$ と 2

2　(1)　$\frac{2}{5}$、(2)　3の逆数を求めましょう。

解き方　(1)　分子と分母を入れかえた分数にするから、逆数は□です。

(2)　$3 = \frac{3}{\square}$ だから、逆数は□です。

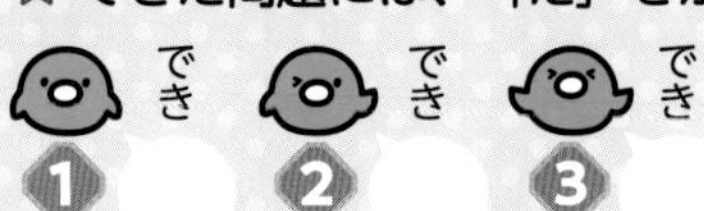

★できた問題には、「た」をかこう！★

学習日　月　日

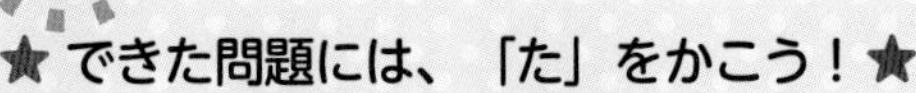

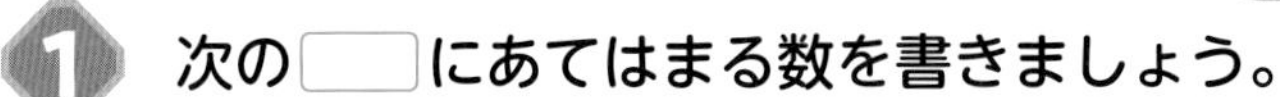

教科書 46〜47ページ　答え 7ページ

1 次の□にあてはまる数を書きましょう。

教科書 46ページ6

① $\left(\frac{9}{13}\times\frac{15}{8}\right)\times\frac{8}{15}=\frac{9}{13}\times\left(\square\times\square\right)$

② $\left(\frac{5}{6}+\frac{3}{8}\right)\times 24=\frac{5}{6}\times\square+\square\times\square$

③ $\frac{7}{9}\times\frac{5}{6}+\frac{7}{9}\times\frac{1}{6}=\square\times\left(\frac{5}{6}+\square\right)$

2 くふうして計算しましょう。

教科書 46ページ6・△6

① $\left(\frac{7}{10}\times\frac{3}{4}\right)\times\frac{4}{3}$

② $\left(\frac{3}{5}+\frac{2}{3}\right)\times 15$

③ $18\times\left(\frac{5}{6}-\frac{2}{9}\right)$

④ $5\times\frac{3}{7}+2\times\frac{3}{7}$

⑤ $\frac{5}{8}\times 9+\frac{5}{8}\times 7$

よくみて

⑥ $\frac{23}{14}\times\frac{3}{4}-\frac{9}{14}\times\frac{3}{4}$

3 次の数の逆数を求めましょう。

教科書 47ページ7・△7

① $\frac{4}{7}$　（　　）

② $\frac{1}{6}$　（　　）

③ $\frac{11}{8}$　（　　）

④ 5　（　　）

⑤ 0.7　（　　）

⑥ 0.09　（　　）

ヒント

2 ④・⑤・⑥　同じ数を見つけて、計算のきまり㋒や㋓を使います。

3 ④・⑤・⑥　真分数や仮分数で表して、分子と分母を入れかえます。

3 分数×整数、分数÷整数、分数×分数

教科書 32～49ページ　答え 8ページ

知識・技能　／60点

1 次の計算をしましょう。　各4点(40点)

① $\frac{3}{4}\times\frac{5}{2}$　② $\frac{3}{10}\times\frac{6}{7}$

③ $\frac{8}{15}\times\frac{5}{4}$　④ $16\times\frac{7}{12}$

⑤ $\frac{5}{8}\times7$　⑥ $3\frac{3}{8}\times2\frac{2}{3}$

⑦ $\left(\frac{5}{8}\times\frac{7}{9}\right)\times\frac{9}{7}$　⑧ $\left(\frac{5}{9}+\frac{1}{6}\right)\times36$

⑨ $\frac{7}{9}\times2+\frac{7}{9}\times7$　⑩ $\frac{5}{6}\times\frac{7}{5}\times\frac{3}{7}$

2 積が6より小さくなるのはどれですか。計算をしないで記号で答えましょう。　(5点)

㋐ $6\times\frac{8}{7}$　㋑ $6\times\frac{12}{13}$　㋒ 6×1　㋓ $6\times2\frac{1}{5}$

(　　　)

3 次の数の逆数を求めましょう。　各5点(15点)

① $\frac{2}{3}$　② 8　③ 0.17

(　　　)　(　　　)　(　　　)

学習日　　月　　日

思考・判断・表現　　／40点

4 1mの値段(ねだん)が240円の布があります。
この布$2\frac{1}{4}$mの代金は何円ですか。　式・答え 各4点(8点)

式

答え（　　　）

5 縦(たて)$\frac{5}{3}$m、横4m、高さ$\frac{9}{10}$mの直方体の体積は何m^3ですか。　式・答え 各4点(8点)

式

答え（　　　）

できたらスゴイ！

6 3mの重さが$\frac{9}{16}$kgのホースがあります。
このホース10mの重さは何kgですか。　式・答え 各4点(8点)

式

答え（　　　）

7 右の㋐、㋑の□に、それぞれ2～20の数を入れて、いろいろな式をつくります。　各4点(16点)

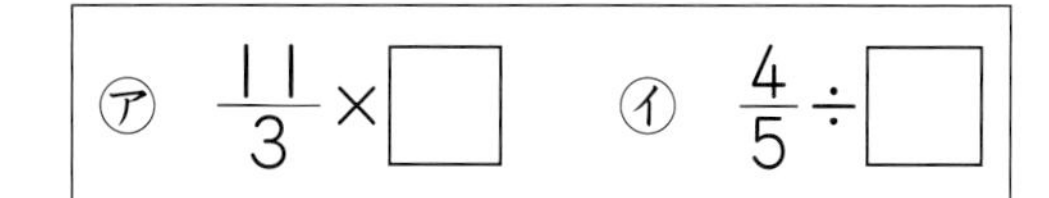
㋐ $\frac{11}{3}\times\square$　　㋑ $\frac{4}{5}\div\square$

① ㋐の式で、積が整数になる数字を全部答えましょう。

（　　　）

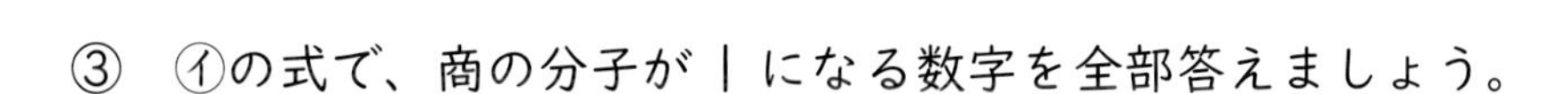
② ㋐の式で、積が整数になる数字は、どんな数といえますか。

（　　　）

③ ㋑の式で、商の分子が1になる数字を全部答えましょう。

（　　　）

④ ㋑の式で、商の分子が1になる数字は、どんな数といえますか。

（　　　）

付録の「計算せんもんドリル」1～10もやってみよう！

ふりかえり　1①がわからないときは、20ページの1にもどって確認してみよう。

4 分数÷分数 (分数のわり算－1)

学習日 月 日

教科書 50～56 ページ 答え 8 ページ

次の□にあてはまる数を書きましょう。

めあて 分数÷分数の計算ができるようになろう。 練習 1 2 →

分数でわる計算は、わる数の逆数をかけます。

$$\frac{b}{a}\div\frac{d}{c}=\frac{b}{a}\times\frac{c}{d}=\frac{b\times c}{a\times d}$$

（a：エー、b：ビー、c：シー、d：ディー）

1 次の計算をしましょう。

(1) $\frac{1}{3}\div\frac{3}{5}$　　(2) $\frac{3}{5}\div\frac{9}{10}$

解き方 わる数を逆数にして(分子と分母を入れかえて)かけ算します。

(1) $\frac{1}{3}\div\frac{3}{5}=\frac{1\times①}{3\times②}=③$

$\frac{1}{3}\div\frac{3}{5}=x$（エックス）

×5　×5

$\left(\frac{1}{3}\times5\right)\div\left(\frac{3}{5}\times5\right)=\left(\frac{1}{3}\times5\right)\div3$　等しい

(2) $\frac{3}{5}\div\frac{9}{10}=\frac{3\times10}{5\times9}=⑧$

約分→④　⑤←約分

約分→⑥　⑦←約分

$\frac{1}{3}\div\frac{3}{5}=x$

$\times\frac{5}{3}$　$\times\frac{5}{3}$

$\left(\frac{1}{3}\times\frac{5}{3}\right)\div\left(\frac{3}{5}\times\frac{5}{3}\right)=\left(\frac{1}{3}\times\frac{5}{3}\right)\div1$　等しい

めあて かけ算とわり算のまじった計算ができるようになろう。 練習 3 4 →

分数のかけ算とわり算がまじった式は、わる数を逆数に変えると、かけ算だけの式になおせます。

2 $\frac{4}{5}\div\frac{9}{10}\times\frac{3}{7}$ を計算しましょう。

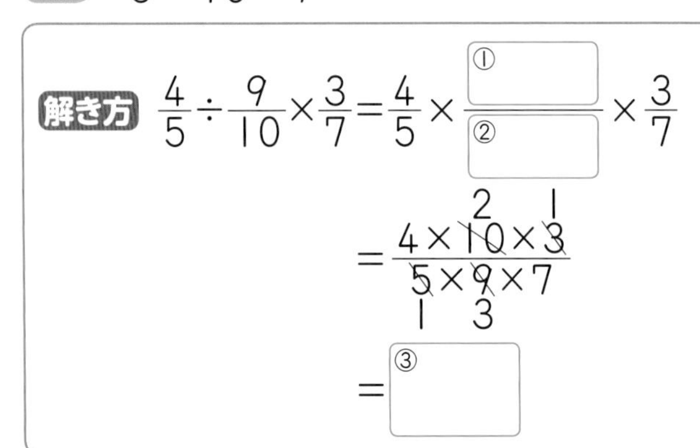

解き方 $\frac{4}{5}\div\frac{9}{10}\times\frac{3}{7}=\frac{4}{5}\times\frac{①}{②}\times\frac{3}{7}$

$=\frac{4\times\overset{2}{\cancel{10}}\times\overset{1}{\cancel{3}}}{\underset{1}{\cancel{5}}\times\underset{3}{\cancel{9}}\times7}$

$=③$

★できた問題には、「た」をかこう！★

できき ① できき ② できき ③ できき ④

学習日　　月　　日

教科書 50～56ページ　答え 9ページ

1 次の計算をしましょう。 教科書 51ページ 1、55ページ 2

① $\frac{3}{4}\div\frac{5}{7}$　② $\frac{2}{9}\div\frac{7}{8}$　③ $\frac{5}{6}\div\frac{8}{5}$

④ $\frac{2}{3}\div\frac{5}{6}$　⑤ $\frac{6}{5}\div\frac{8}{15}$　⑥ $\frac{9}{4}\div\frac{3}{8}$

2 $\frac{3}{4}$ m の重さが $\frac{5}{9}$ kg のパイプがあります。このパイプ 1 m の重さは何 kg ですか。

教科書 51ページ 1

式

答え（　　　）

3 次の計算をしましょう。 教科書 55ページ 2

① $\frac{7}{6}\times\frac{7}{4}\div\frac{11}{12}$　② $\frac{4}{5}\times9\div\frac{6}{5}$

③ $\frac{6}{7}\div\frac{5}{9}\times\frac{7}{18}$　④ $\frac{15}{8}\div6\times\frac{9}{10}$

⑤ $\frac{9}{10}\div\frac{3}{8}\div\frac{2}{5}$　⑥ $\frac{7}{15}\div\frac{5}{12}\div14$

4 次の図形の面積を求めましょう。 教科書 56ページ △4

①

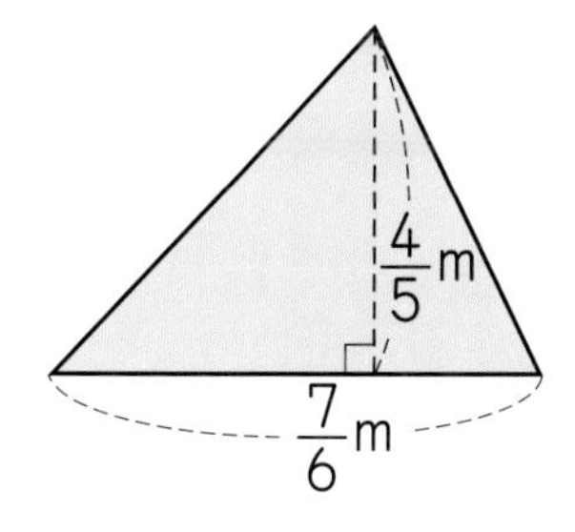

（　　　）

②

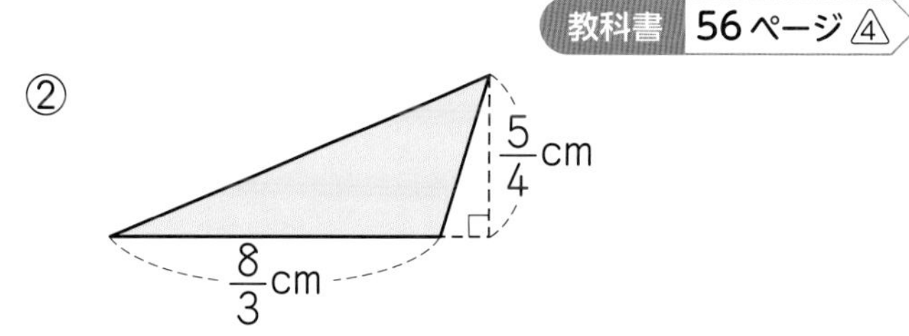

（　　　）

2 全体の重さ÷長さ(m)＝1 m の重さ です。
3 約分をしたときは、どの数とどの数を約分したのか、わかるようにしておきます。

(分数のわり算－2)

教科書 56〜57ページ　答え 9ページ

 次の□にあてはまる数を書きましょう。

めあて　整数÷分数の計算や帯分数のわり算ができるようになろう。　練習 1 2 →

✪整数÷分数では、整数を、分母が1の分数と考えて、分数÷分数と同じしかたで計算します。
✪帯分数のわり算は、帯分数を仮分数で表して、真分数のわり算と同じように計算します。

1 次の計算をしましょう。

(1) $2\div\frac{7}{3}$　　(2) $\frac{3}{4}\div1\frac{1}{5}$

解き方 (1) 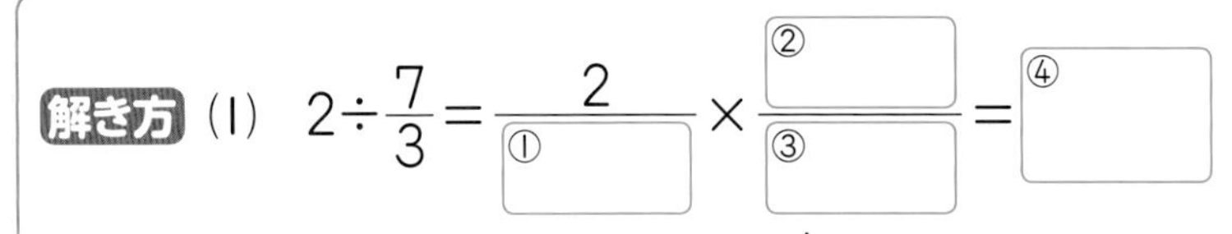

$2\div\frac{7}{3}=\frac{2}{①}\times\frac{②}{③}=④$

(2) $\frac{3}{4}\div1\frac{1}{5}=\frac{3}{4}\div\frac{⑤}{5}=\frac{\overset{1}{\cancel{3}}\times⑥}{4\times\underset{2}{\cancel{6}}}=⑦$

めあて　わる数の大きさと商の大きさの関係を理解しよう。　練習 3 →

分数でわるわり算でも、1より小さい数でわると、「商＞わられる数」となります。

2 $1\frac{1}{5}$ m² の重さが6kgのうすい木の板と、$\frac{3}{5}$ m² の重さが6kgの厚い木の板があります。1 m² の重さは、それぞれ何kgですか。

解き方

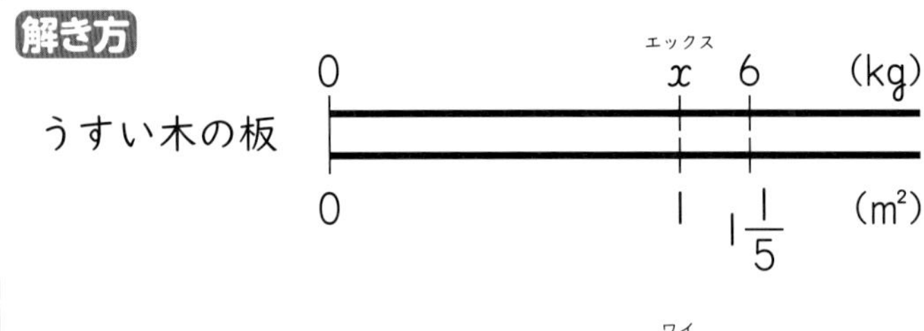

1 m² の重さは、
$6\div①=②$ (kg)

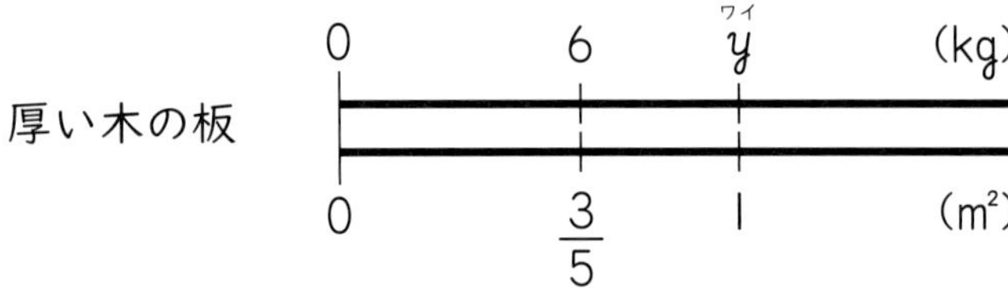

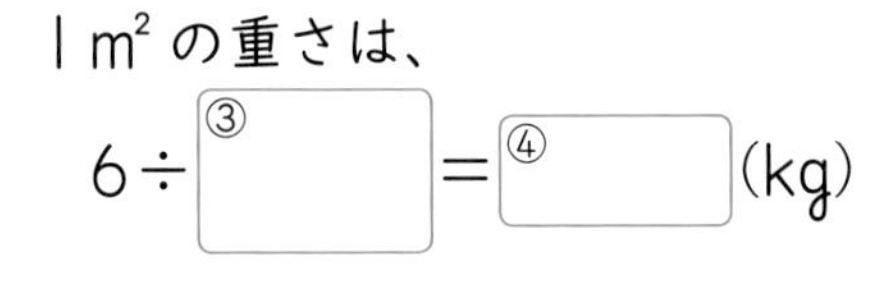

1 m² の重さは、
$6\div③=④$ (kg)

練習

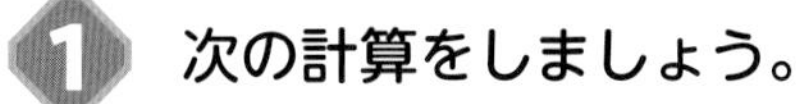

学習日 月 日

★できた問題には、「た」をかこう！★

できた 1 できた 2 できた 3

教科書 56～57ページ　答え 9ページ

1 次の計算をしましょう。

教科書 56ページ 3

① $3 \div \frac{10}{3}$　② $6 \div \frac{3}{5}$　③ $15 \div \frac{10}{11}$

④ $\frac{3}{7} \div 8$　⑤ $\frac{8}{3} \div 10$　⑥ $\frac{3}{4} \div 9$

2 次の計算をしましょう。

教科書 56ページ 3

① $\frac{3}{5} \div 2\frac{1}{3}$　② $\frac{5}{8} \div 1\frac{3}{7}$　③ $1\frac{3}{4} \div \frac{3}{8}$

④ $1\frac{2}{3} \div 1\frac{1}{6}$　⑤ $3\frac{3}{5} \div 5\frac{1}{7}$　⑥ $3\frac{1}{2} \div 2\frac{5}{8}$

3 □にあてはまる不等号を書きましょう。

教科書 57ページ 5

① $8 \div \frac{4}{9}$ □ 8　② $\frac{5}{6} \div \frac{7}{3}$ □ $\frac{5}{6}$　③ $3 \div 1\frac{4}{5}$ □ 3

ヒント

1 整数は、分母が 1 の分数と考えて計算します。
2 帯分数を、仮分数で表して計算します。

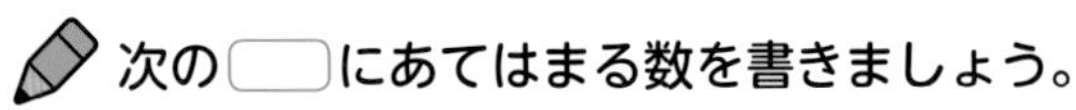

(分数のわり算－3)

教科書 58～61 ページ 答え 10 ページ

次の□にあてはまる数を書きましょう。

めあて 分数のわり算を使う問題をつくり、解くことができるようになろう。 練習 1→

右の□の場面から、
① ホース 1 m の重さ、② ホース 1 kg の長さをそれぞれ求める問題がつくれます。

> $\frac{7}{3}$ m の重さが $\frac{5}{8}$ kg のホースがあります。

1 $\frac{4}{5}$ m の重さが $\frac{2}{3}$ kg のパイプがあります。

この場面から、パイプ 1 m の重さと、パイプ 1 kg の長さをそれぞれ求める問題をつくり、式を書いて答えを求めましょう。

解き方 問題① 1 m の重さを求めるときは、わる数は長さです。
問題② 1 kg の長さを求めるときは、わる数は重さです。

問題① このパイプ 1 m の重さは、何 kg になりますか。

式 □÷□

答え □kg

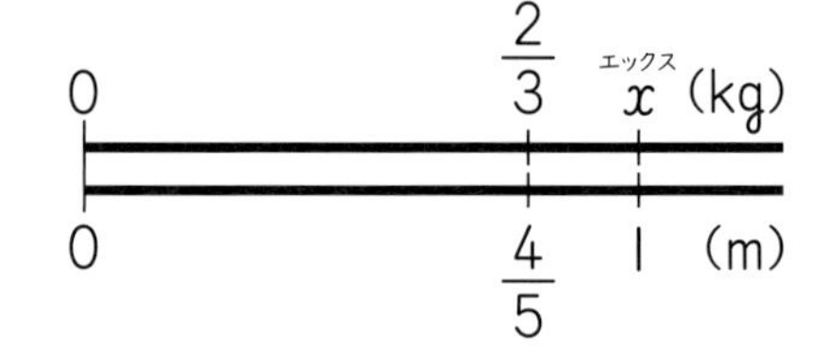

問題② このパイプ 1 kg の長さは、何 m になりますか。

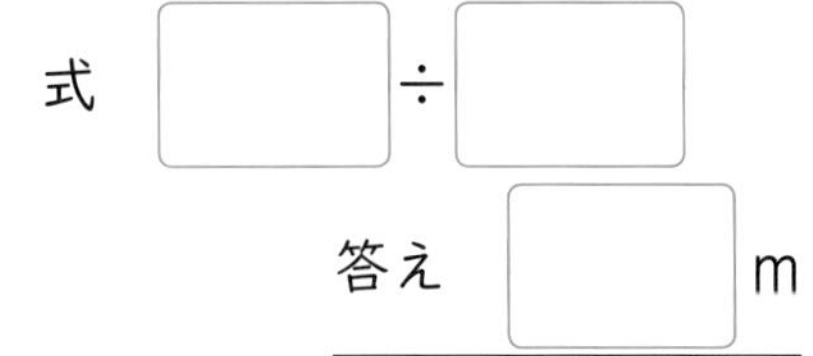

式 □÷□

答え □m

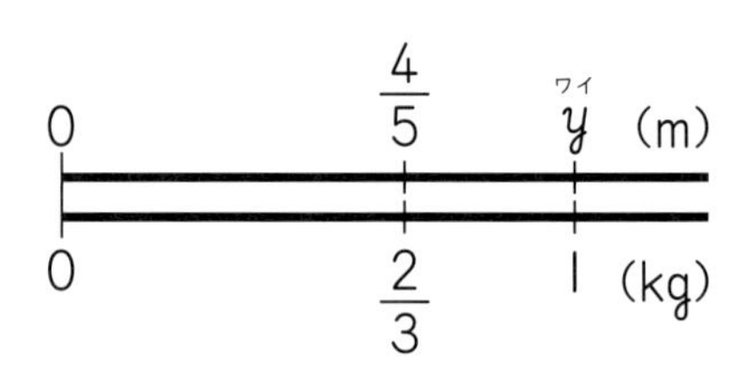

めあて 小数、分数、整数のまじったかけ算やわり算の計算ができるようになろう。 練習 2→

小数、分数、整数のまじったかけ算やわり算は、小数や整数を分数で表すといつでも計算できます。

2 次の計算をしましょう。

(1) $0.7\div\frac{4}{5}$　(2) $3\times\frac{1}{4}\div0.9$

解き方 小数や整数を分数で表してから計算します。

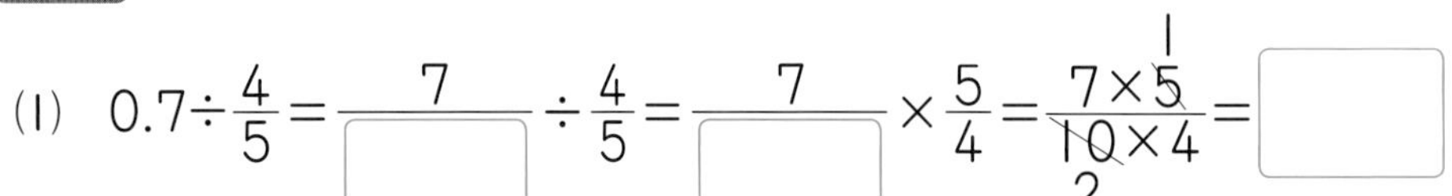

(1) $0.7\div\frac{4}{5}=\frac{7}{\square}\div\frac{4}{5}=\frac{7}{\square}\times\frac{5}{4}=\frac{7\times\overset{1}{\cancel{5}}}{\underset{2}{\cancel{10}}\times4}=\square$

(2) $3\times\frac{1}{4}\div0.9=\frac{3}{\square}\times\frac{1}{4}\div\frac{9}{\square}=\frac{3}{1}\times\frac{1}{4}\times\frac{10}{9}=\frac{\overset{1}{\cancel{3}}\times1\times\overset{5}{\cancel{10}}}{1\times\underset{2}{\cancel{4}}\times\underset{3}{\cancel{9}}}=\square$

ぴったり2 練習

★できた問題には、「た」をかこう！★

できき ① できき ②

学習日　月　日

教科書 58～61ページ　答え 10ページ

1 次の場面から、①油１Lの重さと、②油１kgの量をそれぞれ求める問題の続きを書き、式を書いて答えを求めましょう。

教科書 58ページ 5

$\frac{2}{3}$Lの重さが$\frac{3}{5}$kgの油があります。

問題①　$\frac{2}{3}$Lの重さが$\frac{3}{5}$kgの油があります。（　　　　）

式

答え（　　　）

問題②　$\frac{2}{3}$Lの重さが$\frac{3}{5}$kgの油があります。（　　　　）

式

答え（　　　）

2 小数や整数を分数で表して計算しましょう。

教科書 59ページ 6、61ページ 6

① $\frac{5}{6}\div 1.3$

② $0.75\div\frac{5}{8}$

③ $\frac{3}{4}\div 0.6\times\frac{2}{5}$

④ $\frac{2}{3}\times 1.2\div\frac{4}{15}$

⑤ $0.7\times 5\div 2.8$

⑥ $5.4\div 3\div 0.72$

⑦ $2.25\div 6\times 4.8$

分数がまじっていなくても
分数になおしたほうが、計算が
簡単になることがあるんだよ。
とちゅうで約分できるからね。

ヒント　1 わる数がわからないときは、図をかくと、どんな式になるかがわかりやすくなります。

4 分数÷分数

教科書 50〜65ページ　答え 10〜11ページ

知識・技能　／40点

1 分数でわるわり算のしかたを、わり算の性質を使って、次のように説明します。□にあてはまる数やことばを書きましょう。　全部できて 5点

$$\frac{7}{9} \div \frac{4}{5} = \left(\frac{7}{9} \times ㋐\square\right) \div \left(\frac{4}{5} \times ㋑\square\right)$$

$$= \left(\frac{7}{9} \times ㋒\square\right) \div 1$$

$$= \frac{㋓\square \times ㋔\square}{㋕\square \times ㋖\square}$$

分数のわり算は、わる数の ㋗□ をかけます。

2 商が7より大きくなるのはどれですか。計算をしないで記号で答えましょう。　(5点)

㋐ $7 \div 1\frac{2}{9}$　㋑ $7 \div 1$　㋒ $7 \div \frac{9}{13}$　㋓ $7 \div \frac{4}{3}$

（　　　）

3 よく出る 次の計算をしましょう。　各5点(30点)

① $\frac{2}{3} \div \frac{7}{5}$　② $\frac{14}{15} \div \frac{7}{10}$

③ $8 \div \frac{4}{7}$　④ $1\frac{2}{3} \div 1\frac{1}{9}$

⑤ $\frac{8}{5} \div 18 \div \frac{10}{9}$　⑥ $\frac{3}{4} \div 6 \div 0.45$

学習日　月　日

思考・判断・表現　／60点

4 よく出る $\frac{8}{9}$ m の重さが $\frac{4}{5}$ kg の鉄の棒（ぼう）があります。　式・答え 各5点(20点)

① この鉄の棒 1 m の重さは何 kg ですか。

式

答え（　　　）

② この鉄の棒 1 kg の長さは何 m ですか。

式

答え（　　　）

5 ある数に $\frac{2}{3}$ をかけるのに、まちがえて $\frac{2}{3}$ の逆数をかけたら、答えが $\frac{3}{8}$ になりました。

式・答え 各5点(20点)

① ある数を求めましょう。

式

答え（　　　）

② 正しい答えを求めましょう。

式

答え（　　　）

できたらスゴイ！

6 1 日に 9 秒ずつおくれる時計があります。この時計は何日で 3 分おくれますか。
9 秒を分の単位で表して計算しましょう。　式・答え 各5点(10点)

式

答え（　　　）

7 答えを求める式が $\frac{2}{3}\div\frac{4}{7}$ になるのはどれですか。記号で答えましょう。　(10点)

あ $\frac{2}{3}$ dL のペンキで、板を $\frac{4}{7}$ m^2 ぬれました。
このペンキ 1 dL では、板を何 m^2 ぬれますか。

い 1 m^3 の重さが $\frac{2}{3}$ kg の液体があります。
この液体 $\frac{4}{7}$ m^3 の重さは何 kg ですか。

う 面積が $\frac{2}{3}$ m^2 の長方形の形をした紙があります。この紙の横の長さは $\frac{4}{7}$ m です。
縦（たて）の長さは何 m ですか。

（　　　）

ふりかえり　2がわからないときは、30 ページの 2 にもどって確認してみよう。

付録の「計算せんもんドリル」11～19 もやってみよう！

ぴったり1 準備

分数の倍

学習日　月　日

教科書 66〜69ページ　答え 11ページ

次の□にあてはまる数を書きましょう。

めあて 分数のときも、何倍にあたるかを求められるようになろう。　練習 1 2

分数のときも、ある大きさが、もとにする大きさの何倍にあたるかを求めるには、わり算を使います。**ある大きさ÷もとにする大きさ＝倍を表す数**

1 赤のリボンの長さは $\frac{2}{3}$ m、青のリボンの長さは $\frac{7}{6}$ m です。
赤のリボンの長さをもとにすると、青のリボンの長さは何倍ですか。

解き方 もとにする大きさは、赤のリボンの長さです。赤のリボンの長さを 1、青のリボンの長さを x（エックス）倍とすると、右の図のようになります。

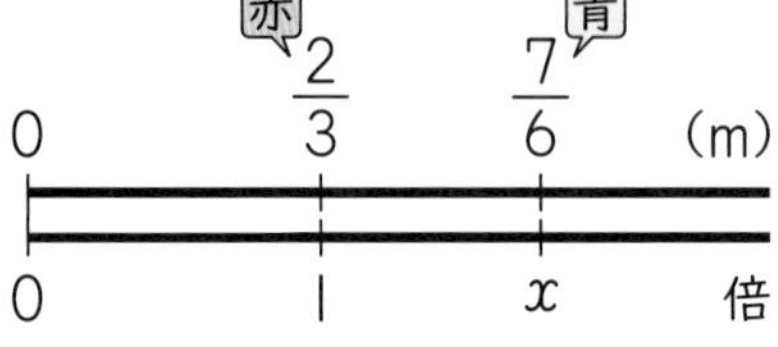

式 □÷□＝$\frac{7}{6}\times\frac{3}{2}$＝□

答え □倍

めあて 分数のときも、何倍にあたる大きさを求められるようになろう。　練習 3

分数のときも、もとにする大きさの何倍にあたる大きさを求めるには、かけ算を使います。
もとにする大きさ×倍を表す数＝何倍にあたる大きさ

2 消しゴムの値段（ねだん）は 90 円で、ノートの値段は消しゴムの $\frac{7}{6}$ 倍です。
ノートの値段は何円ですか。

解き方 もとにする大きさは、消しゴムの値段です。
ノートの値段を x 円とすると、右の図のようになります。

消しゴム　ノート
0　90　x　(円)
0　1　$\frac{7}{6}$　倍

式 □×□＝$\frac{90}{1}\times\frac{7}{6}$＝□

答え □円

めあて 分数のときも、もとにする大きさを求められるようになろう。　練習 4

もとにする大きさを求めるときは、x を使ってかけ算の式に表すと考えやすくなります。

3 あみさんの身長は 140 cm で、兄の身長の $\frac{4}{5}$ 倍です。兄の身長は何 cm ですか。

解き方 兄の身長を x cm として、2 人の身長の関係をかけ算の式に表すと、$x\times$□＝140

あみ　兄
0　140　x　(cm)
0　$\frac{4}{5}$　1　倍

x＝140÷□＝140×$\frac{5}{4}$＝□

答え □cm

1 荷物A（エー）の重さは $\frac{3}{5}$ kg、荷物B（ビー）の重さは $\frac{3}{2}$ kg あります。 教科書 66ページ 1

Bの重さをもとにすると、Aの重さは何倍ですか。

式

答え（　　）

2 次の問題に答えましょう。 教科書 67ページ △2

① $\frac{1}{4}$ L をもとにすると、$\frac{13}{8}$ L は何倍ですか。

式

答え（　　）

② $\frac{7}{8}$ kg を 1 とみると、$\frac{4}{5}$ kg はいくつにあたりますか。

式

答え（　　）

3 次の問題に答えましょう。 教科書 68ページ 2

① 庭の面積は 240 m² です。花だんの面積は、庭の $\frac{3}{16}$ 倍です。

花だんの面積は何 m² ですか。

式

答え（　　）

② 20 L を 1 とみると、$\frac{9}{4}$ にあたるかさは何 L ですか。

式

答え（　　）

4 次の問題に答えましょう。 教科書 69ページ 3・△3

① 青いテープの長さは $\frac{25}{6}$ m で、赤いテープの長さの $\frac{2}{3}$ 倍です。

赤いテープの長さは何 m ですか。

式

答え（　　）

② みなとさんの体重は 39 kg で、これは、お兄さんの体重の $\frac{3}{4}$ にあたります。

お兄さんの体重は何 kg ですか。

式

答え（　　）

ヒント　4 x を使って、かけ算の式に表します。

分数の倍

教科書 66～69ページ　答え 12～13ページ

知識・技能　／40点

1 $\frac{3}{4}$ m の 4 倍、$\frac{6}{5}$ 倍、$\frac{2}{3}$ 倍の長さを、それぞれ求めましょう。　各4点(12点)

4 倍（　　　）　$\frac{6}{5}$ 倍（　　　）　$\frac{2}{3}$ 倍（　　　）

2 $\frac{4}{5}$ L をもとにすると、$\frac{13}{15}$ L は何倍ですか。　式4点・答え5点(9点)

式

答え（　　　）

3 20 kg をもとにすると、その $\frac{7}{5}$ 倍は何 kg ですか。　式4点・答え5点(9点)

式

答え（　　　）

4 つむぎさんは、あめを 12 個持っています。これは、お姉さんが持っているあめの個数の $\frac{4}{5}$ にあたります。お姉さんが持っているあめの個数は何個ですか。　式・答え 各5点(10点)

式

答え（　　　）

思考・判断・表現　／60点

5 絵の具セットの値段（ねだん）は 3000 円です。パレットの値段は絵の具セットの $\frac{1}{6}$ 倍、筆の値段は絵の具セットの $\frac{3}{20}$ 倍です。パレットの値段と筆の値段を求めましょう。

式・答え 各5点(20点)

パレット　式

答え（　　　）

筆　式

答え（　　　）

6 砂糖（さとう）が $\frac{8}{5}$ kg、塩が $\frac{3}{4}$ kg あります。砂糖の重さは、塩の重さの何倍ですか。

式・答え 各5点(10点)

式

答え（　　　）

7 赤と青のペンキがあります。赤のペンキの量は $\frac{2}{3}$ L で、これは青のペンキの量の $\frac{10}{9}$ にあたります。青のペンキは何 L ありますか。

式・答え 各5点(10点)

式

答え（　　　）

よくよんで

8 そうまさんの家から市民プールまでは、歩くと $\frac{5}{6}$ 時間、自転車では $\frac{3}{10}$ 時間かかります。歩いたときの時間は、自転車のときの時間の何倍ですか。

式・答え 各5点(10点)

式

答え（　　　）

9 図書館の高さは 24 m です。これは市役所の高さの $\frac{2}{5}$ にあたります。市役所の高さは何 m ですか。

式・答え 各5点(10点)

式

答え（　　　）

ふりかえり 1がわからないときは、36 ページの2にもどって確認してみよう。

ぴったり1 準備

3分でまとめ

① 比と比の値

学習日　月　日

教科書 72〜76ページ　答え 13ページ

次の□にあてはまる数や記号を書きましょう。

めあて 割合を、比で表せるようになろう。 練習 1→

2と3の割合を、「：」の記号を使って、2：3 と表すことがあります。（「二対三」と読みます。）
このように表された割合を、**比**といいます。

1 8mと17mの長さの割合を、比で表しましょう。

解き方 割合を「：」の記号を使って表します。
1mを1とみると、8mと17mの長さの割合は、□：□

めあて 比の値を求められるようになろう。 練習 2→

✪a：b の比で、bをもとにしてaがどれだけの割合になるかを表したものを、a：b の**比の値**といいます。
✪a：b の比の値は、aをbでわった商になります。

2 次の比の値を求めましょう。
(1) 3：5　(2) 8：6

解き方 a：b の比の値は、bを1とみたとき、aがどれだけにあたるかを表します。
(1) □÷□＝□　(2) □÷□＝□

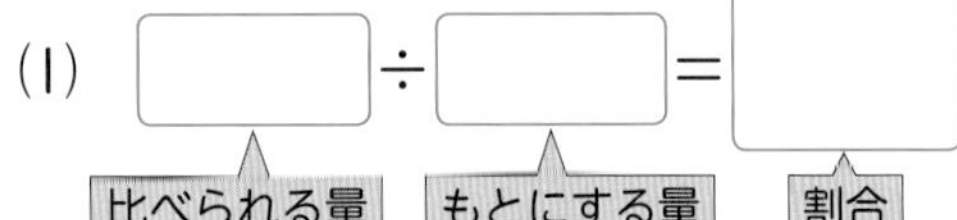

比は、割合を2つの数で表す方法で、
比の値は、割合を1つの数で表す方法なんだね。

めあて 等しい比が見つけられるようになろう。 練習 3→

比の値が等しいとき、それらの「比は等しい」といい、等号を使って、2：3＝4：6 のように表します。

3 等しい比は、どれとどれですか。
㋐ 1：3　㋑ 10：15　㋒ 6：24　㋓ 8：24

解き方 それぞれ、比の値を求めましょう。約分できるときは約分します。
㋐ $1\div3=\frac{1}{3}$　㋑ 10÷15＝□　㋒ 6÷24＝□　㋓ 8÷24＝□
比の値が等しいとき、それらの「比は等しい」といいます。　答え ㋐と□

ぴったり2

練習

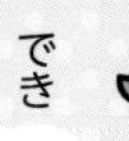

★できた問題には、「た」をかこう！★

できき ❶ できき ❷ できき ❸

学習日 月 日

教科書 72～76ページ　答え 13ページ

❶ 次の割合を比で表しましょう。

教科書 73ページ 1

① 4人と7人の割合　（　　）

② 9kmと5kmの割合　（　　）

③ 2kgと7kgの割合　（　　）

④ 18Lと11Lの割合　（　　）

❷ 次の比の値を求めましょう。

教科書 75ページ 2

① 7：3　（　　）

② 5：8　（　　）

③ 25：10　（　　）

④ 36：16　（　　）

⑤ 8：12　（　　）

⑥ 6：30　（　　）

❸ 次の①～③のそれぞれで、等しい比はどれとどれですか。比の値を求めて、等しい比を見つけ、記号で答えましょう。

教科書 76ページ 2

① ㋐ 2：5　㋑ 1：4　㋒ 16：40　㋓ 7：10

（　　）

② ㋐ 3：7　㋑ 8：14　㋒ 9：15　㋓ 12：21

（　　）

③ ㋐ 3：4　㋑ 10：12　㋒ 16：20
㋓ 12：9　㋔ 20：12　㋕ 32：24

（　　）

ヒント ❸ 比の値が等しくなる比を見つけます。

学習日 月 日

② 等しい比の性質

教科書 77～79ページ 答え 14ページ

次の□にあてはまる数を書きましょう。

めあて 等しい比の性質を使って、等しい比をつくれるようになろう。 練習 1 2 →

等しい比には、右のような関係があります。

例
$4:5=8:10$（×2，×2）　$8:10=4:5$（÷2，÷2）

1 等しい比をつくります。□にあてはまる数を答えましょう。

(1) $3:4=9:\square$　　(2) $28:16=\square:4$

解き方 同じ数をかけたり、同じ数でわったりして、等しい比をつくります。

(1) $3:4=9:\square$（×3，×①□）　□＝4×②□　＝③□

(2) $28:16=\square:4$（÷④□，÷4）　□＝28÷⑤□　＝⑥□

めあて 比を簡単（かんたん）にすることができるようになろう。 練習 3 4 →

比を、それと等しい比で、できるだけ小さい整数の比になおすことを、「比を簡単にする」といいます。

2 次の比を簡単にしましょう。

(1) 15：9　　(2) 48：56

解き方 2つの数の公約数でわって、等しい比をつくります。

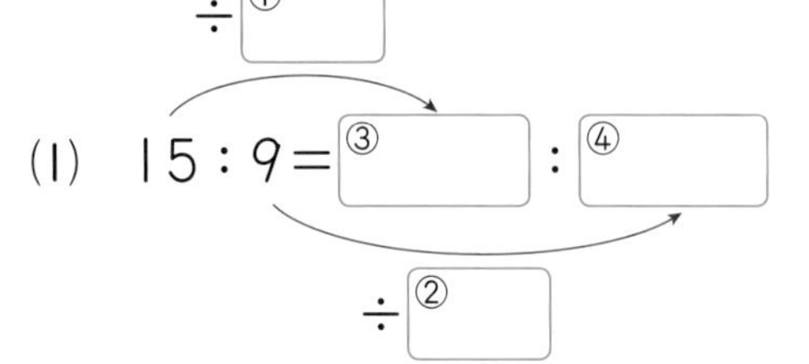
(1) 15：9＝③□：④□（÷①□，÷②□）

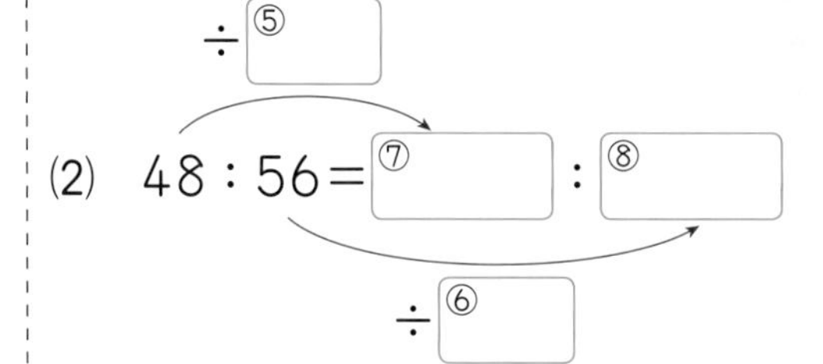
(2) 48：56＝⑦□：⑧□（÷⑤□，÷⑥□）

最大公約数でわると、1回で求められるよ。

3 次の比を簡単にしましょう。

(1) 0.8：1.8　　(2) $\frac{2}{3}:\frac{1}{4}$

解き方 小数は10倍したり、分数は分母の公倍数をかけたりして、等しい比をつくります。

(1) 0.8：1.8
＝(0.8×①□)：(1.8×②□)
＝8：③□
＝④□：⑤□

(2) $\frac{2}{3}:\frac{1}{4}$
$=\left(\frac{2}{3}\times ⑥\square\right):\left(\frac{1}{4}\times ⑦\square\right)$
＝⑧□：⑨□

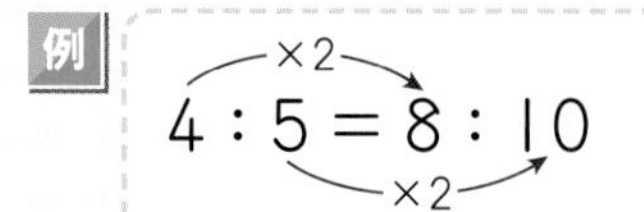

教科書 77〜79ページ　答え 14ページ

1 等しい比をつくります。□にあてはまる数を書きましょう。 教科書 77ページ 1

① 3：2＝6：□　② 6：8＝□：12

③ 10：25＝2：□　④ 16：36＝□：9

2 6：14と等しい比を、3つつくりましょう。 教科書 77ページ 2

（　　）（　　）（　　）

3 次の比を簡単にしましょう。 教科書 78ページ 2、79ページ 3

① 15：25　② 56：32　③ 0.6：4.2

（　　）（　　）（　　）

まちがい注意

④ 0.4：0.65　⑤ $\frac{1}{3}$：$\frac{4}{9}$　⑥ $\frac{6}{7}$：3

（　　）（　　）（　　）

4 等しい比を、比を簡単にして見つけます。
次の比と等しい比を□の中からすべて選んで、記号で答えましょう。 教科書 78ページ 2、79ページ 3

① 2：7　② 15：10　③ 2.8：3.5

（　　）（　　）（　　）

あ 3：2	い 10：35	う 1.2：1.5
え $\frac{2}{7}$：1	お 4：5	か $\frac{1}{4}$：$\frac{1}{6}$

ヒント　1 ②　かける数は分数や小数のときもあります。

学習日　月　日

③ 比の利用

教科書 80～81ページ　答え 14ページ

次の□にあてはまる数を書きましょう。

めあて 比の一方の量を求められるようになろう。

練習 1 2

比の一方の量は、比のもう一方の量を1とみたり、等しい比をつくったりすれば求められます。

1 リボンを、姉と妹の長さの比が5：4になるように分けます。
姉のリボンの長さを180 cmにするとき、妹のリボンの長さは何cmになりますか。

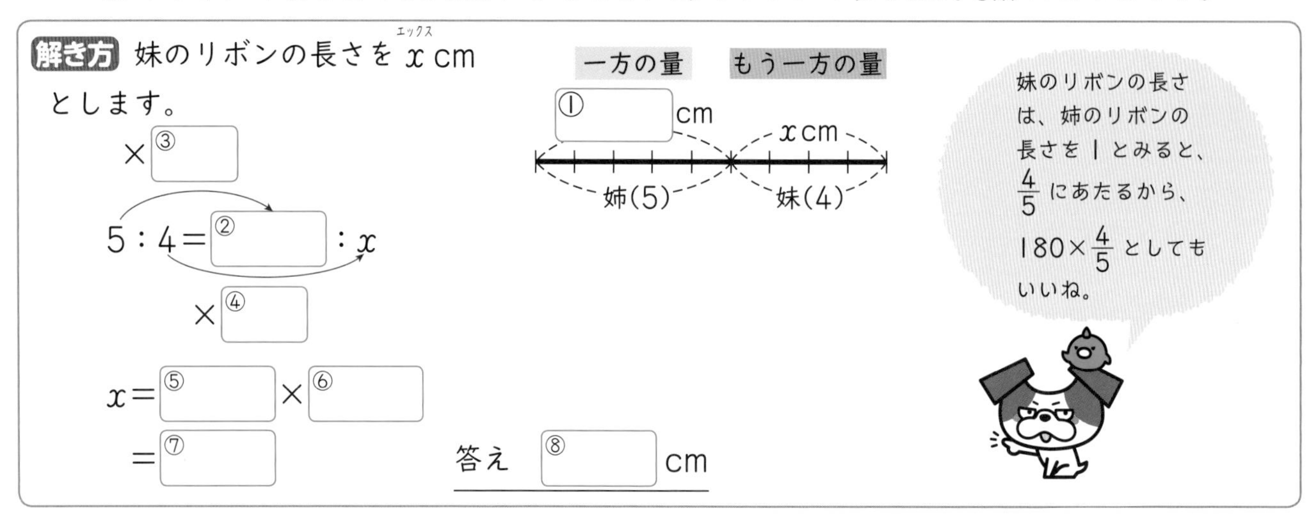

めあて 全体の量を、部分と部分の比で分けられるようになろう。

練習 3

部分の量は、全体の量を1とみたり、部分と全体の等しい比をつくったりすれば求められます。

2 180 cmのリボンを、姉と妹の長さの比が5：4になるように分けます。
姉のリボンの長さは何cmですか。

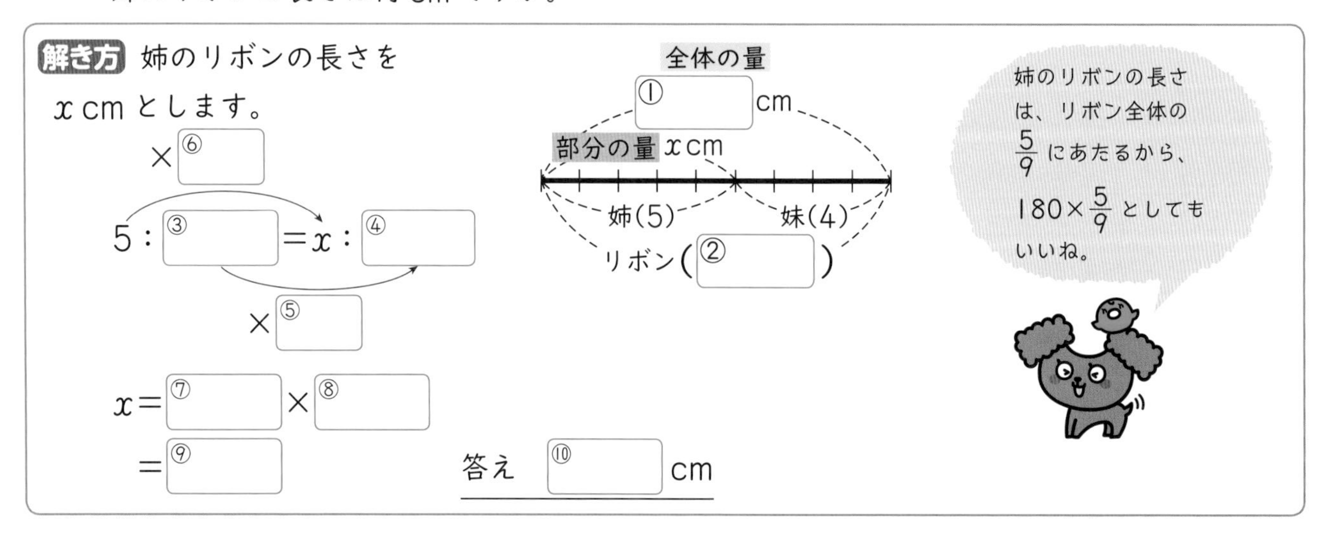

ぴったり2

練習

★できた問題には、「た」をかこう！★

できた 1 できた 2 できた 3

学習日　月　日

教科書 80〜81ページ　答え 15ページ

1 次の問題に答えましょう。

教科書 80ページ 1

① 兄と弟が持っているお金の比は、5：3です。兄は1500円持っています。
弟は何円持っていますか。

（　　　）

② 縦（たて）と横の長さの比が3：7の長方形の紙があります。
横の長さが21 cmのとき、縦の長さは何cmですか。

21cm
$x$cm

（　　　）

2 次の式で、xの表す数を求めましょう。

教科書 80ページ 2

① $6:5=x:20$　（　　　）

② $8:3=72:x$　（　　　）

③ $42:16=x:8$　（　　　）

④ $24:32=3:x$　（　　　）

⑤ $3.5:9=7:x$　（　　　）

⑥ $6:4.8=x:4$　（　　　）

よくよんで

3 次の問題に答えましょう。

教科書 81ページ 2

① 家から28 kmはなれた海へつりに行きました。歩いた道のりと、電車に乗った道のりの比は1：6でした。
歩いた道のりは何kmですか。

（　　　）

② 78 m^2の庭を、しばふと花だんの面積の比が8：5になるように分けます。
しばふと花だんの面積は、それぞれ何m^2になりますか。

しばふ（　　　）　花だん（　　　）

ヒント　3 まず、求める部分と全体の比を求めて、等しい比の式をつくります。

⑤ 比

教科書 72～84ページ　答え 15ページ

知識・技能　／70点

1 □にあてはまることばや記号を書きましょう。　①全部できて 1問5点(10点)

① a：b の比の値(あたい)は、□を□でわった商になります。

② 比を、それと等しい比で、できるだけ小さい□の比になおすことを、「比を簡単(かんたん)にする」といいます。

2 □にあてはまる数を書きましょう。　各5点(10点)

① 6：9＝12：18（×2）　×□

② 15：18＝5：6（÷3）　÷□

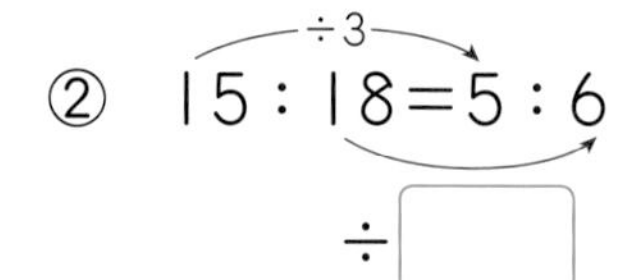

3 下のあ～うの中で、4：6と等しい比はどれですか。記号で答えましょう。　(5点)

あ　1：3　　い　1.6：2.4　　う　$\frac{1}{2}$：$\frac{1}{3}$

(　　　)

4 赤のテープが7m、青のテープが9mあります。
赤のテープと青のテープの長さの比を書きましょう。　(5点)

(　　　)

5 比の値を求めましょう。　各5点(15点)

① 5：7　　② 1.8：0.4　　③ $\frac{1}{3}$：2

(　　　)　(　　　)　(　　　)

6 よく出る 比を簡単にしましょう。　　各5点(15点)

① 6：16　　② 3.6：3.2　　③ $\frac{9}{8}:\frac{3}{4}$

(　　)　(　　)　(　　)

7 よく出る 次の式で、x（エックス）の表す数を求めましょう。　　各5点(10点)

① $4:7=12:x$　　② $6:3.6=x:9$

(　　)　(　　)

思考・判断・表現　　／30点

8 よく出る 次の問題に答えましょう。　　式・答え 各5点(20点)

① 妹の身長は130cmで、妹と兄の身長の比は5：6です。
兄の身長は何cmですか。

式

答え (　　)

② 兄と弟がお金を出し合って、800円のボールを買いました。兄と弟が出した金額の比は9：7です。
兄が出した金額は何円ですか。

式

答え (　　)

9 次の等しい比のつくり方はまちがっています。そのわけを説明しましょう。　　(5点)

$\frac{3}{2}:\frac{4}{5}=3:4$

(　　)

できたらスゴイ！

10 右の図の長方形ＡＢＣＤ（エービーシーディー）に、ＡＥ（イー）：ＥＤ＝4：3、ＢＦ（エフ）：ＦＣ＝1：6になるように、点Ｅと点Ｆを書きました。
四角形ＡＢＦＥと四角形ＥＦＣＤの面積の比を求めなさい。
(5点)

A　4　E　3　D
B　1　F　6　C

(　　)

❶①がわからないときは、40ページの❷にもどって確認してみよう。

学習日　月　日

算数で読みとこう

データにかくれた事実にせまろう

教科書 86～87ページ　答え 16ページ

1 ゆなさんは、トマトの価格について調べました。

	Ⓐ(エー) 2021年12月	Ⓑ(ビー) 2022年12月	Ⓒ(シー) 2023年5月
トマト	805円	762円	690円

※価格はキロ単価
出典：農林水産省

① キロ単価とは、1kgあたりの価格のことです。上のデータで、キロ単価を使っている理由を書きましょう。

(　　　　　　　　　　)

② ゆなさんは、Ⓐ、Ⓑの価格とⒸの価格を比べただけでは、2021年や2022年より2023年の価格が安いかどうかはわからないといっています。その理由を書きましょう。

(　　　　　　　　　　)

③ 上の価格は、各都道府県から10店を選んで求めた平均です。キロ単価を求めるのに、各都道府県から店を選ぶ理由を書きましょう。

(　　　　　　　　　　)

こうきさんは、次のような野菜の価格について調べました。

野　菜	3年前	2年前	前年	今年
キャベツ	195円	282円	152円	149円
タマネギ			267円	379円
ジャガイモ	386円	563円	382円	366円
レタス	471円	820円	495円	393円

※価格はすべて8月のキロ単価

① もし、タマネギの価格が、下の折れ線グラフのⓐ（エー）またはⓑ（ビー）のように変わっていたとします。ⓐ、ⓑそれぞれの場合に、今年のタマネギの価格についてどのようなことがいえますか。㋐～㋓から選んで、記号で答えましょう。

ⓐ
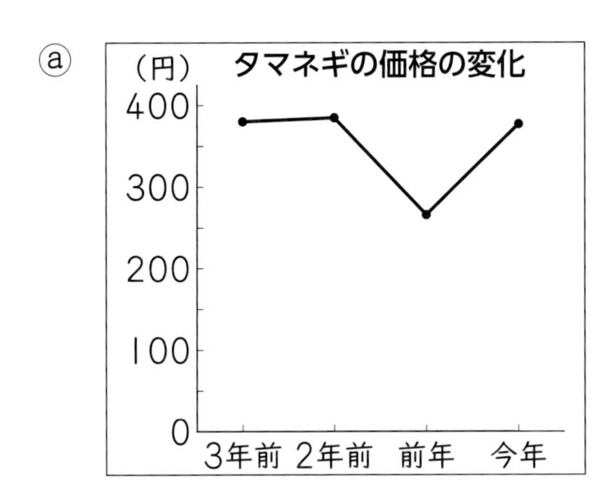

ⓑ
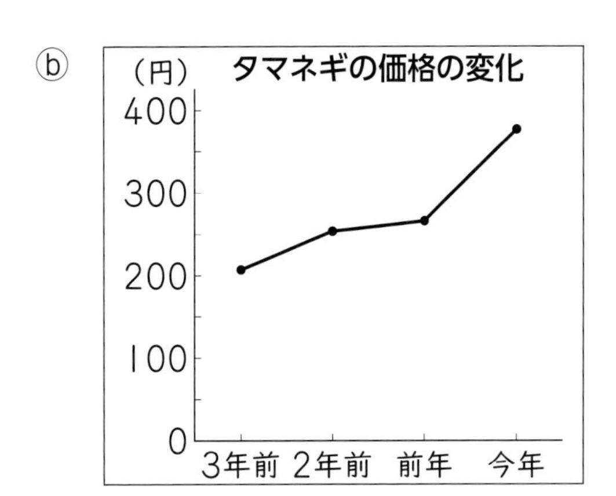

㋐ 毎年価格は少しずつ上がってきているが、今年は上がり方が特に大きい。
㋑ 毎年価格は少しずつ下がってきている。
㋒ 前年は価格が下がったが、今年は3年前、2年前とほぼ同じ価格にもどった。
㋓ 毎年価格は少しずつ下がってきているが、今年は下がり方が特に大きい。

ⓐ（　　　　）　ⓑ（　　　　）

② 上のキャベツ、ジャガイモ、レタスの価格から、どのようなことがいえますか。気づいたことを書きましょう。

（　　　　　　　　　　　　　　　　　　）

① 拡大図と縮図－1

教科書 88～91ページ　答え 16ページ

次の□にあてはまる数やことば、記号を書きましょう。

めあて 拡大図、縮図の意味を理解しよう。　練習 1 2

もとの図を、形を変えないで大きくした図を**拡大図**、形を変えないで小さくした図を**縮図**といいます。拡大図や縮図は、対応する角の大きさがそれぞれ等しく、対応する辺の長さの比がどれも等しくなっている図です。

1 右のような㋐、㋑、㋒の三角形があります。

(1) ㋐と㋑はどんな関係にあるでしょうか。

(2) ㋐と㋒はどんな関係にあるでしょうか。

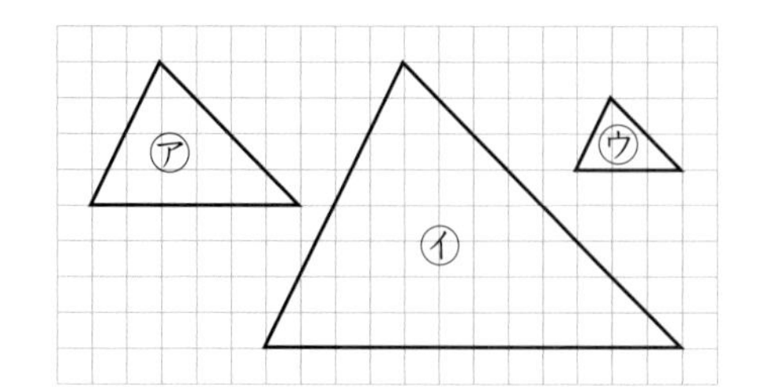

解き方 形が同じで大きさがちがう三角形です。

(1) ㋐と㋑の図形では、対応する辺の長さの比は、どれも１：□で等しくなっています。

答え　㋑は、㋐の□倍の□です。

(2) ㋐と㋒の図形では、対応する辺の長さの比は、どれも□：１で等しくなっています。

答え　㋒は、㋐の□の□です。

めあて 拡大図や縮図で、対応する辺の長さを求められるようになろう。　練習 3

拡大図や縮図では、対応する角の大きさはそれぞれ等しく、対応する辺の長さの比はどれも等しくなっています。

2 右の三角形ＤＥＦ（ディーイーエフ）は、三角形ＡＢＣ（エービーシー）の３倍の拡大図です。

(1) 辺ＤＥの長さは何 cm ですか。

(2) 辺ＢＣの長さは何 cm ですか。

(3) 角Ｂの大きさは何度ですか。

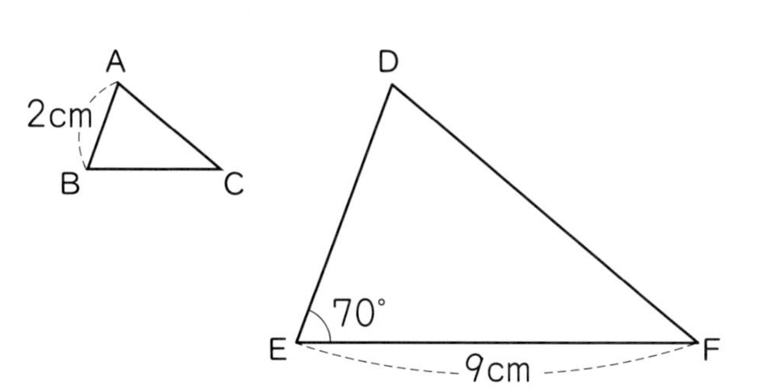

解き方 (1) 辺ＤＥは辺□に対応しています。長さは、２×□＝□(cm)

(2) 辺ＢＣは辺ＥＦに対応しています。

長さは、９×□＝□(cm)

(3) 角Ｂは角□に対応しています。大きさは□°

三角形ＡＢＣは、三角形ＤＥＦの $\frac{1}{3}$ の縮図だね。

教科書 88～91ページ　答え 16～17ページ

1 下の図で、㋐の三角形の拡大図、縮図になっているのはどれですか。それぞれすべて見つけて、記号で答えましょう。 教科書 91ページ⚠1

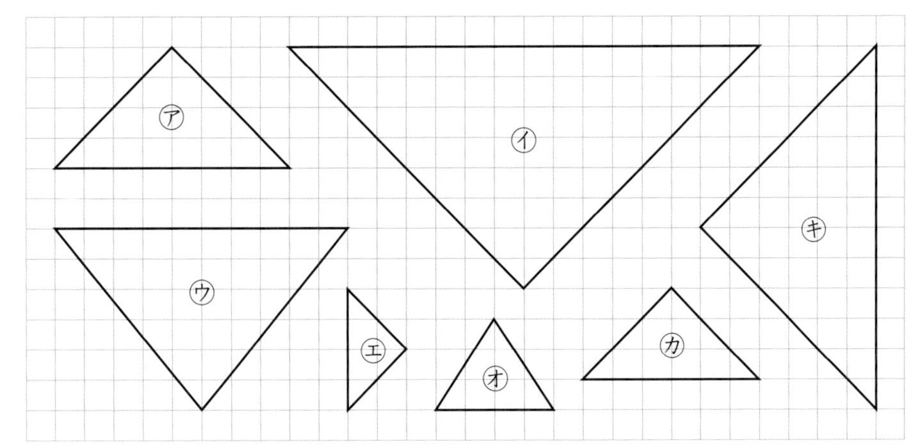

拡大図（　　　）

縮図（　　　）

2 **右のような㋚、㋛、㋜、㋝の四角形があります。㋛と㋝の四角形はそれぞれ、㋚と㋜の四角形の縦（たて）と横の長さを1cmずつ長くしたものです。** 教科書 91ページ⚠2

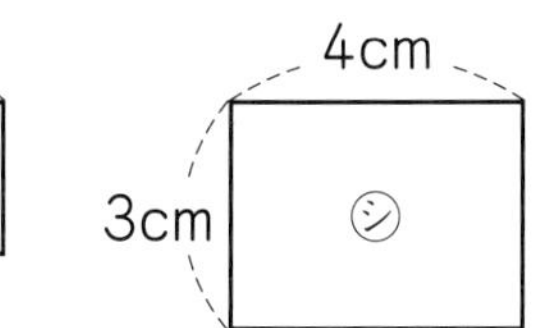

① ㋛の四角形は㋚の四角形の拡大図といえますか。

（　　　）

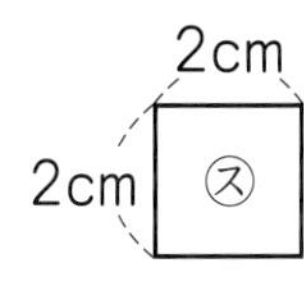

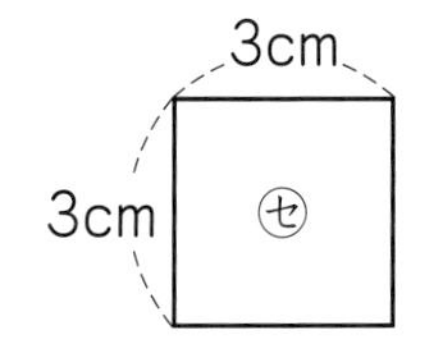

② ㋝の四角形は㋜の四角形の拡大図といえますか。

（　　　）

3 **右の四角形EFGH（ジーエイチ）は、四角形ABCDの2倍の拡大図です。** 教科書 91ページ⚠3

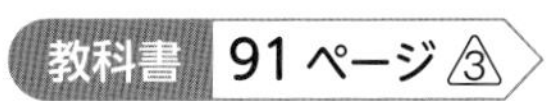

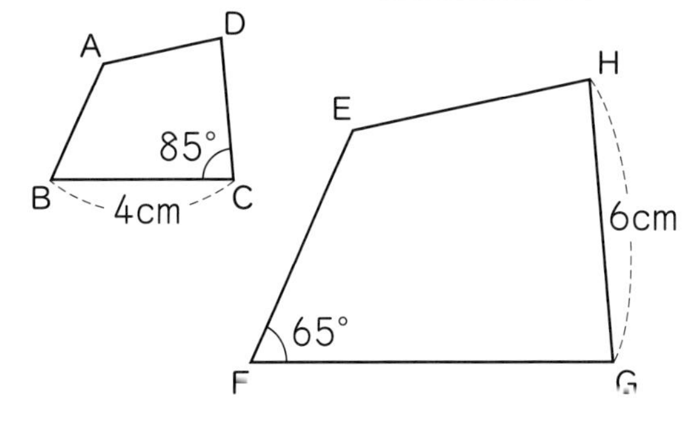

① 辺BCに対応する辺はどれですか。また、長さは何cmですか。

（　　　）（　　　）

② 角Cに対応する角はどれですか。また、大きさは何度ですか。

（　　　）（　　　）

③ 辺GHに対応する辺はどれですか。また、長さは何cmですか。

（　　　）（　　　）

④ 角Fに対応する角はどれですか。また、大きさは何度ですか。

（　　　）（　　　）

対応する角の大きさはそれぞれ等しく、対応する辺の長さの比はどれも等しいよ。

2 形を変えないで大きくした図が拡大図です。

① 拡大図と縮図－2

教科書 92～94ページ　答え 17ページ

次の□にあてはまる数やことば、図形をかきましょう。

めあて 辺の長さや角の大きさを使って、拡大図や縮図をかけるようにしよう。 練習 1→

拡大図や縮図は、次の性質を使って、合同な三角形のかき方でかきます。

✪対応する角の大きさはそれぞれ等しい。

✪対応する辺の長さの比はどれも等しい。

合同な三角形をかくとき、使う辺の長さや角の大きさは
・3つの辺
・2つの辺とその間の角
・1つの辺とその両はしの2つの角

1 右の三角形ＡＢＣを2倍に拡大した三角形ＤＥＦをかきましょう。

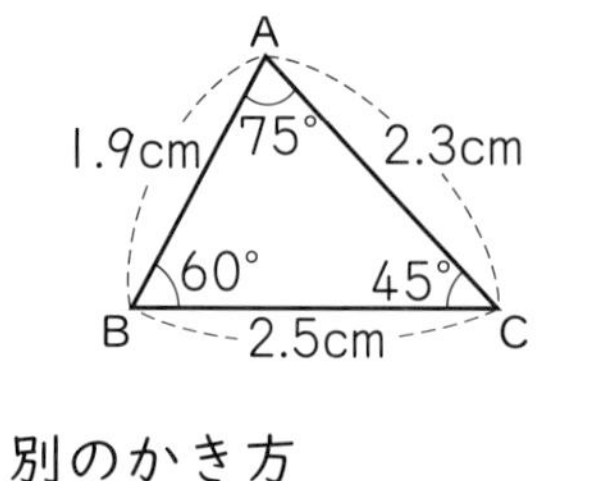

解き方 はじめに、辺ＢＣに対応する辺ＥＦをかきます。

辺ＥＦの長さは □ cm

辺ＥＤの長さは □ cm

辺ＦＤの長さは □ cm

別のかき方

めあて 1つの点を中心にして、拡大図や縮図をかけるようにしよう。 練習 2→

1つの点を中心にすると、辺の長さが何倍になっているかだけを考えれば、拡大図や縮図がかけます。

2 右の図の三角形ＡＢＣを、頂点Ｂを中心にして、2倍に拡大した三角形ＤＢＥをかきましょう。

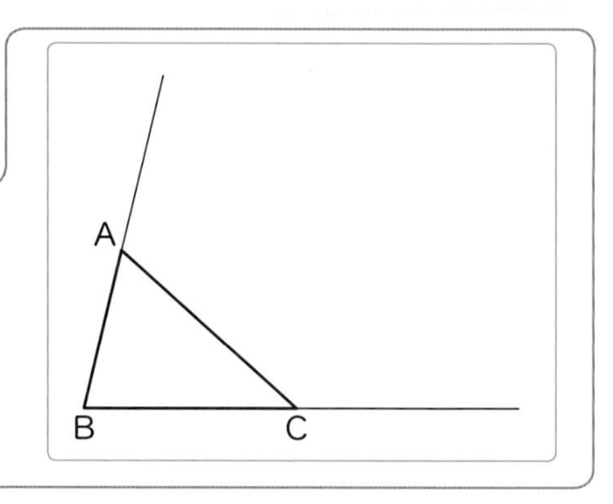

解き方 辺ＢＡをのばして、辺ＢＤの長さが辺ＢＡの長さの □ 倍になるように、頂点Ｄの位置を決めます。

辺ＢＣをのばして、辺ＢＥの長さが辺ＢＣの長さの □ 倍になるように、頂点Ｅの位置を決めます。

めあて 必ず拡大図や縮図の関係になっている図形がわかるようにしよう。 練習 3→

これまでに学習した図形には、どんな大きさにしても、必ず拡大図や縮図の関係になっている図形があります。

3 正三角形は、必ず拡大図、縮図の関係になっていますか。

解き方 角の大きさは60°、辺の長さもすべて等しいから、必ず拡大図、縮図の関係に □。

1 次の三角形ＤＥＦをかきましょう。
教科書 92ページ 2

① 三角形ＡＢＣの３倍の拡大図の三角形ＤＥＦ　② 三角形ＡＢＣの $\frac{1}{2}$ の縮図の三角形ＤＥＦ

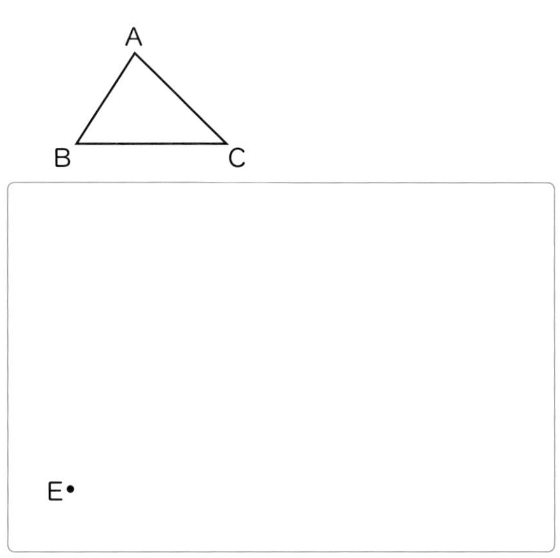

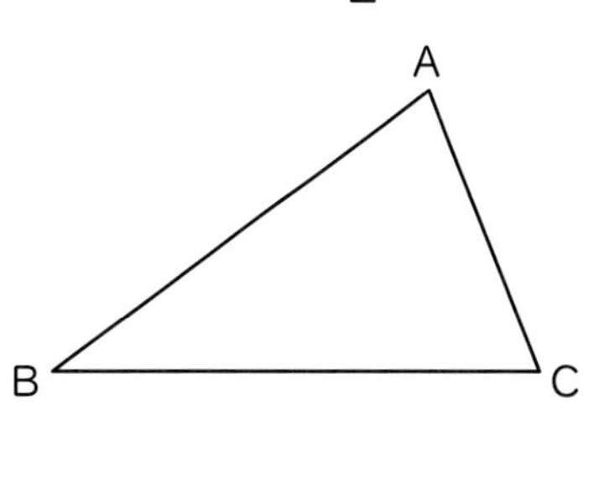

2 下の三角形ＡＢＣと四角形ＡＢＣＤの２倍の拡大図と、$\frac{1}{2}$ の縮図をかきましょう。
教科書 93ページ 3・5

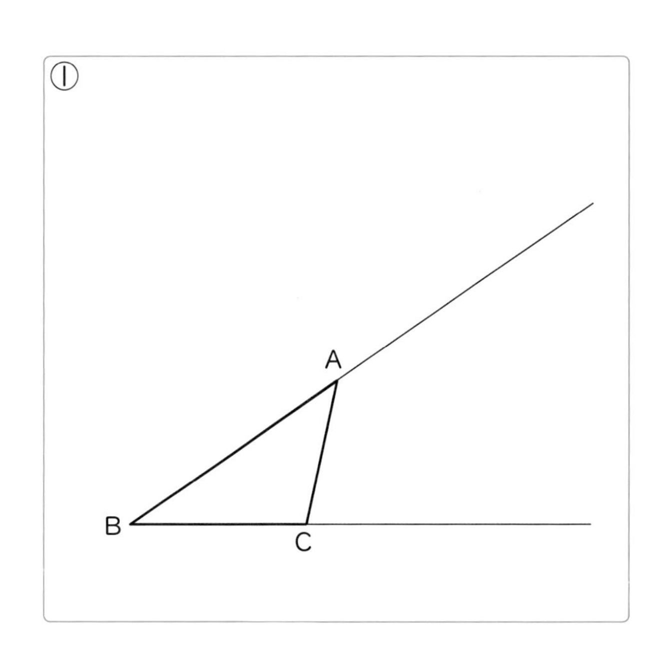

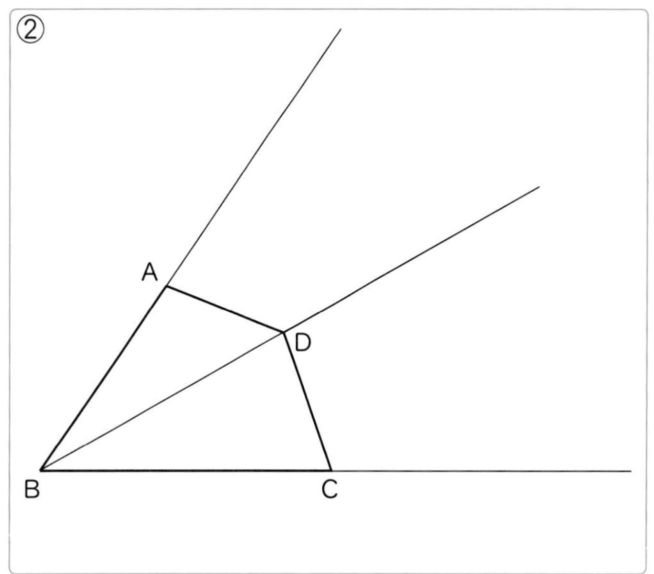

3 下のあ～くの図形の中で、必ず拡大図、縮図の関係になっている図形をすべて選び、記号で答えましょう。
教科書 94ページ 4

あ 直角三角形　い 二等辺三角形　う 平行四辺形　え 長方形
お ひし形　か 正方形　き 正八角形　く 円

（　　　　）

ヒント
1 必要な角の大きさや辺の長さをはかります。
3 角の大きさや辺の長さの比を考えて、図形をかいてみましょう。

学習日　月　日

② 縮図の利用

教科書 95～97ページ　答え 18ページ

次の□にあてはまる数を書きましょう。

めあて 縮尺の意味と使い方を理解しよう。 練習 1 2

✪実際の長さを縮めた割合のことを、**縮尺**といいます。

✪縮尺には、下のような表し方があります。

$\frac{1}{10000}$　　1：10000　　0　100　200　300m

1 右の図は、学校のまわりの縮図です。ABの実際の長さ600mを3cmに縮めて表しています。

(1) 縮尺を分数で表しましょう。

(2) ACの長さは4cmです。実際のきょりは何mですか。

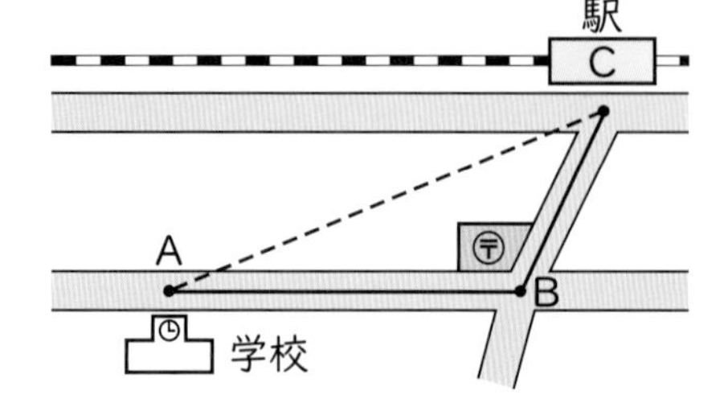

解き方 (1) 600mは、□cmです。縮尺は $\frac{3}{60000}=\frac{1}{□}$

(2) 縮図での長さを□倍します。

4×20000＝□(cm)

単位をmにします。　答え □m

めあて 縮図を利用して、直接はかれない長さを求められるようにしよう。 練習 3 4

校舎の高さや川はばのように、直接はかることができない長さを、縮図をかいて求めることがあります。縮図をかくには、実際にはかることができる長さや角度がいくつか必要です。

2 右の図は、校舎から20mはなれたところに立って、校舎の上はしAを見上げている様子を表したものです。

目の高さを1.4mとして、校舎の実際の高さを求めましょう。

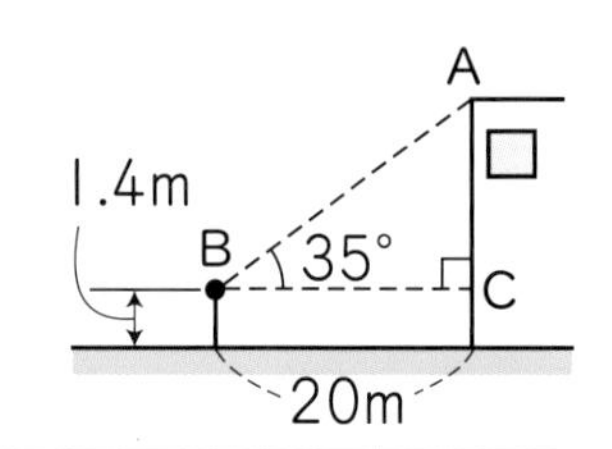

解き方 右の図は、上の図の直角三角形ABCの $\frac{1}{500}$ の縮図です。

辺ACの長さをはかると、約2.8cmになっています。

辺ACの実際の長さは、2.8×□＝□(cm)→14m

実際の校舎の高さは、これに1.4mをたして、約□m。

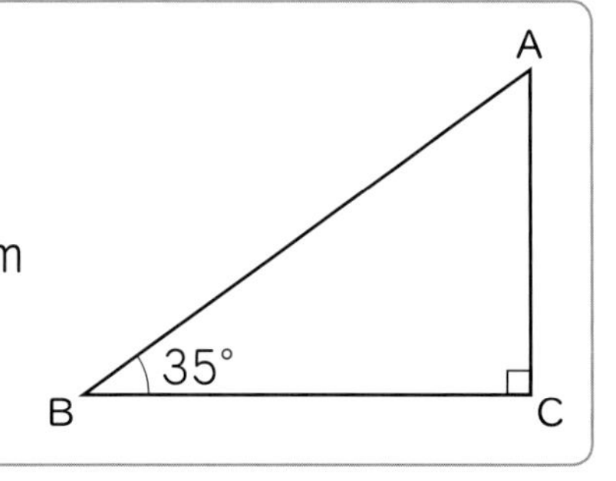

ぴったり2

練習

学習日　月　日

教科書 95～97ページ　答え 18ページ

1 ある地図は、実際の長さ 5 km を 20 cm に縮めて表しています。　教科書 95ページ 1

① この地図の縮尺を分数で表しましょう。

(　　　)

② この地図上で、学校から駅まで約 2.4 cm ありました。
実際には何 m ありますか。

(　　　)

2 □にあてはまる数を書きましょう。　教科書 95ページ 1

① 実際の長さ 500 m を 25 cm に縮めた縮尺は、1：□です。

② 縮尺 $\frac{1}{50000}$ の地図上で、4 cm ある長さの実際の長さは□kmです。

3 下の図は、木の根もとから 10 m はなれたところに立って、木の先たんAを見上げている様子を表したものです。

直角三角形ABCの $\frac{1}{200}$ の縮図をかいて、木の実際の高さを求めましょう。目の高さは 1.4 m とします。

教科書 96ページ 2

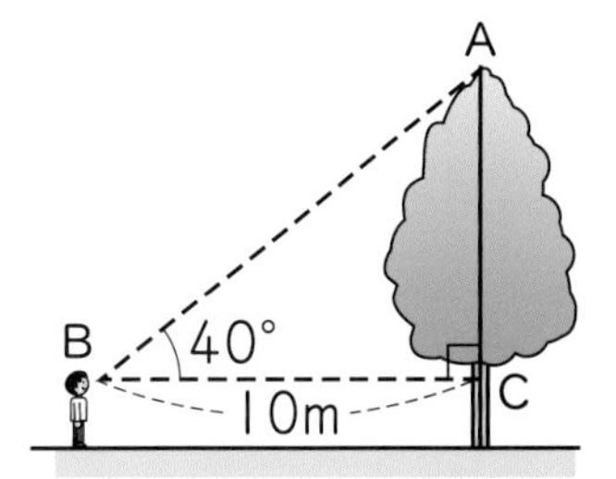

(　　　)

4 下の図で、川はばABの実際の長さは何 m ですか。
$\frac{1}{400}$ の縮図をかいて求めましょう。

教科書 97ページ 2

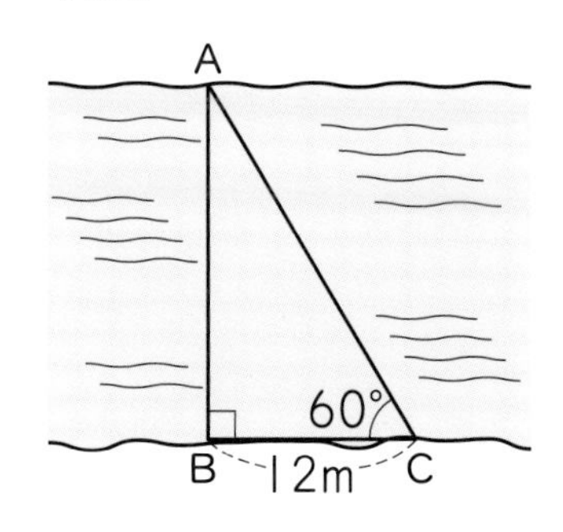

(　　　)

ヒント
3 目の高さを忘(わす)れずにたして、木の高さを求めましょう。
3 4 まず、辺BCに対応する、縮図の辺の長さを求めます。

知識・技能　／80点

1 よく出る 下の図で、㋐の三角形の拡大図、縮図はどれですか。記号で答えましょう。

各5点(10点)

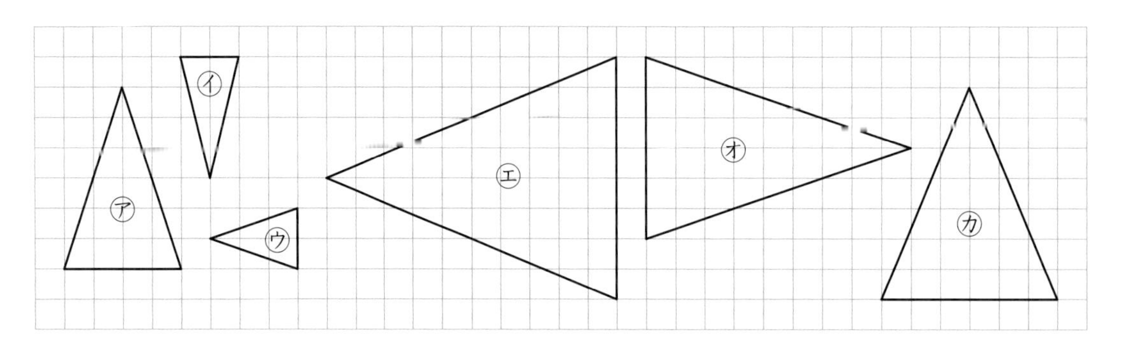

拡大図 (　　　　)　縮図 (　　　　)

2 よく出る 右の四角形ＥＦＧＨは、四角形ＡＢＣＤの拡大図です。

各5点(25点)

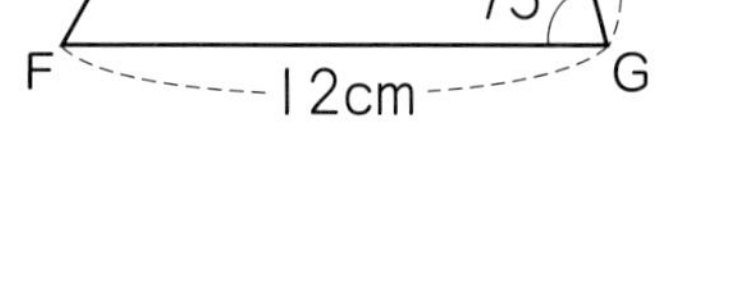

① 何倍の拡大図ですか。

(　　　　)

② 角Ｃ、角Ｆは、それぞれ何度ですか。

角Ｃ (　　　　)

角Ｆ (　　　　)

③ 辺ＣＤ、辺ＥＦは、それぞれ何cmですか。

辺ＣＤ (　　　　)　辺ＥＦ (　　　　)

3 実際の長さ 200 m を 4 cm に縮めた地図の縮尺を、分数で表しましょう。

(5点)

(　　　　)

4 右の三角形ＡＢＣの 2 倍の拡大図と、$\frac{1}{2}$ の縮図をかきましょう。

各10点(20点)

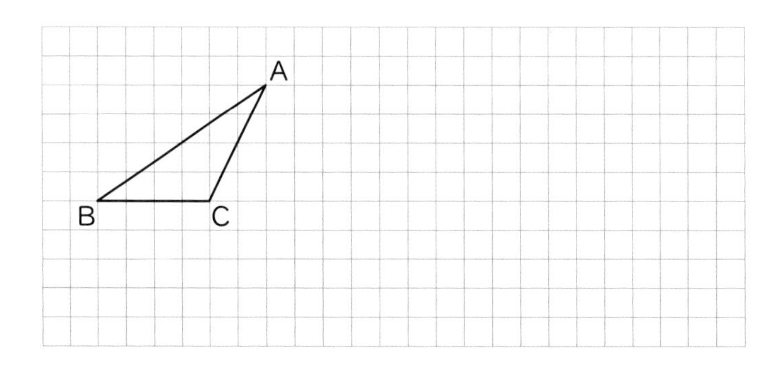

5 頂点（ちょうてん）Bを中心にして、右の四角形ABCDの2倍の拡大図と、$\frac{1}{2}$の縮図をかきましょう。

各10点(20点)

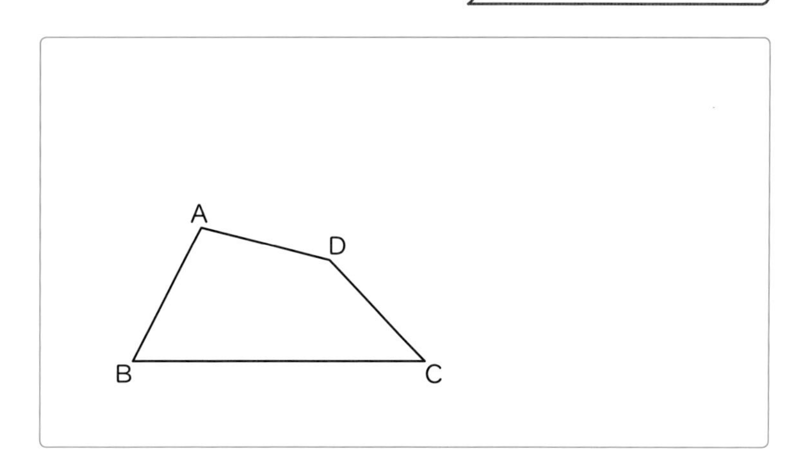

思考・判断・表現　／20点

6 右の図は、校舎から20mはなれたところに立って、校舎の上はしAを見上げている様子を表したものです。

直角三角形ABCの$\frac{1}{400}$の縮図をかいて、校舎の実際の高さを求めます。

③式・図・答え 各5点(20点)

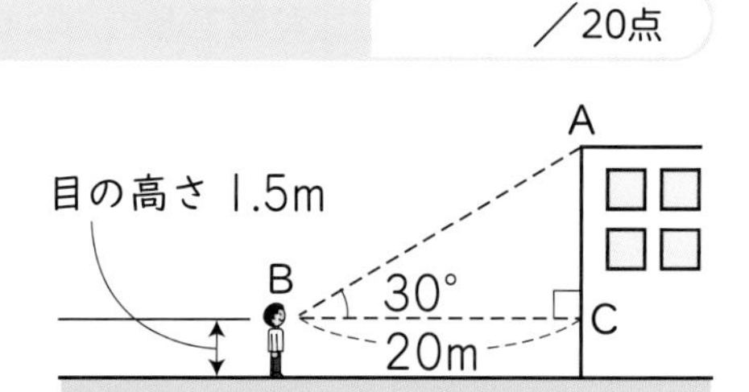

① 縮図のBCの長さは何cmですか。

(　　　　)

② 直角三角形ABCの縮図をかきましょう。

③ 校舎の実際の高さは何mですか。

式

答え (　　　　)

はってん 拡大すると辺や面積は？

教科書 251ページ

1 ㋑、㋒の三角形は、それぞれ㋐の三角形の2倍、3倍の拡大図です。

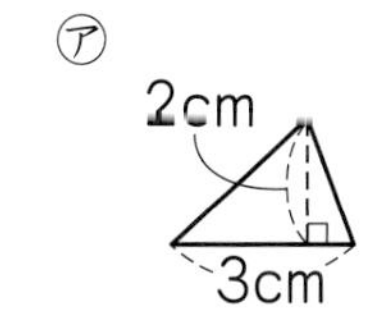

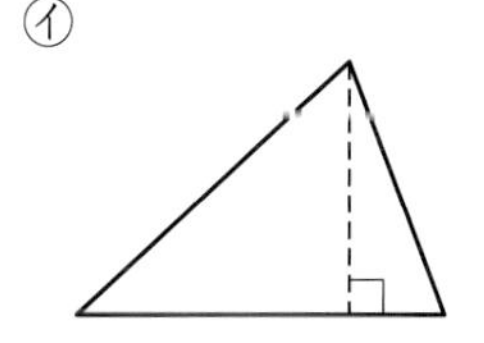

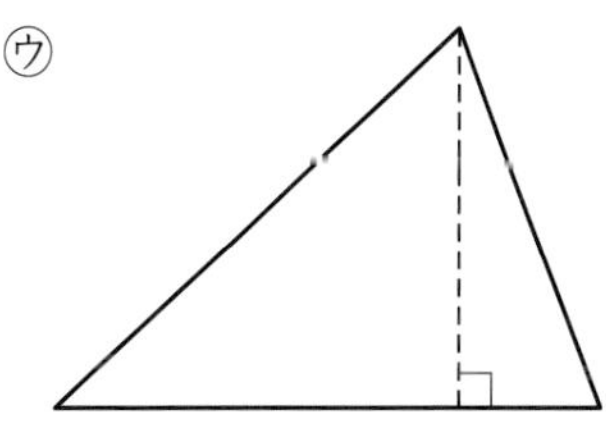

① ㋑の面積は、㋐の面積の何倍になっていますか。

(　　　　)

② ㋒の面積は、㋐の面積の何倍になっていますか。

(　　　　)

◀2倍、3倍の拡大図の辺の長さは、2倍、3倍になります。底辺も高さも2倍、3倍になります。

底辺×高さ÷2＝面積
↓×2　↓×2　↓×？

ふりかえり　1がわからないときは、50ページの1にもどって確認してみよう。

3分でまとめ

学習日 月 日

① 問題の解決の進め方－1

教科書 100～105ページ　答え 19ページ

次の□にあてはまる数を書きましょう。2(2)は、なすの重さをドットプロットに表しましょう。

めあて 2つの集団の特ちょうを、平均値で比べられるようにしよう。

練習 1

集団のデータの平均を、集団のデータの**平均値**といい、いくつかの集団の特ちょうを比べるときに使うことがあります。

1 次の表は、6年1組と2組の学級菜園でとれたなすの重さを記録したものです。

1組の学級菜園でとれたなすの重さ(g)

① 66	② 57	③ 67	④ 73	⑤ 80
⑥ 68	⑦ 82	⑧ 60	⑨ 69	⑩ 67
⑪ 63	⑫ 74	⑬ 68	⑭ 64	⑮ 77

2組の学級菜園でとれたなすの重さ(g)

① 61	② 70	③ 65	④ 71	⑤ 74
⑥ 66	⑦ 72	⑧ 58	⑨ 84	⑩ 63
⑪ 71	⑫ 67			

重いなすがよくとれたといえるのは、どちらの組ですか。平均値で比べましょう。

解き方 重さの合計÷個数 で求めます。

1組 1035÷□＝□(g)

2組 822÷□＝□(g)

答え □組

めあて ドットプロットの表し方と最頻値を理解しよう。

練習 1 2

下の2のように、数直線の上にデータをドット(点)で表した図を、**ドットプロット**といい、ちらばりの様子がわかりやすくなります。

データの中で、最も多く出てくる値を**最頻値**、または**モード**といいます。

2 1の1組のなすの重さを、ドットプロットに表しました。これを見て答えましょう。

1組

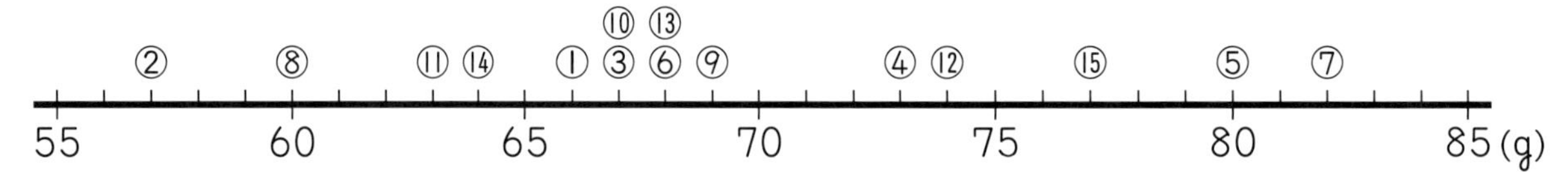

(1) 1組のとれたなすの重さの最頻値は何gですか。

(2) 2組のとれたなすの重さを、ドットプロットに表しましょう。

解き方 (1) 最も多く出てくるデータの値が最頻値で、1組は□gと□gです。
最も多く出てくる値が複数ある場合、それらの値はすべて最頻値です。

(2) 2組

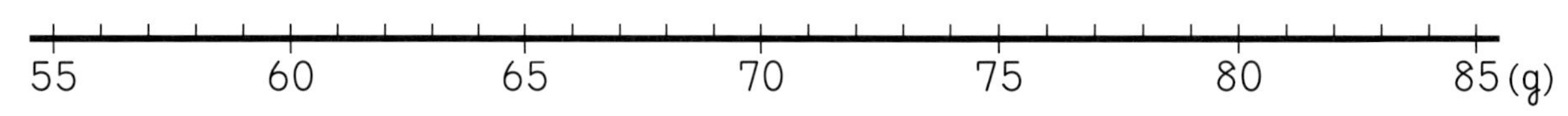

①、②、…は●で表してもよいです。

1 下の表は、6年1組と2組の学級菜園でとれたきゅうりの重さをまとめたものです。

教科書 103ページ1、104ページ2

1組の学級菜園でとれたきゅうりの重さ(g)

① 100	② 95	③ 101	④ 91	⑤ 103
⑥ 95	⑦ 85	⑧ 106		

2組の学級菜園でとれたきゅうりの重さ(g)

① 96	② 103	③ 97	④ 94	⑤ 100
⑥ 105	⑦ 90	⑧ 102	⑨ 98	⑩ 95

① 重いきゅうりがよくとれたといえるのは、どちらですか。きゅうりの重さの平均値で比べましょう。

（　　　）

② きゅうりの重さを、ドットプロットに表しましょう。

1組

2組

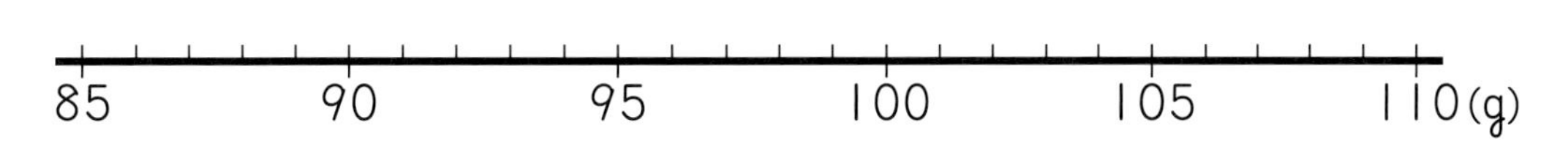

③ 1組、2組のそれぞれで、いちばん重い重さといちばん軽い重さの差は、どれだけありますか。

1組（　　　）　2組（　　　）

④ ②のそれぞれのドットプロットの、重さの平均値を表すところに↑をかきましょう。
また、きゅうりの重さは、いつも平均値の近くに集まるといえますか。

（　　　）

2 6年3組で10点満点の小テストを行いました。下のドットプロットは、その結果を表したものです。

教科書 103ページ1、104ページ2

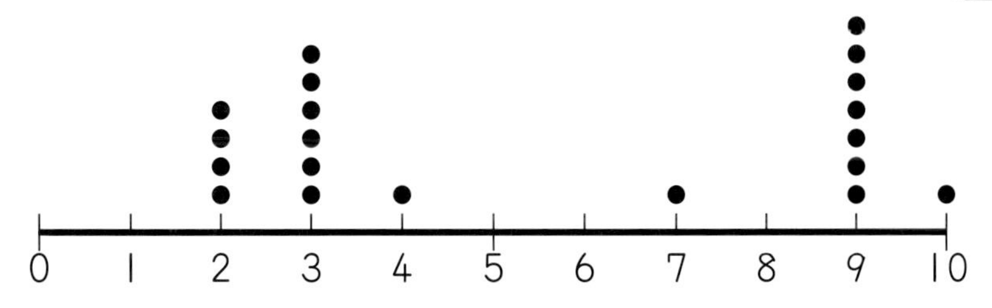

① 最頻値は何点で、何人ですか。（　　点で、　　人）

② 平均値を計算し、上のドットプロットに、↑をかきましょう。

ヒント
1 ① 1組では、いちばん軽い85を仮の平均として、85を0とみます。そのほかは85との差で表して平均を計算し、仮の平均にたして求めると簡単(かんたん)です。

学習日 月 日

① 問題の解決の進め方－2

教科書 106〜110ページ　答え 20ページ

次の□や表にあてはまる数を書きましょう。

めあて ちらばりの様子を、度数分布表に整理できるようにしよう。 練習 1→

データを整理するために用いる区間を**階級**といい、データをいくつかの階級に分けて整理した表を**度数分布表**といいます。

区間の幅のことを**階級の幅**、それぞれの階級のデータの個数を**度数**というよ。

1 58ページ 1の1組と2組のなすの重さを、度数分布表に整理します。

(1) 2組の表を完成させましょう。

(2) 重さが75g以上の度数の合計の割合は、それぞれの組全体の度数のおよそ何%ですか。

(3) (2)の結果から、重いなすがよくとれたといえるのはどちらの組ですか。

1組のなすの重さ

重さ(g)	データの個数
55以上〜60未満	1
60 〜65	3
65 〜70	6
70 〜75	2
75 〜80	1
80 〜85	2
合計	15

2組のなすの重さ

重さ(g)	データの個数
55以上〜60未満	
60 〜65	
65 〜70	
70 〜75	
75 〜80	
80 〜85	
合計	

解き方 (1) ●以上■未満には、●は入りますが、■は入りません。

(2) 75g以上80g未満と80g以上85g未満の度数の合計の割合です。

1組…3÷15＝0.2 □ %　2組…□÷12＝0.083…　約□%

(3) 重いなすがよくとれたといえるのは、□組です。

めあて ヒストグラムの読み方を理解しよう。 練習 2→

下の**2**のようなグラフを、**ヒストグラム**、または**柱状グラフ**といいます。
ヒストグラムでは、全体のちらばりの様子がひと目でわかります。

2 **1**のなすの重さを、ヒストグラムに表しました。これを見て答えましょう。

(1) 1組と2組で、いちばん度数が多いのは、それぞれどの階級ですか。

(2) 1組と2組で、70g以上のなすの個数が多いのはどちらですか。

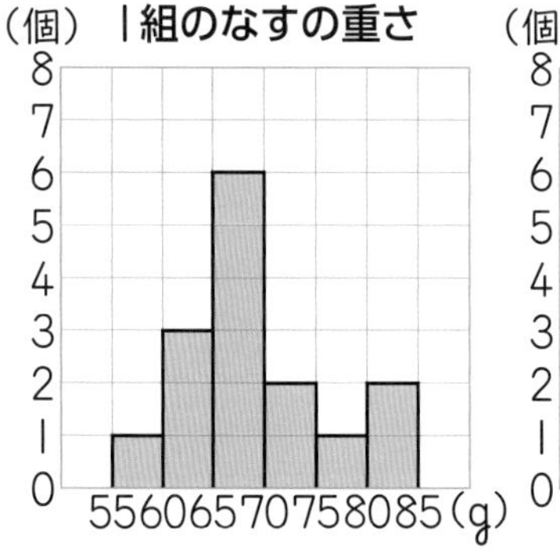

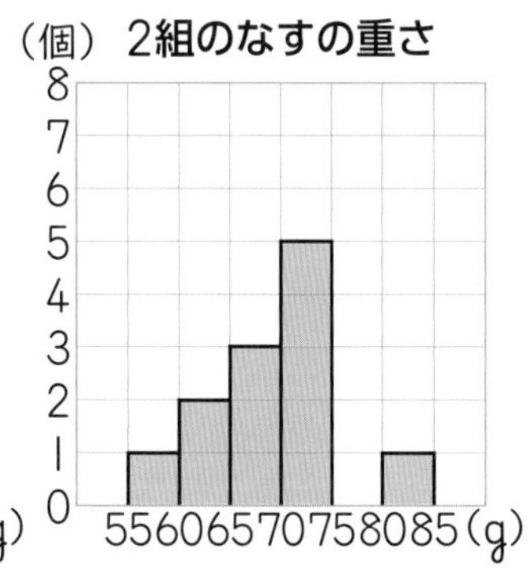

解き方 (1) いちばん度数が多いのは、1組…①□g以上②□g未満

2組…③□g以上④□g未満

(2) 1組…2＋1＋2＝5(個)　2組…⑤□＋0＋1＝⑥□(個)　答え ⑦□組

★できた問題には、「た」をかこう！★

でき 1　でき 2

学習日　月　日

教科書 106～110ページ　答え 20ページ

1 59ページ1の1組と2組のきゅうりの重さについて、次の問題に答えましょう。 教科書 106ページ3

① 1組と2組のきゅうりの重さを、右の度数分布表に整理しましょう。

1組のきゅうりの重さ

重さ(g)	データの個数
85以上～ 90未満	
90 ～ 95	
95 ～100	
100 ～105	
105 ～110	
合計	8

2組のきゅうりの重さ

重さ(g)	データの個数
85以上～ 90未満	
90 ～ 95	
95 ～100	
100 ～105	
105 ～110	
合計	10

② 1組と2組で、重さが95g未満の度数の合計の割合は、それぞれの組全体の度数の何％ですか。

1組（　　）　2組（　　）

③ 1組と2組で、軽いほうから数えて5番めのきゅうりは、それぞれどの階級に入りますか。

1組（　　）　2組（　　）

2 1のきゅうりの重さについて、ちらばりの様子を調べます。 教科書 108ページ4

① 1組と2組のきゅうりの重さを、ヒストグラムに表しましょう。

1組のきゅうりの重さ

重さ(g)	データの個数
85以上～ 90未満	1
90 ～ 95	1
95 ～100	2
100 ～105	3
105 ～110	1
合計	8

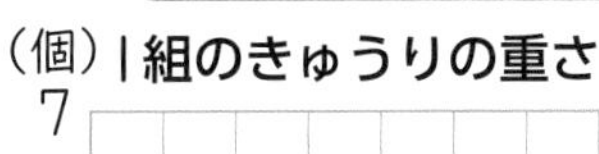

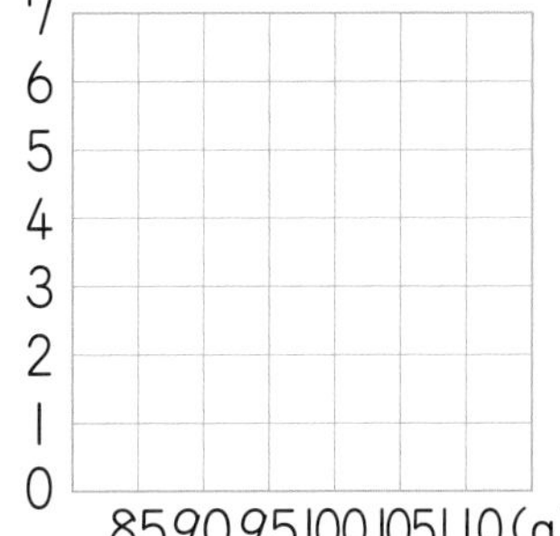

② 1組と2組で、いちばん度数が多いのは、それぞれどの階級ですか。

1組（　　）

2組（　　）

2組のきゅうりの重さ

重さ(g)	データの個数
85以上～ 90未満	0
90 ～ 95	2
95 ～100	4
100 ～105	3
105 ～110	1
合計	10

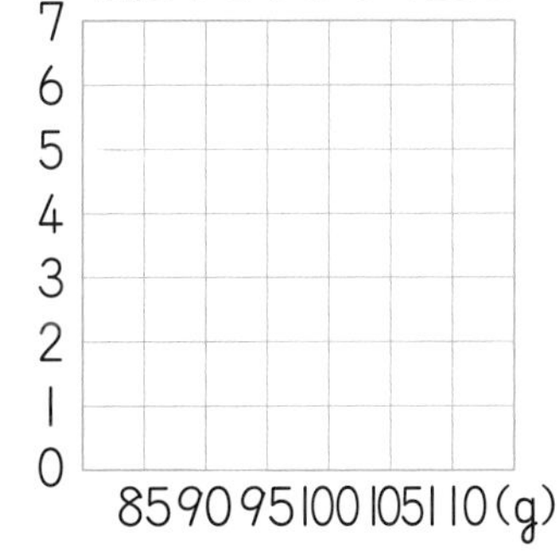

③ 1組と2組で、100g未満のきゅうりの個数が多いのはどちらですか。

（　　）

④ ヒストグラムを見て、1組と2組のちらばりの様子の特ちょうをひとつ書きましょう。

（　　）

ヒント
1 ②・③は、①の度数分布表を使って求めます。
2 ④ ヒストグラムの高さや並(なら)び方に、ちらばりの様子の特ちょうが出ています。

学習日　月　日

① 問題の解決の進め方－3

教科書 110～114ページ　答え 21ページ

次の□にあてはまる数を書きましょう。

めあて 中央値と平均値のちがいを理解しよう。　練習 1 2 →

✪データの値を大きさの順に並べたときの中央の値を、**中央値**または、**メジアン**といいます。データの個数が偶数か奇数かで、中央値の求め方は異なります。

✪集団の特ちょうを代表する平均値や最頻値、中央値を、**代表値**といいます。

1 58ページ**1**の1組と2組のなすの重さを、小さい順に並べました。

1組　57　60　63　64　66　67　67　68　68　69　73　74　77　80　82

2組　58　61　63　65　66　67　70　71　71　72　74　84

(1) 1組のデータの中央値は何gですか。　(2) 2組のデータの中央値は何gですか。

解き方 (1) 1組のデータの個数は[①]で奇数なので、ちょうど真ん中の値が中央値になります。

57　60　63　64　66　67　67　(68)　68　69　73　74　77　80　82

7つ　中央値　7つ

答え [②] g

(2) 2組のデータの個数は[③]で偶数なので、中央の2つの値の平均値が中央値になります。

中央の2つの値

58　61　63　65　66　(67)　(70)　71　71　72　74　84

6つ　6つ

中央値は ([④]＋[⑤])÷2＝[⑥]　答え [⑦] g

2組の84gのように、ほかの値と大きくはずれた値があるときは、84gを除いて平均値を調べることがあるよ。

めあて 集団の特ちょうを、いろいろな比べ方で調べられるようにしよう。　練習 3 →

いくつかの集団のデータを比べるには、いろいろな比べ方があります。平均値やちらばりの様子などの集団の特ちょうをもとに、理由を明確にして判断することが必要です。

2 **1**の1組と2組のなすの重さについて、次の表に整理しました。どちらのほうが重いなすがよくとれたといえますか。データをもとに判断しましょう。

解き方 ・いちばん重いなすの重さで比べると、[　]組といえます。

・最頻値で比べると、[　]組といえます。

・平均値や[　]g以上の度数の割合で比べると、[　]組といえます。

1組と2組の学級菜園でとれたなすの重さ

	1組	2組
いちばん重い重さ	82 g	84 g
いちばん軽い重さ	57 g	58 g
平均値	69 g	68.5 g
最頻値	67gと68g	71 g
65 g未満の度数の割合(%)	27 %	25 %
75 g以上の度数の割合(%)	20 %	8 %

1 59ページ①の１組のきゅうりの重さを、小さい順に並べました。
また、２組のきゅうりの重さは表のとおりです。

教科書 111ページ④⑤・⑥

１組の学級菜園でとれたきゅうりの重さ(g)

85　91　95　95　100　101　103　106

２組の学級菜園でとれたきゅうりの重さ(g)

① 96	② 103	③ 97	④ 94	⑤ 100
⑥ 105	⑦ 90	⑧ 102	⑨ 98	⑩ 95

① １組のきゅうりの重さの中央値は何 g ですか。

(　　　)

② 表の２組のきゅうりの重さを小さい順に並べて、中央値を求めましょう。

(　　　)

2 59ページ②の３組の小テストの結果を、大きさの順に並べました。

教科書 111ページ④⑤・⑥

2 2 2 2 3 3 3 3 3 3 4 7 9 9 9 9 9 9 9 10

① 中央値は何点ですか。

(　　　)

② 採点ミスがあり、９点だったA(エー)さんの得点が10点に上がりました。中央値は何点になりますか。

(　　　)

集団の特ちょうを調べたり伝えたりするとき、平均値や最頻値、中央値で比べることがよくあるよ。

3 ①の１組と２組のきゅうりの重さについて、下の表に整理しました。

教科書 112ページ⑤

① １組と２組で、いちばん重い重さといちばん軽い重さの差が大きいのはどちらですか。

(　　　)

② １組と２組で、平均値に近い重さのきゅうりが多いのはどちらですか。

(　　　)

③ １組と２組で、95g以上100g未満の度数の割合が大きいのはどちらですか。

(　　　)

１組と２組の学級菜園でとれたきゅうりの重さ

	１組	２組
いちばん重い重さ	106g	105g
いちばん軽い重さ	85g	90g
平均値	97g	98g
度数分布表やヒストグラムで、最も度数が多い階級	100g以上105g未満	95g以上100g未満
95g未満の度数の割合(%)	25%	20%
100g以上の度数の割合(%)	50%	40%

いくつかの比べ方をあわせると、いろいろな特ちょうがわかるね。

①① データの個数が偶数のときは、中央の２つの値の平均値が中央値です。
③② 平均値と、度数分布表やヒストグラムで最も度数が多い階級に注目します。

② いろいろなグラフ

学習日　月　日

教科書 115〜116ページ　答え 22ページ

次の□にあてはまる数やことばを書きましょう。

めあて いろいろなグラフの読み取り方を知ろう。 練習 1 2

いろいろなくふうをしたグラフがあります。

- 年れい別の人口を、男性を左側、女性を右側にそれぞれヒストグラムで表したグラフ。
- 左と右の縦(たて)の軸(じく)に別々の目もりをつけて、2つのグラフをまとめて表したグラフ。
- 縦の軸に駅の位置、横の軸に時刻(じこく)の目もりをつけて、列車の運行の様子を表したグラフ。

1 下のグラフは、1980年と2020年のA(エー)市の人口を、男女別、年れい別に表したものです。

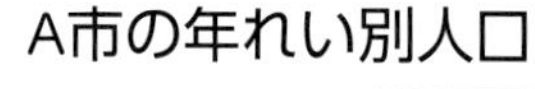

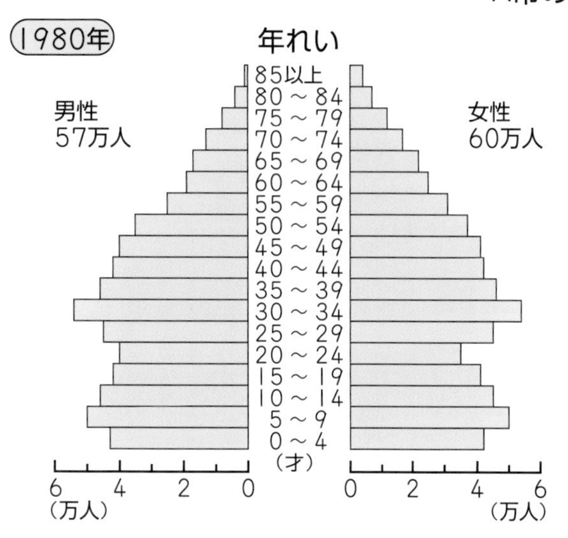

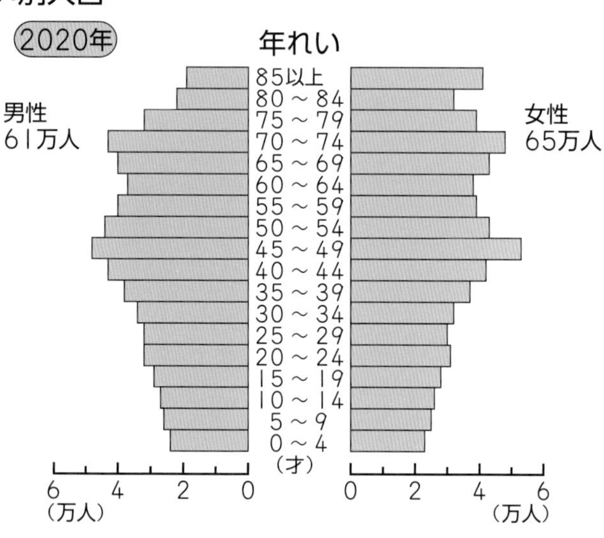

(1) 1980年、2020年で、いちばん人口が多い階級は、それぞれ何才以上何才以下ですか。

(2) 1980年と2020年の、年れい別の人口のちらばりの様子を比べて、どんなことがわかりますか。

(3) 2020年について、総人口をもとにした45才以上49才以下の男性の人口の割合(わりあい)は、およそ何％ですか。

解き方 (1) グラフの横の長さから読み取ります。

答え　1980年…①□才以上②□才以下
　　　2020年…③□才以上④□才以下

(2) 2020年には、45才以上の人口が⑤□、39才以下の人口が⑥□います。

答え　(例)　A市の少子化、高れい化がわかる。

(3) 45才以上49才以下の男性の人口は、グラフから、およそ⑦□万人とわかります。（整数）

割合は、⑧□(万人)÷⑨□(万人)＝0.039…　　答え　約⑩□％

ぴったり2
練習

★できた問題には、「た」をかこう！★

でき 1　でき 2

学習日　月　日

教科書 115～116ページ　答え 22ページ

1 右のグラフは、1945年、1980年、2020年の年れい別の人口の割合を表したものです。

教科書 115ページ 1

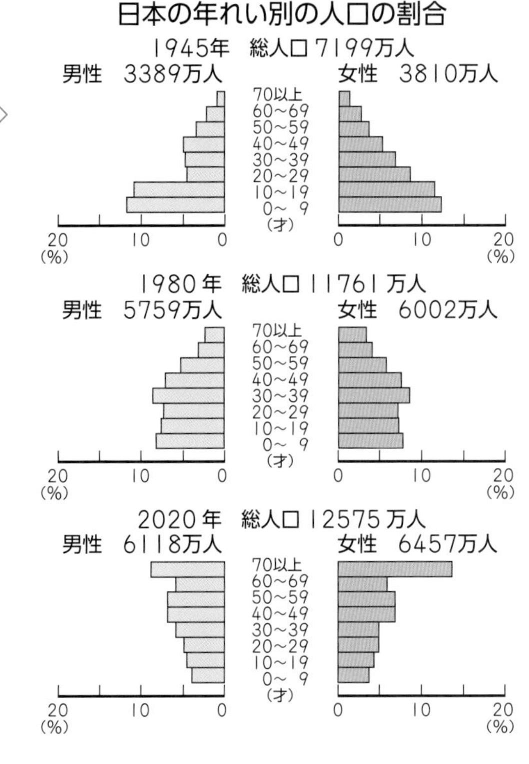

① 1945年、1980年、2020年で、いちばん人口の割合が少ないのは、どの階級ですか。

1945年（　　　　　）

1980年（　　　　　）

2020年（　　　　　）

② 2020年の10才以上19才以下の人口は、総人口のおよそ何％で、何万人ですか。どちらも整数で答えましょう。

（　　　　　）（　　　　　）

③ 3つのグラフを比べてわかることを答えましょう。

（　　　　　　　　　　　　　　　）

よくみて

2 右のグラフは、B(ビー)市の農業で働く人の総人口と、その総人口をもとにした、65才以上の農業人口の割合を調べたものです。

教科書 115ページ 1

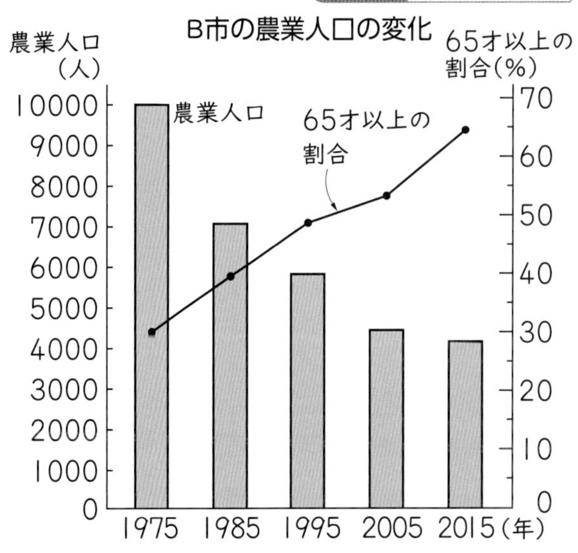

① B市の農業人口は、1985年から2015年までの30年間で、およそ何人減りましたか。

（　　　　　）

② 2015年の65才以上の農業人口は、およそ何人ですか。

（　　　　　）

③ 2015年の65才以上の農業人口は、1975年の65才以上の農業人口と比べて、およそ何人減りましたか、または、およそ何人増えましたか。

（　　　　　）

棒(ぼう)グラフの目もりは左にあって、折れ線グラフの目もりは右にあります。

2 ② 2つのグラフから、2015年の農業人口と65才以上の割合をそれぞれ読み取ります。

ぴったり3 確かめのテスト

7 データの調べ方

時間 30 分

／100

合格 80 点

教科書 100〜119 ページ　答え 22〜23 ページ

知識・技能　／65点

1 よく出る A(エー)、B(ビー) 2つのプランターから、いちごがとれました。　③式・答え 各5点(25点)

Aのプランターからとれたいちごの重さ(g)

① 16	② 17	③ 12	④ 15	⑤ 18	⑥ 19
⑦ 15	⑧ 12	⑨ 14	⑩ 13	⑪ 13	⑫ 16

Bのプランターからとれたいちごの重さ(g)

① 14	② 15	③ 17	④ 21	⑤ 11	⑥ 17
⑦ 12	⑧ 10	⑨ 16	⑩ 13		

① いちばん重いいちごがとれたのは、どちらのプランターですか。　(　　　)

② A、Bのいちごの重さの中央値(ちゅうおうち)はそれぞれ何 g ですか。

A (　　　)　B (　　　)

③ いちごの重さの平均値(へいきんち)で比べると、どちらのプランターのほうが重いいちごがよくとれたといえますか。

式

答え (　　　)

2 右の図は、Aグループのソフトボール投げの記録をヒストグラムに表したものです。　各5点(20点)

Aグループの ソフトボール投げの記録

(人) 0 1 2 3 4 5 6 7 8

10 15 20 25 30 35 40(m)

① Aグループは、全部で何人ですか。　(　　　)

② 記録が 15 m の人は、どの階級に入りますか。

(　　　)

③ いちばん度数が多いのは、どの階級ですか。

(　　　)

④ 記録が 30 m 以上の人は何人ですか。　(　　　)

3 下の表は、6年1組の人の片道(かたみち)の通学時間をまとめたものです。

右の度数分布表に人数を書いて、ヒストグラムに表しましょう。

全部できて 1問10点(20点)

6年1組の人の片道の通学時間(分)

5	14	17	20	16	25	7	24	10	18
15	26	8	10	15	12	18	5	22	10

片道の通学時間

時間(分)	人数(人)
5 以上〜10 未満	
10 〜15	
15 〜20	
20 〜25	
25 〜30	
合計	20

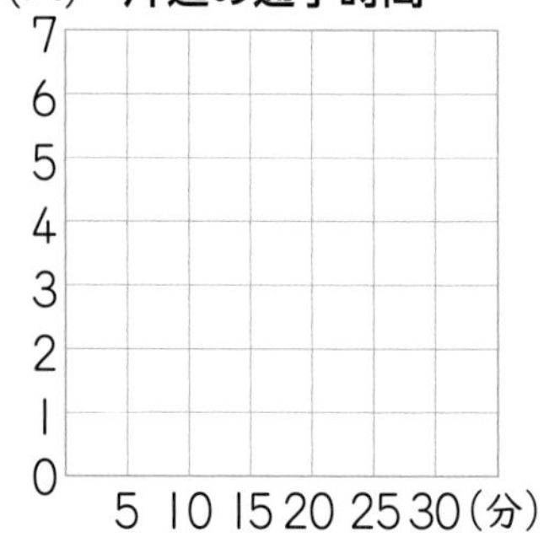

学習日　月　日

思考・判断・表現　／35点

4 下のグラフを見て、次の問題に答えましょう。　②式・答え 各5点(35点)

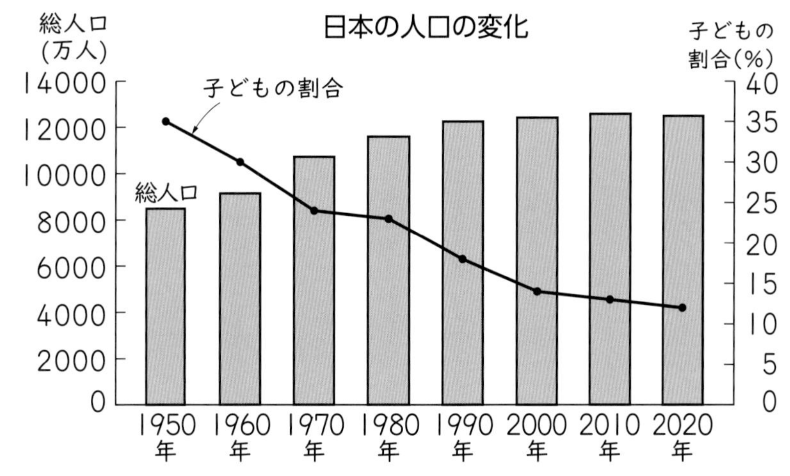

① 1990年の総人口はおよそ何人ですか。また、総人口をもとにした子どもの割合(わりあい)は、およそ何％ですか。　総人口（　　　）　子どもの割合（　　　）

② 1990年の子どもの人数はおよそ何万人ですか。
式

答え（　　　）

③ グラフから正しいといえることに○、正しいといえないことに×を書きましょう。

㋐ 2000年の子どもの人数は、1960年の子どもの人数のおよそ半分です。（　　）

㋑ 総人口をもとにした子どもの割合は減り続けています。（　　）

㋒ 総人口をもとにした子どもの割合が10％台になったのは、1980年から1990年までの間です。（　　）

はってん いろいろなグラフ(ダイヤグラム)

教科書 116ページ

1 右のグラフを見て、列車の運行の様子を調べます。
□にあてはまる数や記号を書きましょう。

① B駅からD(ディー)駅までは
□kmあります。

② 上りふつう列車が
D駅に停車している時間は
□分です。

③ 下り急行列車が下りふつう列車を追いこすのは
□駅で、時刻(じこく)は
9時□分です。

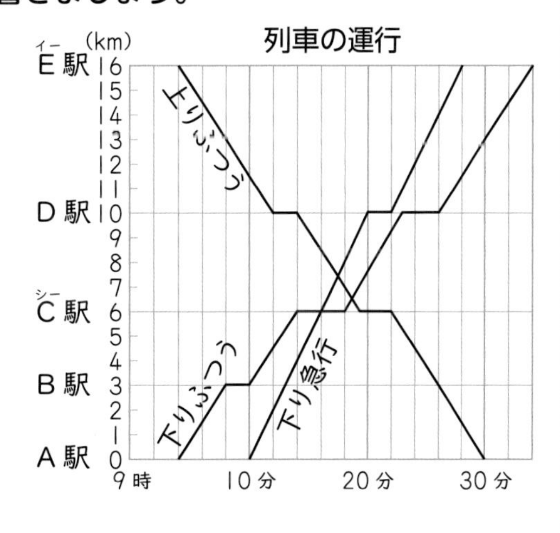

◀縦(たて)の軸(じく)は道のりと駅の位置、横の軸は時刻を表しています。
列車の運行の様子を表すこのようなグラフをダイヤグラムといいます。
直線のかたむき方が急なほど速く走っています。
また、直線が横の軸に平行な部分は、走っていないことを表しています。

ふりかえり　**1**③がわからないときは、58ページの**1**にもどって確認してみよう。

円の面積

学習日　月　日

教科書 120～129ページ　答え 23ページ

次の□にあてはまる数を書きましょう。

めあて 円の面積を求められるようにしよう。　練習 1 2

円の面積は、次の公式で求められます。

円の面積＝半径×半径×円周率(3.14)

1 右の図形の面積を求めましょう。

(1)
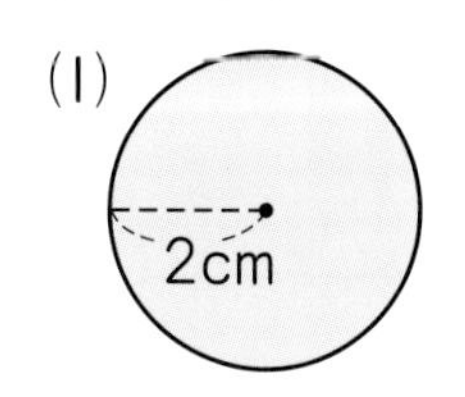

(2)
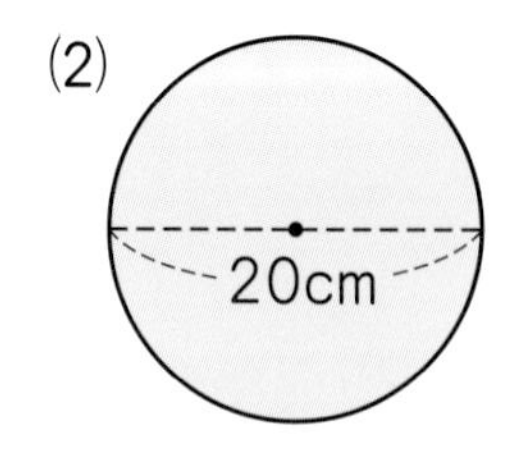

解き方 円の面積の公式にあてはめて求めます。

(1) 半径は 2 cm だから、①□×②□×3.14＝③□　答え ④□ cm^2

（①半径　②半径　3.14 円周率）

(2) 直径が 20 cm だから、半径は、20÷⑤□＝⑥□(cm)

円の面積は、⑦□×⑧□×3.14＝⑨□　答え ⑩□ cm^2

めあて いろいろな図形の面積を、くふうして求められるようにしよう。　練習 3

面積が求められる図形を組み合わせて、面積を求めます。

例

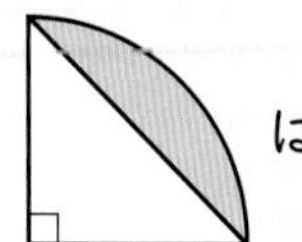 は、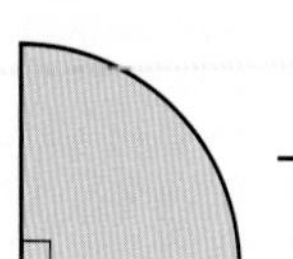 － 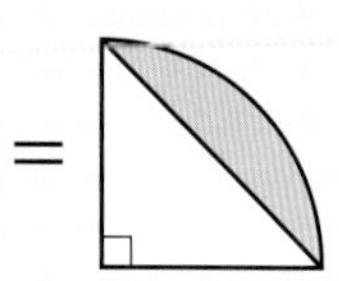 ＝ 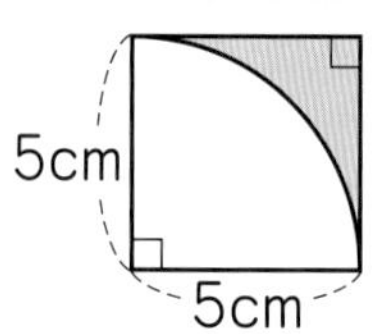 と考えて求めます。

2 色をぬった部分の面積を求めましょう。

解き方

ア 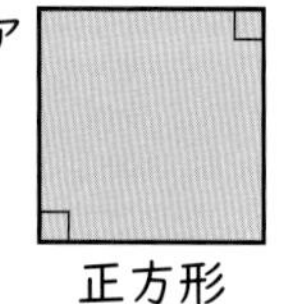 － イ 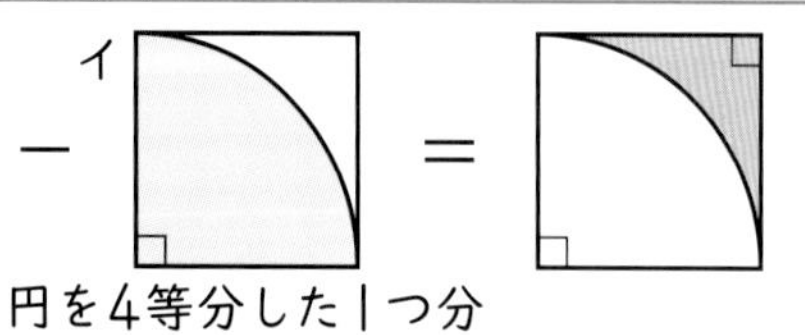 ＝ 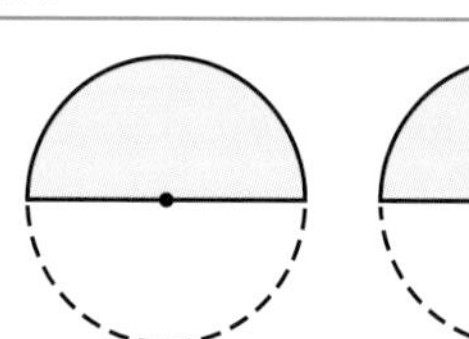

正方形　円を4等分した1つ分

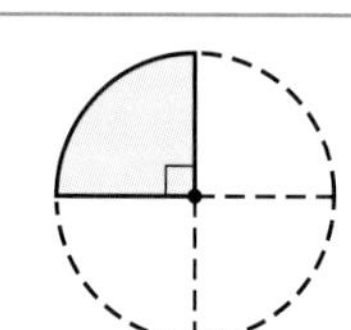

ア　5×5＝①□

イ　②□×③□×3.14÷④□＝⑤□

⑥□(ア)－⑦□(イ)＝⑧□　答え ⑨□ cm^2

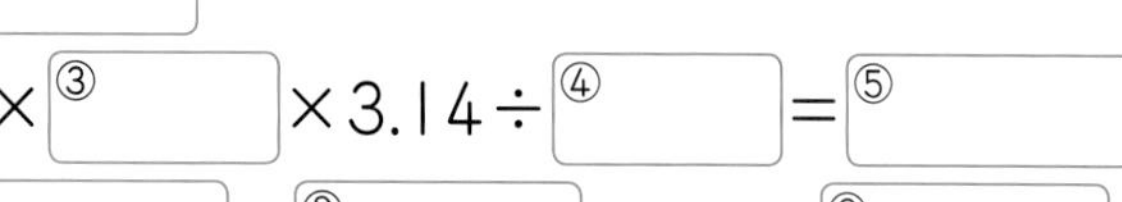

半円は、同じ半径の円の面積の $\frac{1}{2}$ だね。4等分した1つ分は $\frac{1}{4}$ だよ。

教科書 120〜129ページ　答え 23ページ

1 下の図形の面積を求めましょう。

教科書 124ページ3、125ページ⚠1

① 半径 4 cm の円　(　　)

② 半径 20 cm の円　(　　)

③ 直径 14 cm の円　(　　)

④ 直径 6 m の円　(　　)

⑤
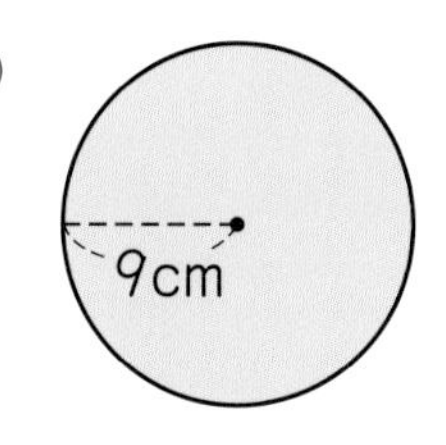

(　　)

⑥
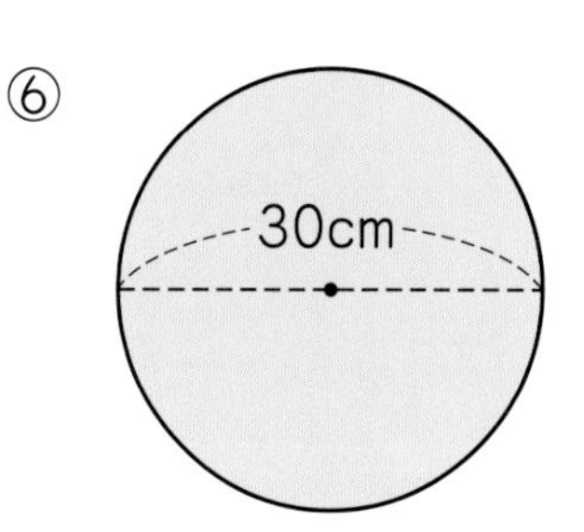

(　　)

2 下の図形の面積を求めましょう。

教科書 125ページ⚠1

①
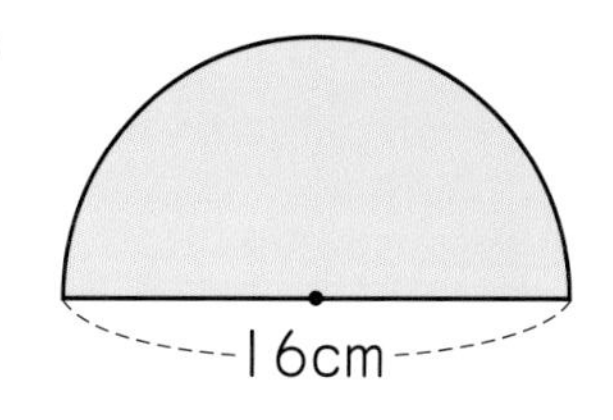

(　　)

②
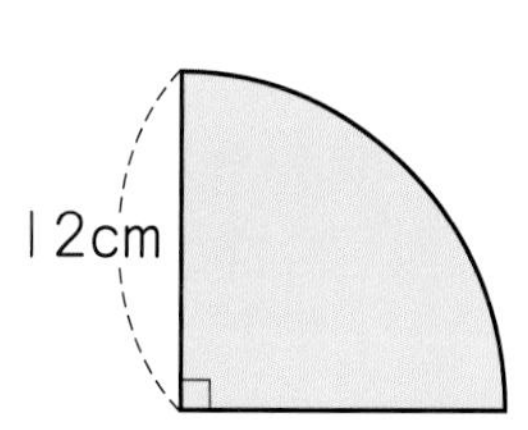

(　　)

3 色をぬった部分の面積を求めましょう。

教科書 127ページ4

①
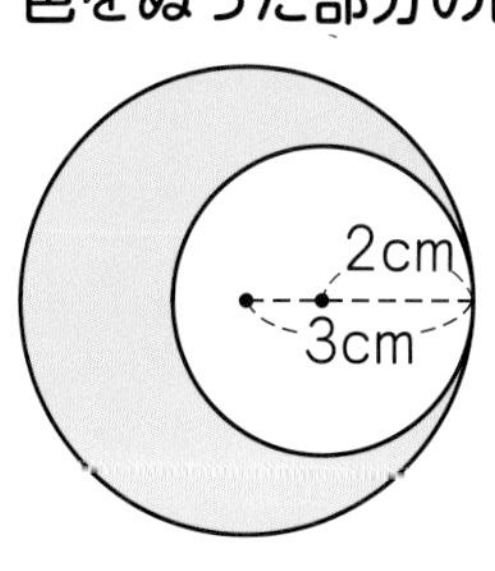

(　　)

②
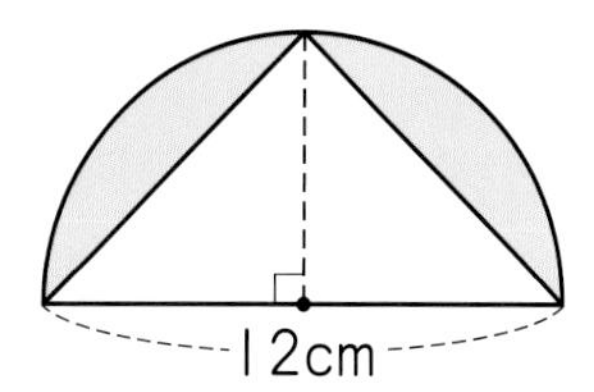

(　　)

よくみて
③
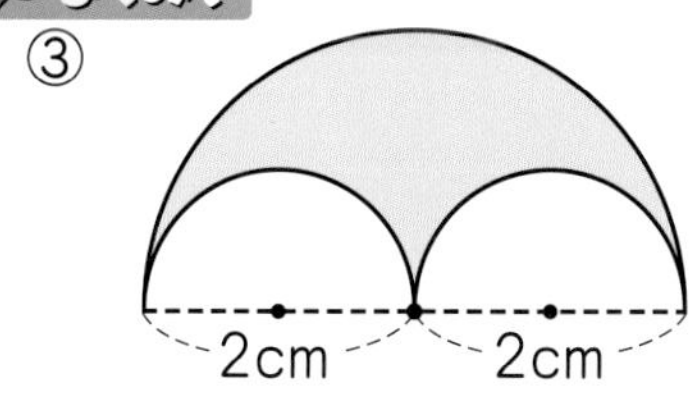

(　　)

よくみて
④
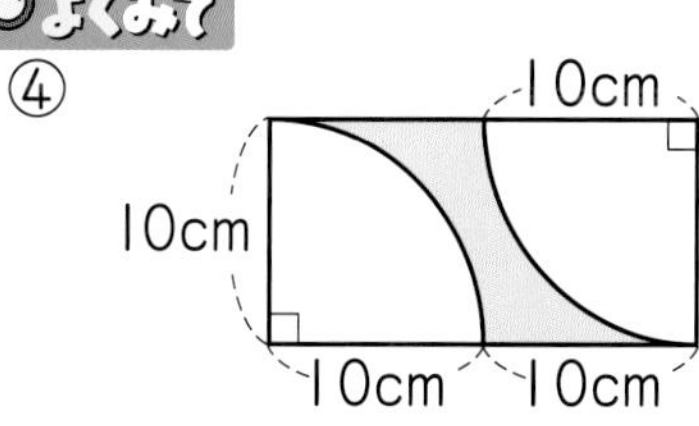

(　　)

ヒント
3 ② 半円から、直角二等辺三角形を取り除(のぞ)いた形です。
④ 長方形から、円を 4 等分した形を 2 つ分ひいた形です。

8 円の面積

教科書 120～132 ページ　答え 24 ページ

知識・技能　／50点

1 円の面積について、[　]にあてはまる数やことばを書きましょう。　全部できて 1問5点(10点)

① 円の面積は、その円の半径の長さを１辺とする正方形の面積の[　　]倍より大きく、[　　]倍より小さい。

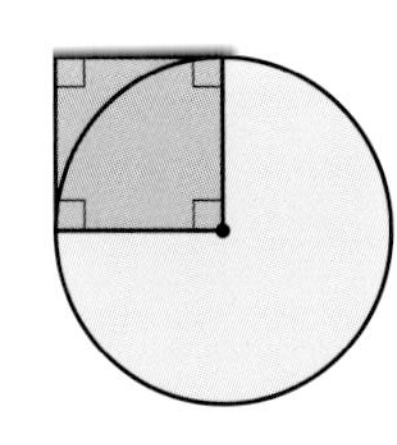
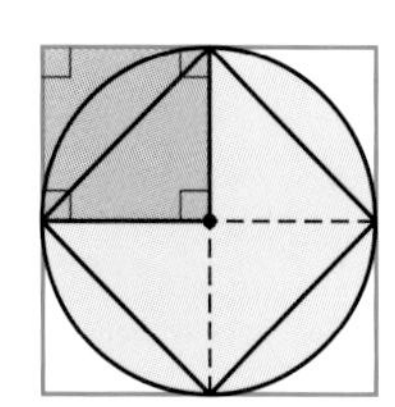

② 円の面積は、次の公式で求められます。

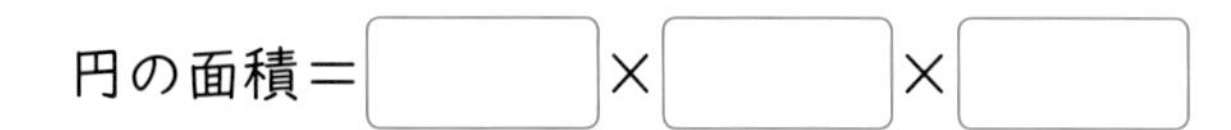

2 よく出る 下の図形の面積を求めましょう。　式・答え 各5点(40点)

① 半径５cm の円

式

答え（　　　）

② 直径１８cm の円

式

答え（　　　）

③

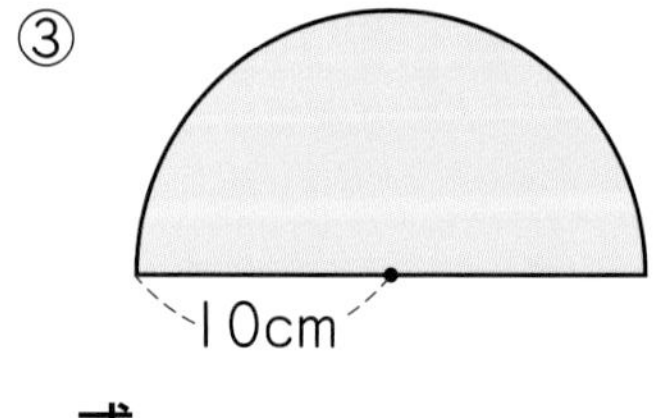

式

答え（　　　）

④

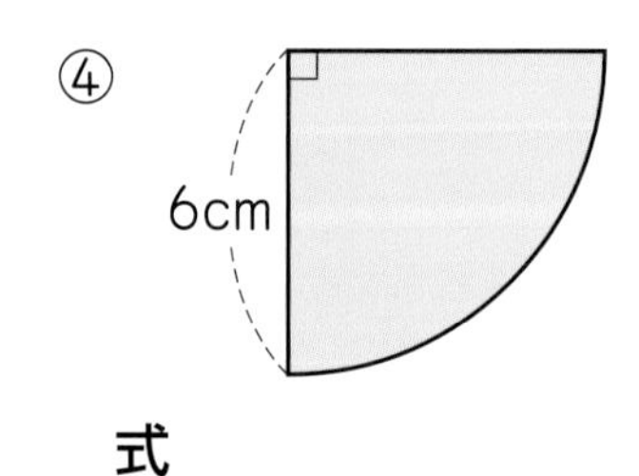

式

答え（　　　）

思考・判断・表現　　／50点

3 色をぬった部分の面積を求めましょう。　式・答え 各5点(40点)

①

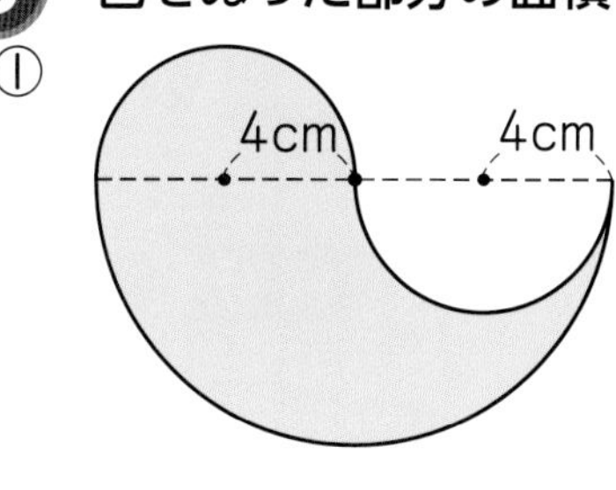

式

答え（　　　）

②

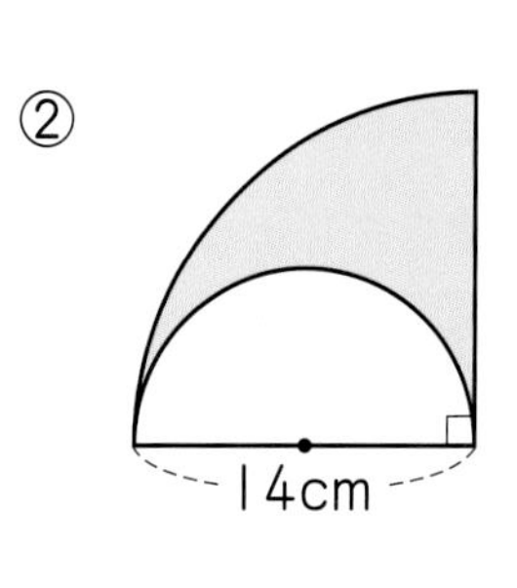

式

答え（　　　）

③

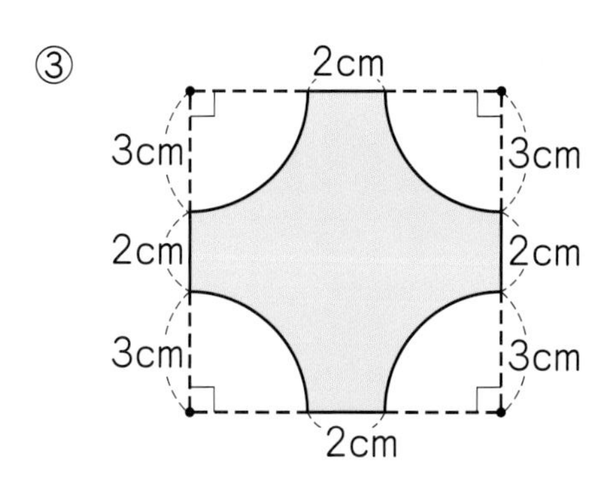

式

答え（　　　）

できたらスゴイ！

④

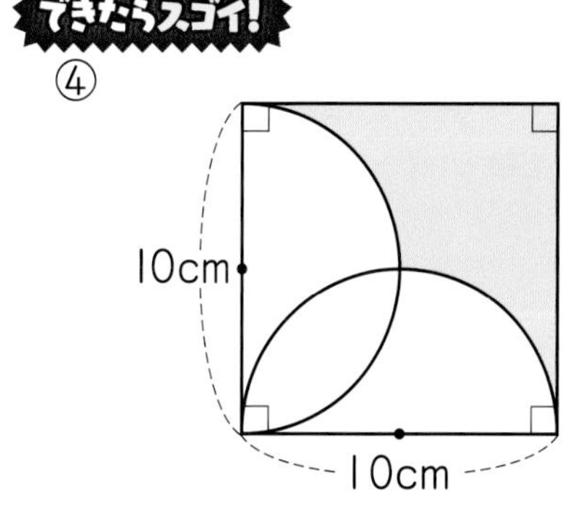

式

答え（　　　）

4 右の図のように、㋐、㋑の 2 つの円があります。　各5点(10点)

① ㋐の円の円周の長さは、㋑の円の円周の長さの何倍ですか。

（　　　）

② ㋐の円の面積は、㋑の円の面積の何倍ですか。

（　　　）

㋐

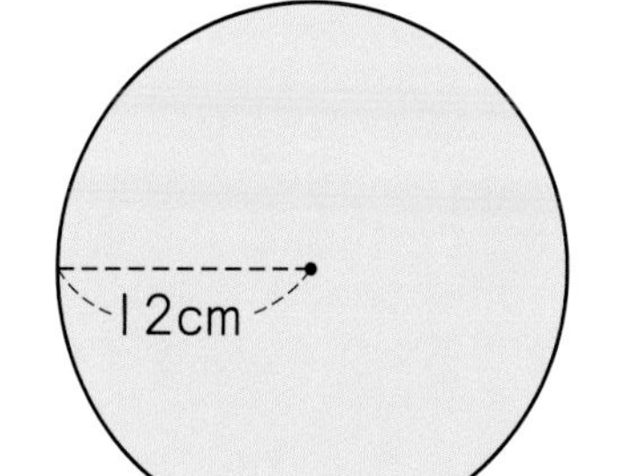

㋑

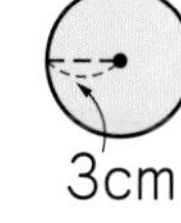

ふりかえり　1②がわからないときは、68 ページの1にもどって確認してみよう。

角柱と円柱の体積

教科書 134～139ページ　答え 24ページ

次の□にあてはまる数を書きましょう。

めあて 角柱、円柱の体積を求められるようになろう。 練習 1 2 3 →

✪底面の面積を、**底面積**（ていめんせき）といいます。

✪角柱、円柱の体積は、次の公式で求められます。

角柱、円柱の体積＝底面積×高さ

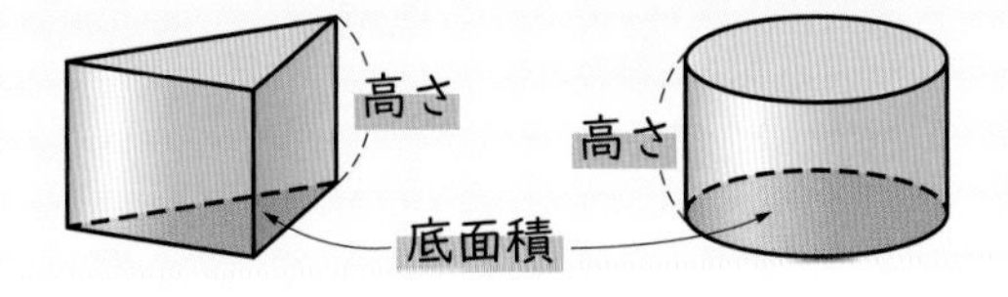

1 下の角柱、円柱の体積を求めましょう。

(1)

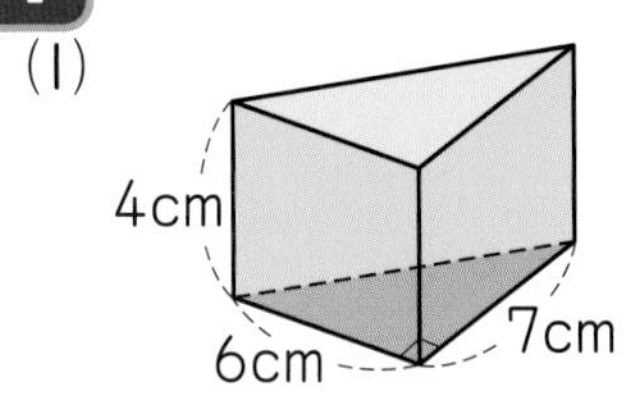

(2)

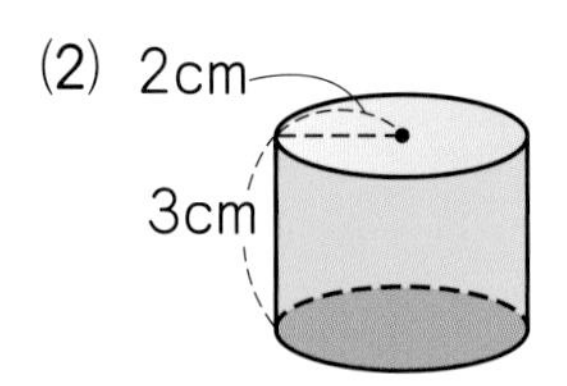

解き方 角柱、円柱の体積＝底面積×高さ　を使って求めます。

(1) 底面は直角三角形です。

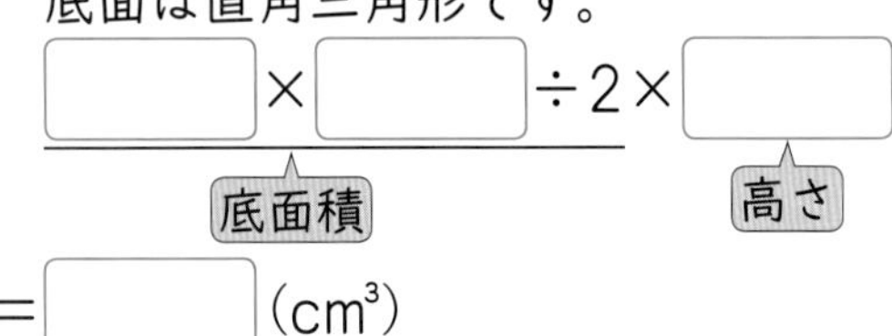

□×□÷2×□（底面積／高さ）

＝□(cm³)

(2)

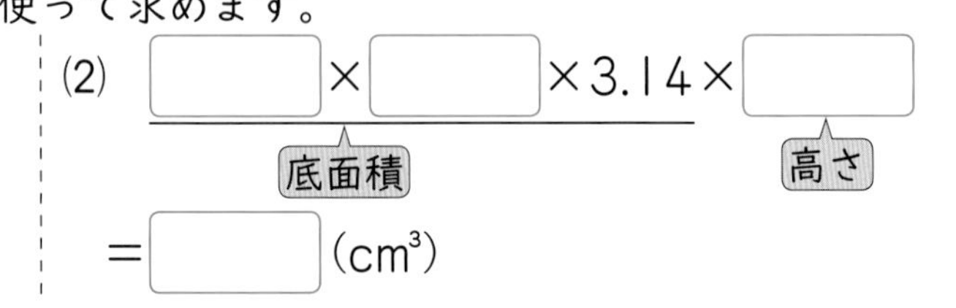

□×□×3.14×□（底面積／高さ）

＝□(cm³)

三角形の面積＝底辺×高さ÷2
円の面積＝半径×半径×円周率(3.14)
だよ。

めあて 角柱とみて、体積を求められるようになろう。 練習 4 →

右の図のような立体も、向きを変えて角柱とみれば、体積を 底面積×高さ の式で求めることができます。

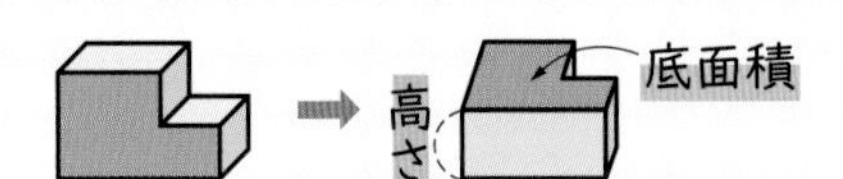

2 右の図のような立体の体積を求めましょう。

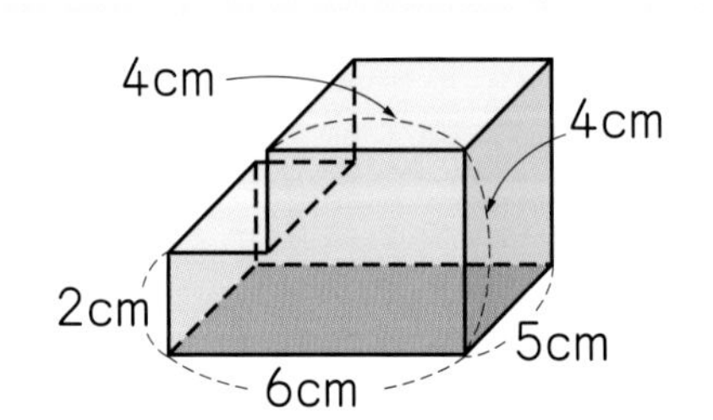

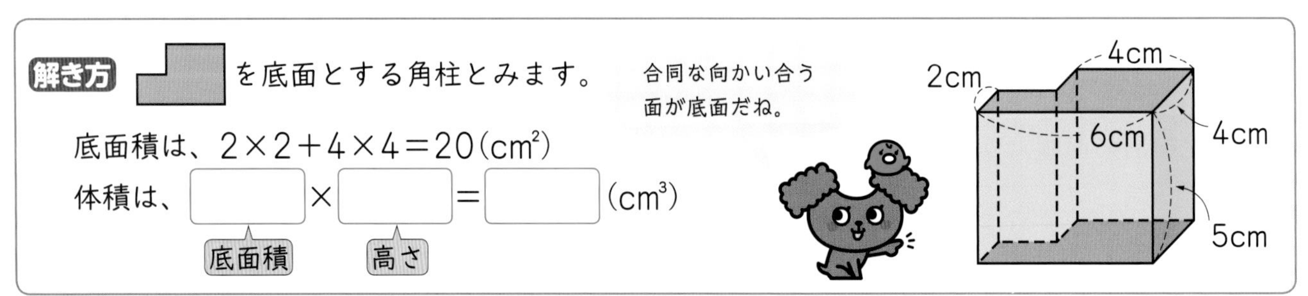

解き方 を底面とする角柱とみます。

合同な向かい合う面が底面だね。

底面積は、$2\times2+4\times4=20(cm^2)$

体積は、□×□＝□(cm³)（底面積／高さ）

ぴったり2 練習

教科書 134〜139 ページ　答え 25 ページ

1 下の角柱の体積を求めましょう。　教科書 135 ページ 1、136 ページ 2、137 ページ ⚠1

①
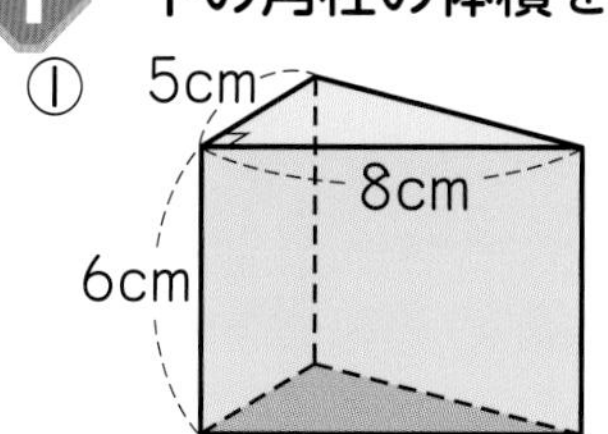

②
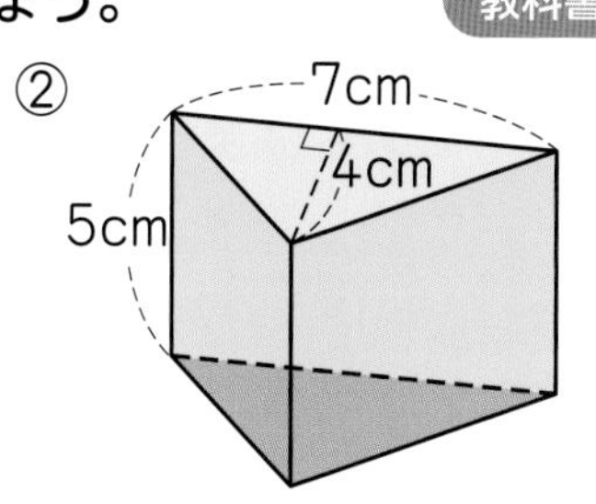

③
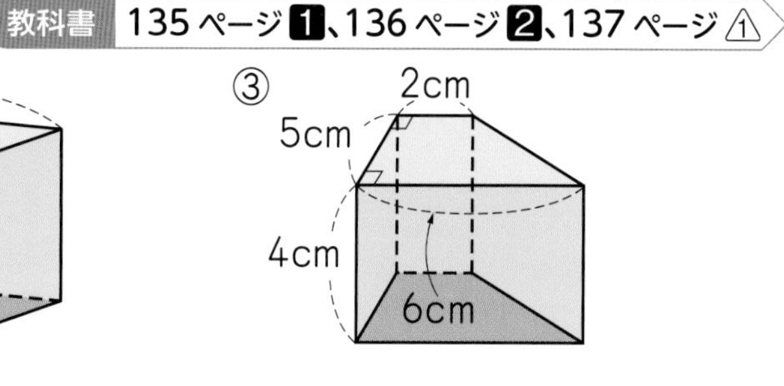

(　　　　)　(　　　　)　(　　　　)

2 下の円柱の体積を求めましょう。　教科書 137 ページ 3

①
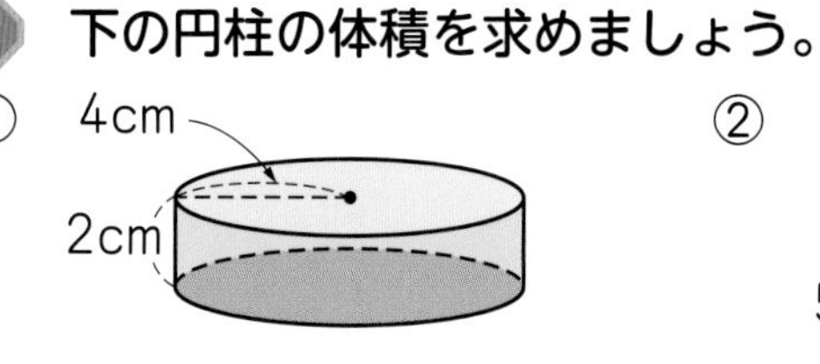

②
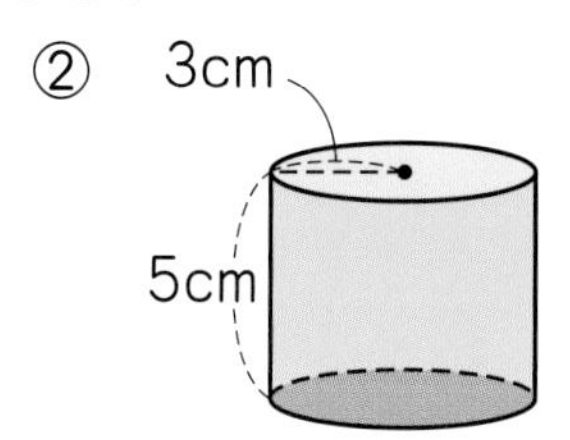

③
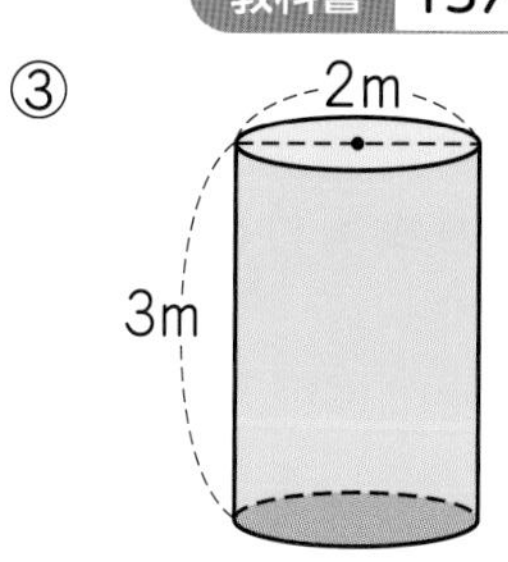

(　　　　)　(　　　　)　(　　　　)

3 右の図の三角柱の体積は 36 cm^3 です。
この角柱の高さを求めましょう。　教科書 138 ページ ⚠3

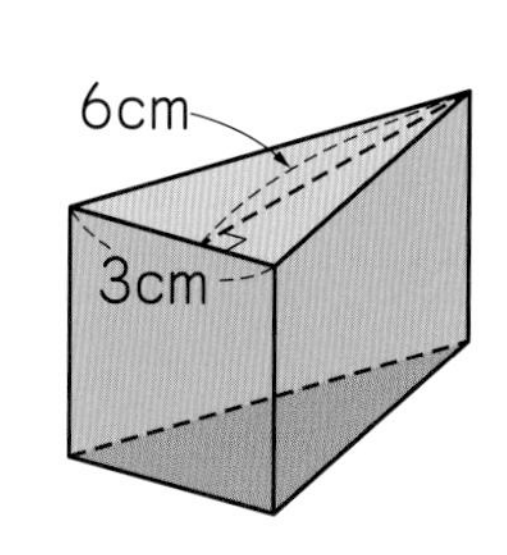

(　　　　)

4 下の図のような立体の体積を求めましょう。　教科書 139 ページ 4・⚠4

①
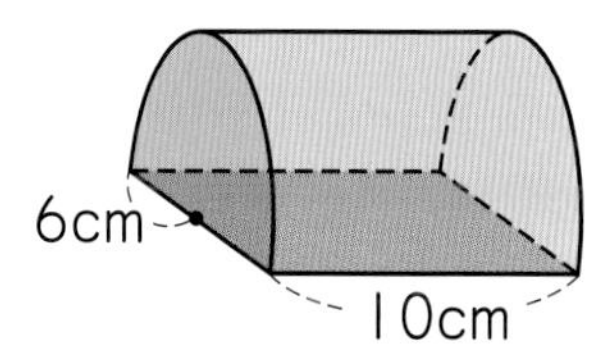

②
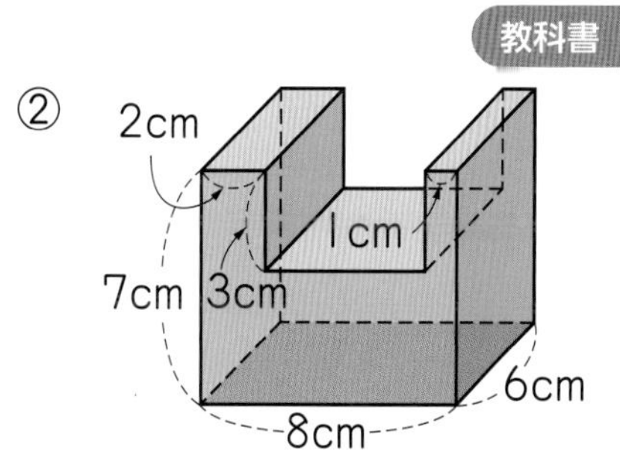

(　　　　)　(　　　　)

ヒント
3 高さを x cm として、体積を求める式をつくります。
4 ① 合同な半円が底面になります。

9 角柱と円柱の体積

時間 30 分

／100

合格 80 点

教科書 134〜141 ページ　答え 25 ページ

知識・技能　／80点

1 角柱の体積の求め方を考えます。□にあてはまる数やことばを書きましょう。

②⑤は全部できて 1問5点(25点)

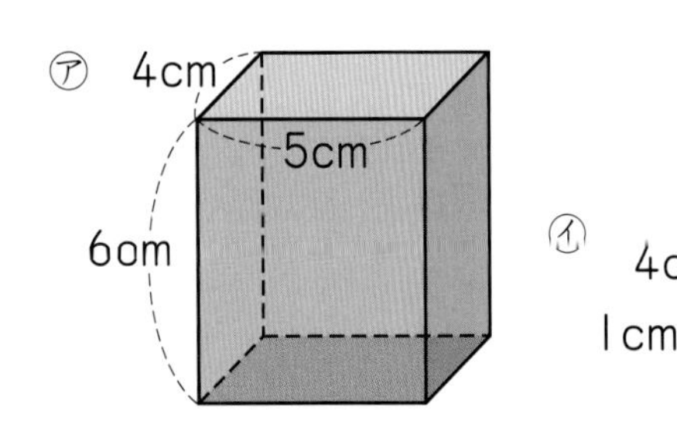

① ㋐の四角柱は、㋑の四角柱を□段重ねたものです。

② ㋑の四角柱の底面積は□cm^2で、体積は□cm^3です。

③ ㋐の四角柱の体積は□cm^3です。

④ 高さ1cmの四角柱の体積を表す数は、□を表す数に等しくなります。

⑤ 角柱の体積を求める公式は、

角柱の体積＝□×□

2 下の図のように、円柱を細かく等分して並べかえると、四角柱に近づいていきます。
この四角柱を使って、円柱の体積の求め方を考えます。□にあてはまる数やことばを書きましょう。

全部できて 1問5点(15点)

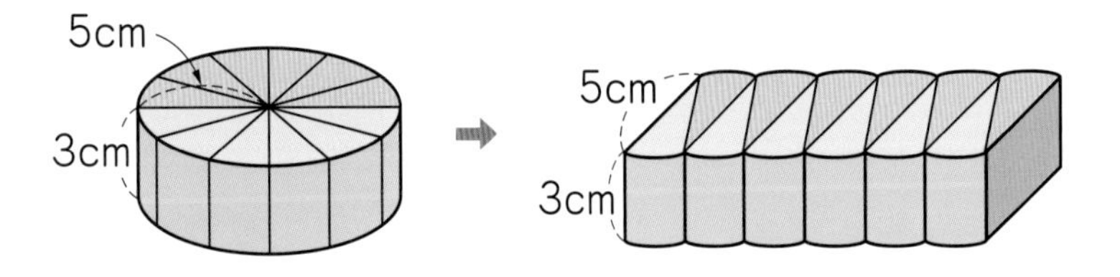

① 四角柱の底面の横の長さは、□の長さだから、底面積は□cm^2です。

② 円柱の底面積は□cm^2となるから、体積は□cm^3です。

③ 円柱の体積を求める公式は、

円柱の体積＝□×□

3 よく出る 下の角柱、円柱の体積を求めましょう。　式・答え 各5点(40点)

①

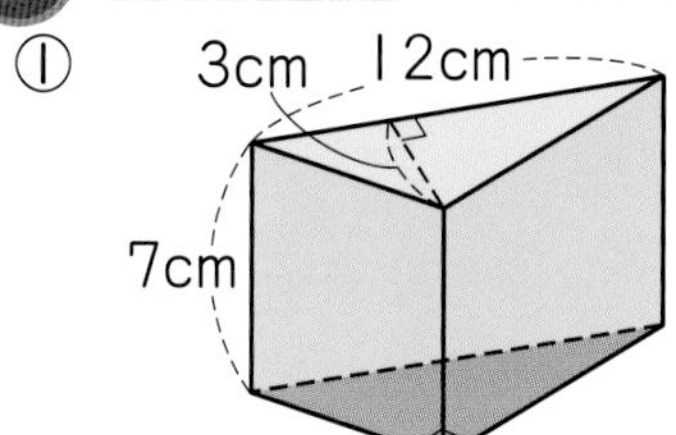

式

答え (　　　　)

②

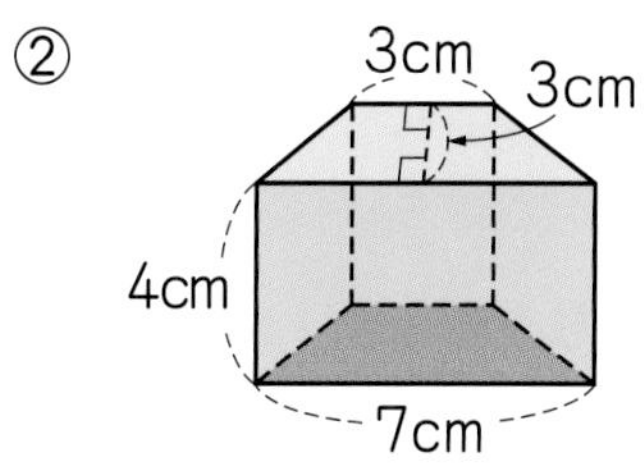

式

答え (　　　　)

③

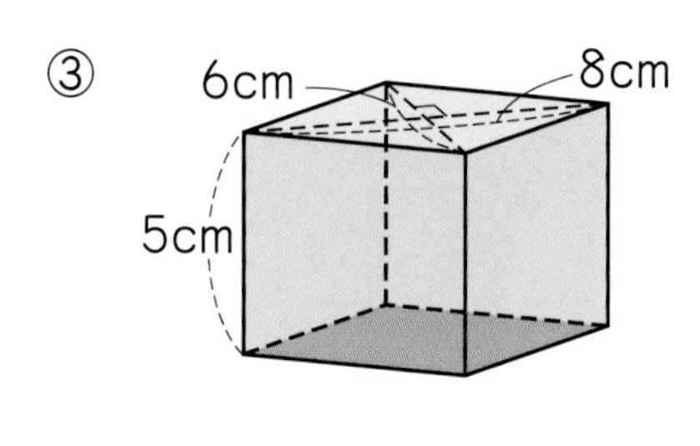

式

答え (　　　　)

④

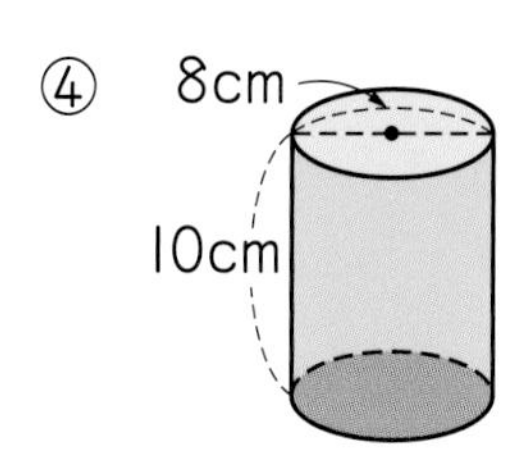

式

答え (　　　　)

思考・判断・表現　／20点

4 右の図のような立体を、角柱とみるとき、次の問題に答えましょう。　式・答え 各3点(12点)

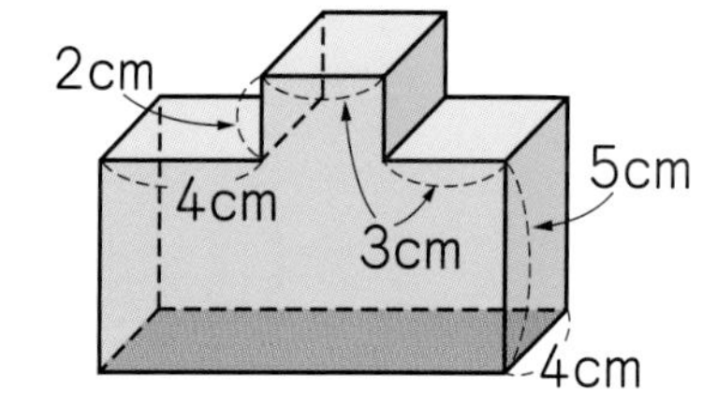

① 底面積を求めましょう。

式

答え (　　　　)

② 体積を求めましょう。

式

答え (　　　　)

できたらスゴイ!

5 右の㋐の四角柱の体積と、㋑の三角柱の体積が等しくなります。

㋑の三角柱の高さは何 cm ですか。

式・答え 各4点(8点)

㋐

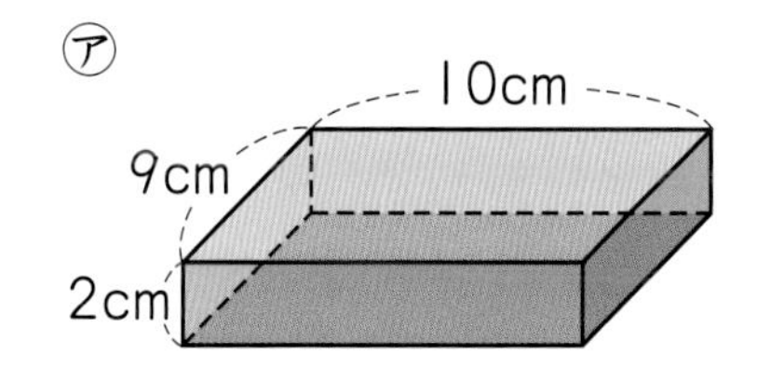

㋑ 6cm 6cm

式

答え (　　　　)

1⑤がわからないときは、72 ページの**1**にもどって確認してみよう。

およその面積と体積

教科書 142～144ページ　答え 26ページ

次の□にあてはまる数を書きましょう。

めあて いろいろなもののおよその面積を求められるようにしよう。

練習 1→

身のまわりにあるいろいろなものは、およその形を、面積の求め方がわかっている図形とみて、およその面積を求めます。

例
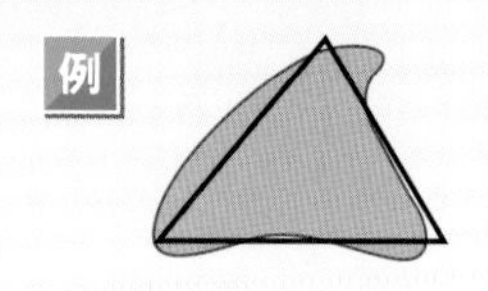
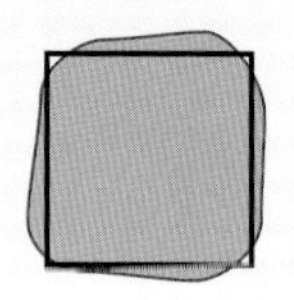
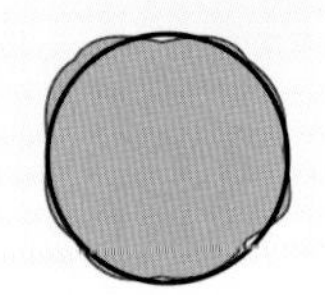

1 屋久島（鹿児島県）を長方形とみて、およその面積を求めましょう。

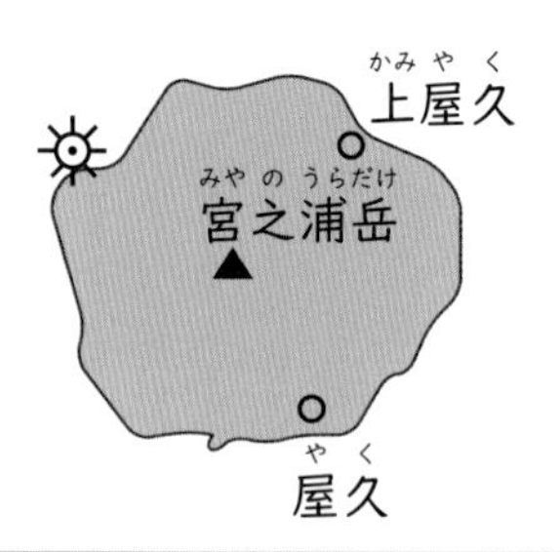

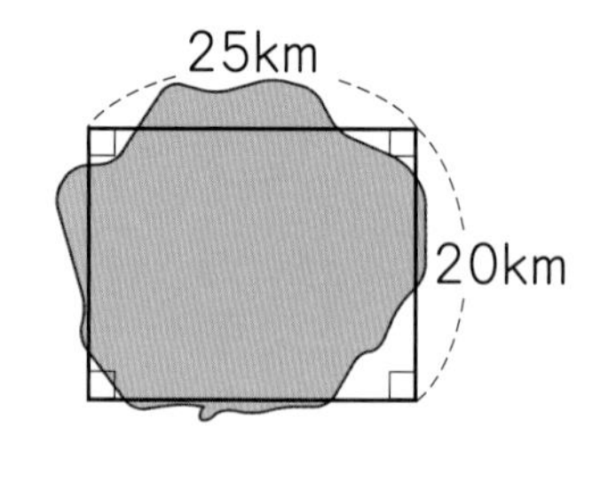

解き方 屋久島のおよその面積は、

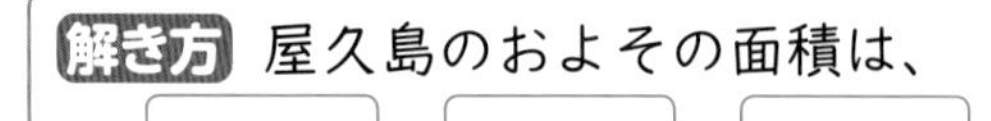
□×□=□

答え　約□km²

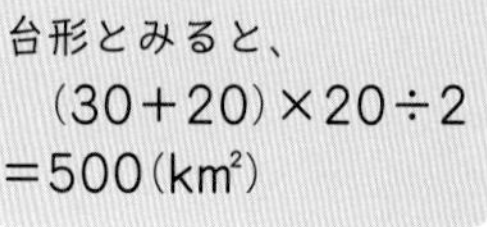

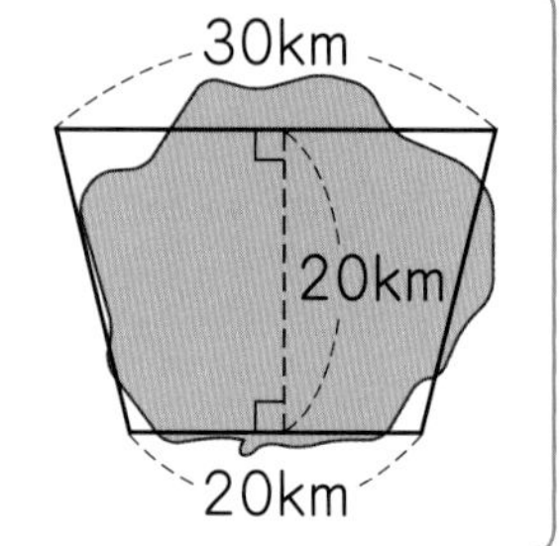

めあて いろいろなもののおよその容積や体積を求められるようにしよう。

練習 2→

身のまわりにあるいろいろなものは、およその形を、体積の求め方がわかっている直方体や円柱などとみて、およその容積や体積を求めます。

例
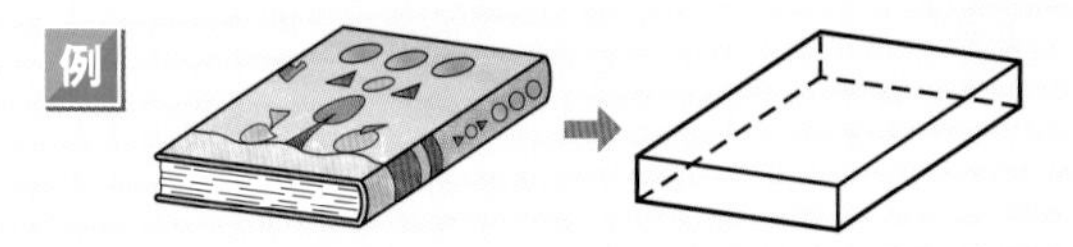

2 右のマグカップを円柱とみて、およその容積を求めましょう。

解き方 マグカップを、右の図のような円柱とみると、およその容積は、

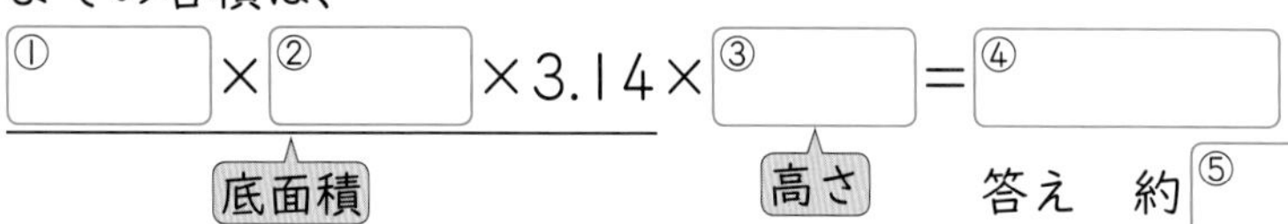
①□×②□×3.14×③□=④□
底面積　高さ

答え　約⑤□cm³

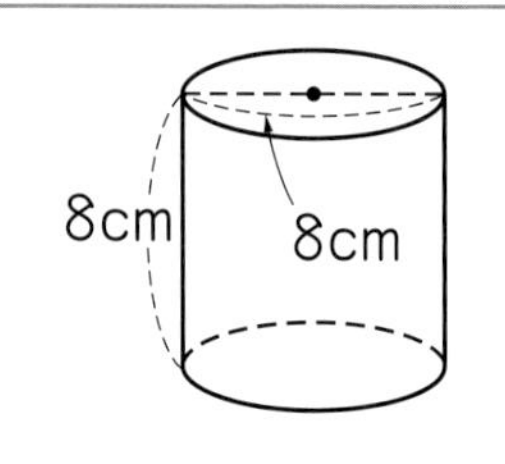

1 およその面積を求めましょう。

教科書 142ページ 1

① 卓球(たっきゅう)のラケット

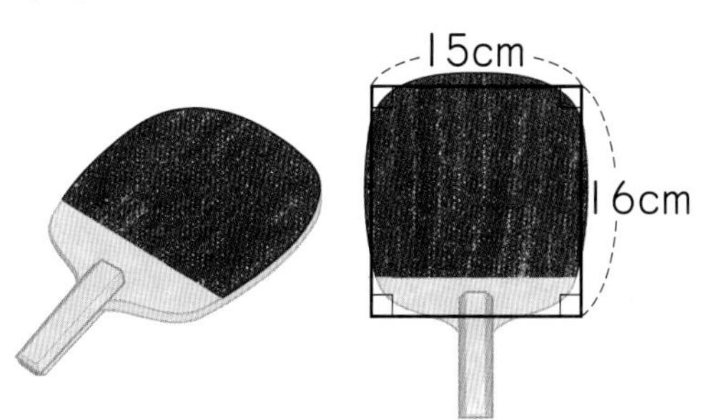

（　　　）

② 野球場

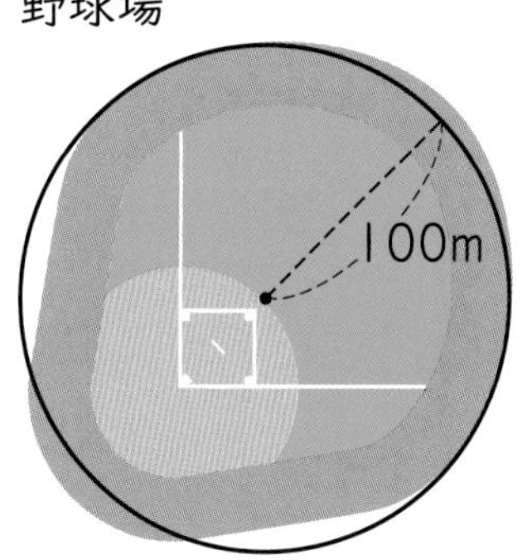

（　　　）

③ 猪苗代湖(いなわしろこ)（福島県）

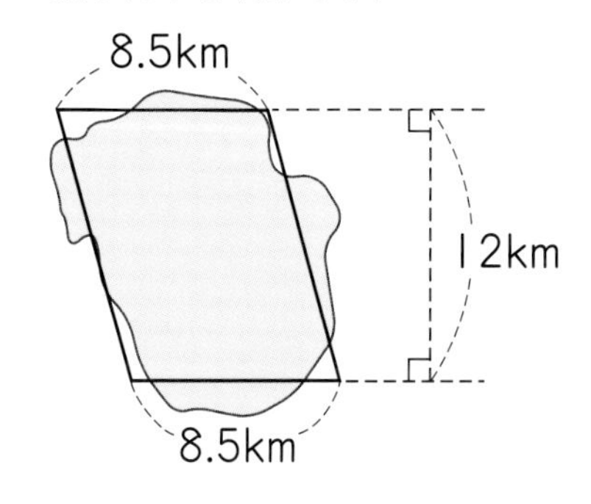

（　　　）

④ 淡路島(あわじしま)（兵庫県）

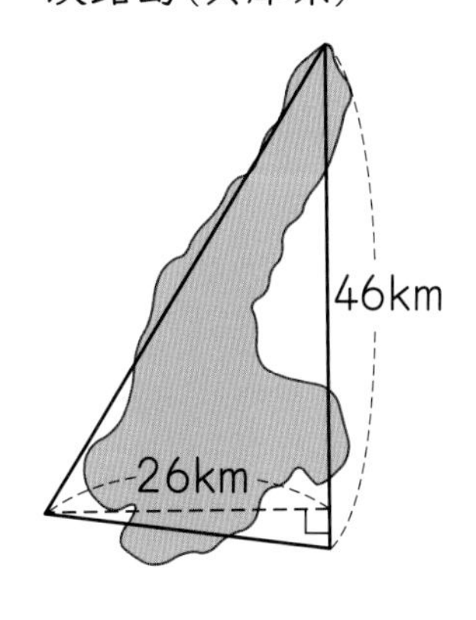

（　　　）

2 下の図は、およそどんな形とみられますか。また、およその容積を求めましょう。

教科書 144ページ 2

① 筆箱

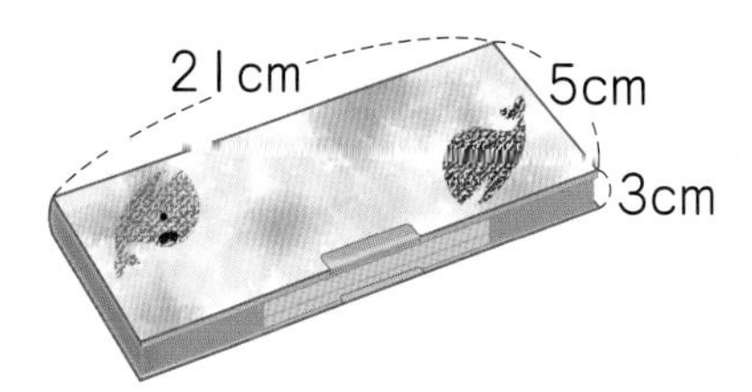

よくみて

② ペットボトル

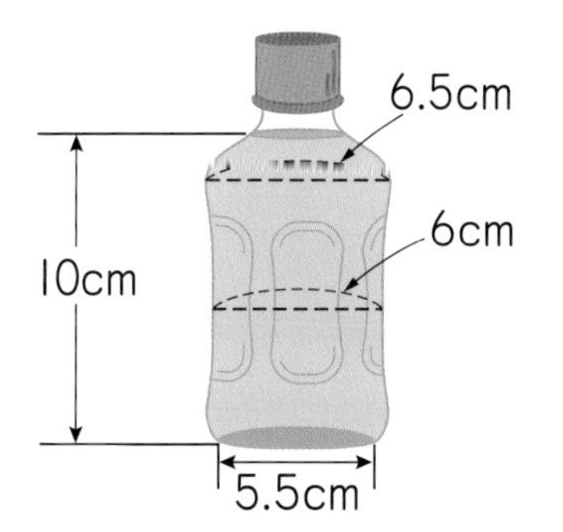

およその形（　　　）　　およその形（　　　）

容積（　　　）　　容積（　　　）

ヒント 2 ② どんな形とみるかを決めたら、どの長さを使うと近い形になるかを考えます。

⑩ およその面積と体積

教科書 142～146 ページ　答え 26 ページ

知識・技能　／80点

1 およその面積を求めましょう。　式・答え 各8点(48点)

① うちわ

式

答え（　　　）

② 道路標識

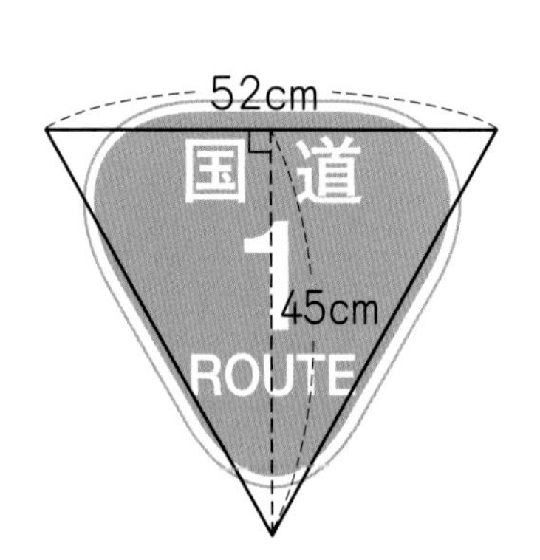

式

答え（　　　）

③ 琵琶湖(滋賀県)

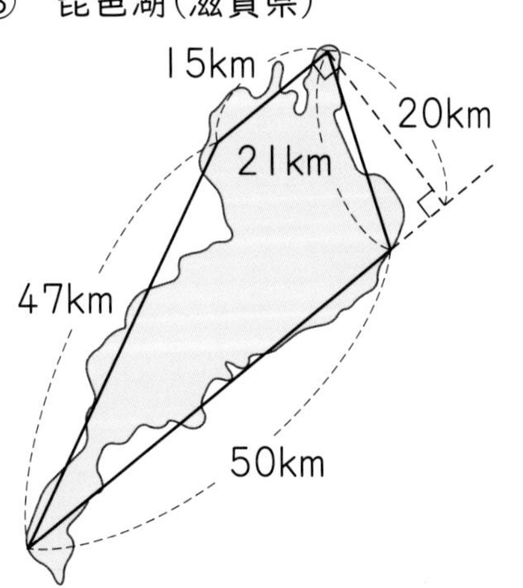

式

答え（　　　）

❷ およその容積や体積を求めましょう。

式・答え 各8点(32点)

① えん筆けずり

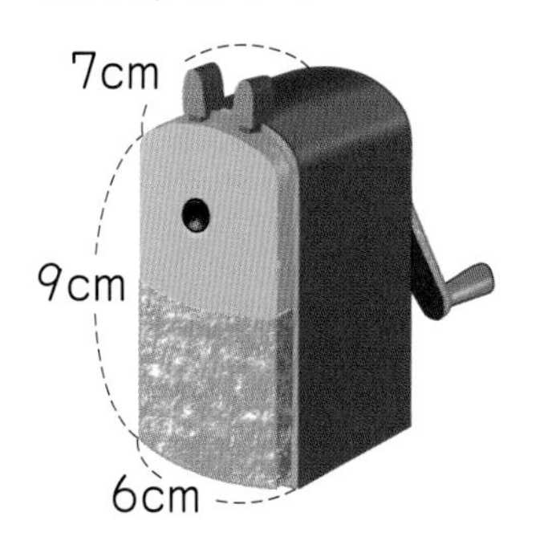

式

答え (　　　　)

② ケーキ

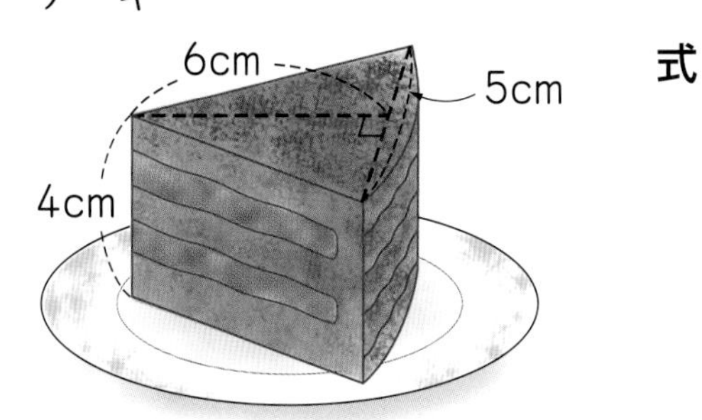

式

答え (　　　　)

思考・判断・表現　／20点

❸ 右の図は、いちょうの葉です。次の問題に答えましょう。

③式・答え 各5点(20点)

① いちょうの葉は、およそどんな形とみられますか。

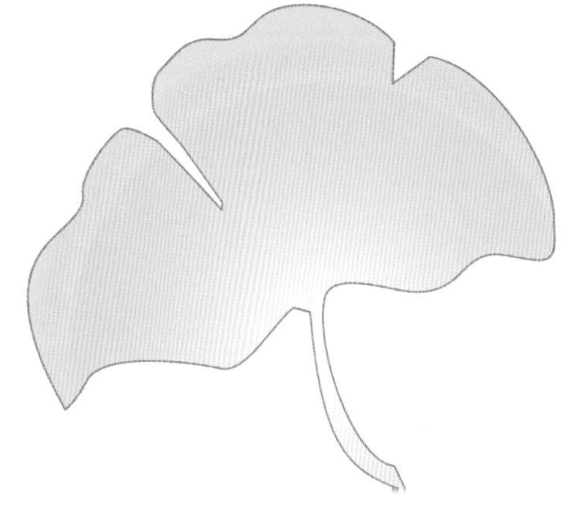

② 右の図に、①で答えた形をかきましょう。

③ ②でかいた形で、必要な長さをはかり、およその面積を求めましょう。

式

答え (　　　　)

ふりかえり　❶がわからないときは、76ページの❶にもどって確認してみよう。

考える力をのばそう

全体を決めて

学習日　月　日

教科書 148〜149 ページ　答え 27 ページ

〈図を使って考える〉

1 ある畑を耕すのに、A（エー）の機械では 20 時間、B（ビー）の機械では 30 時間かかります。A、B の機械を同時に使うと、この畑を耕すのに何時間かかりますか。

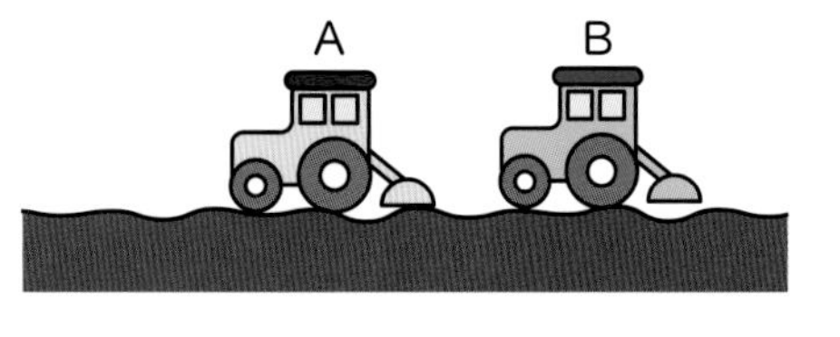

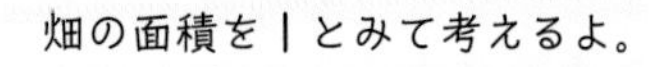

●全体を最小公倍数で表す求め方

① A、B は、それぞれ１時間に何 a 耕すことができますか。

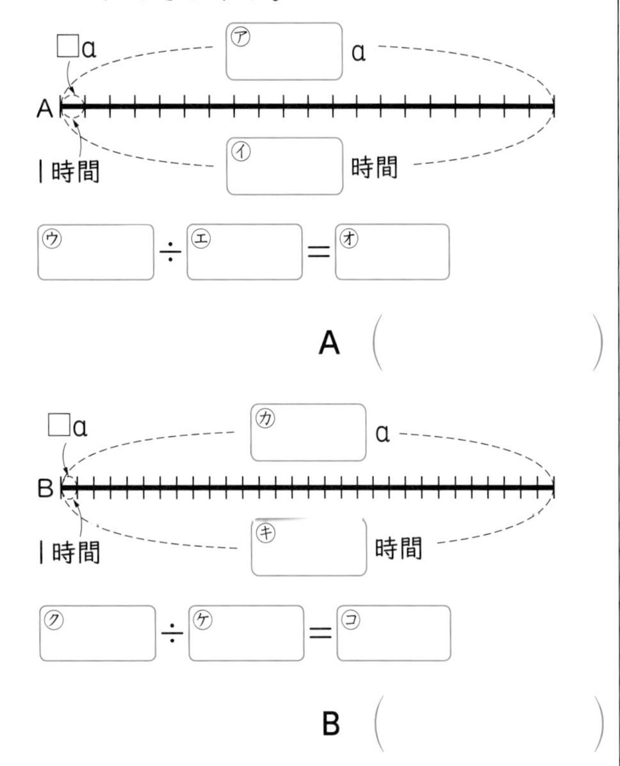

② A、B の機械を同時に使うと、全部耕すのに、何時間かかりますか。

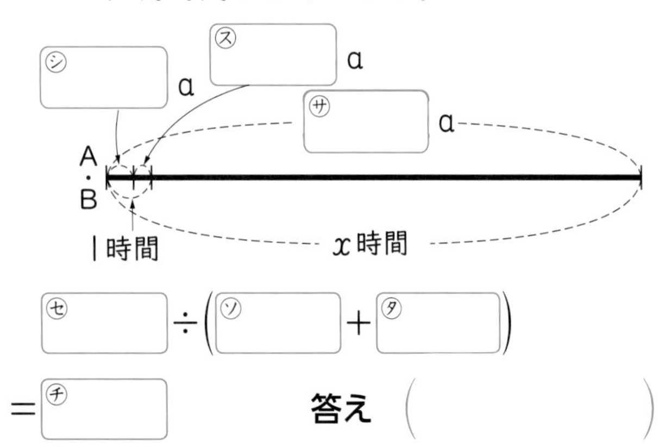

●全体を１とみる求め方

① A、B は、それぞれ１時間に全体のどれだけ耕すことができますか。

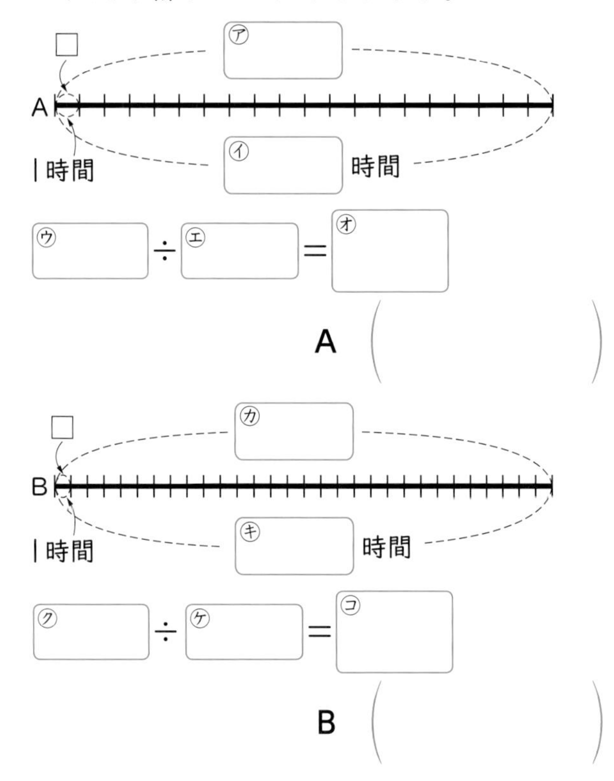

② A、B の機械を同時に使うと、全部耕すのに、何時間かかりますか。

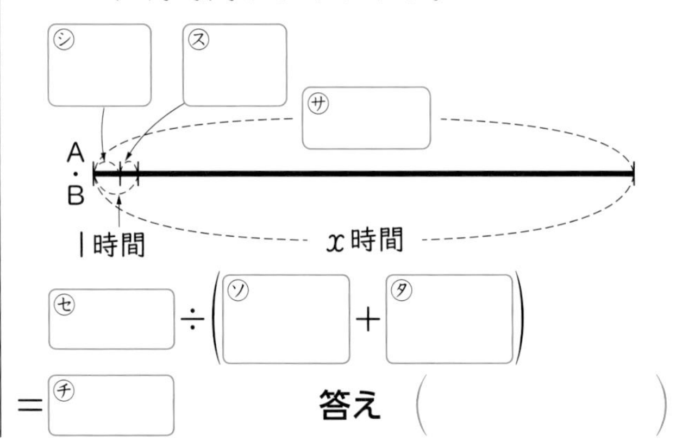

2 左ページの **1** と同じ畑、同じ機械A、Bで考えます。C(シー)の機械でこの畑を耕すのに、24時間かかります。

A、B、Cの機械を同時に使うと、この畑を耕すのに、何時間かかりますか。

●全体を最小公倍数で表す求め方

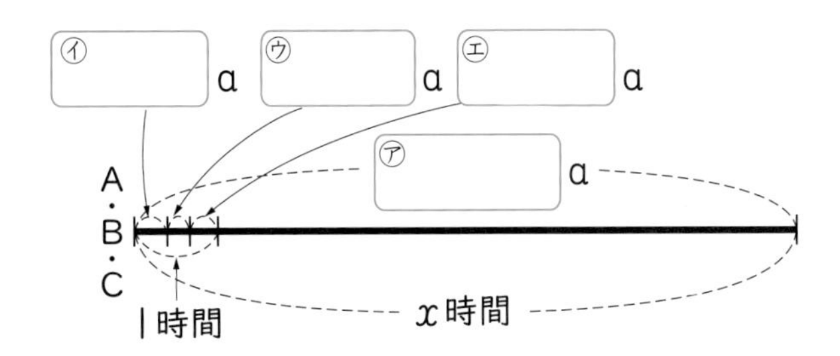

20と30と24の最小公倍数、
A、B、Cが1時間に耕せる面積を
求めて、図を完成させよう。

式

答え（　　　　）

●全体を1とみる求め方

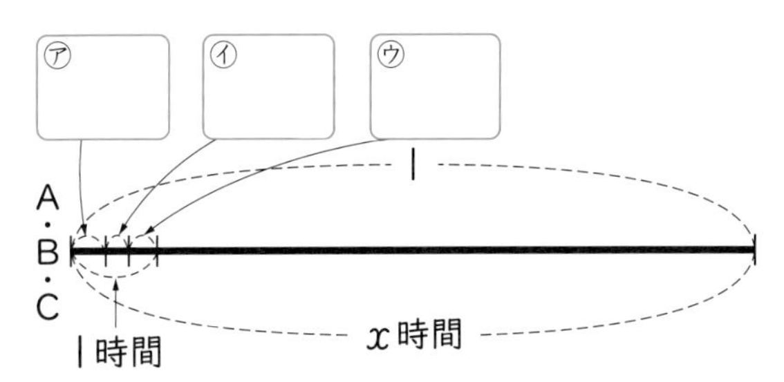

A、B、Cが1時間に耕せる面積は
畑全体のどれだけかを求めて、図を
完成させよう。

式

答え（　　　　）

3 はるとさんは、板にペンキをぬるのに、18分かかります。お兄さんは、同じ板にペンキをぬるのに、9分かかります。弟は、同じ板にペンキをぬるのに、30分かかります。

同じ板に3人でいっしょにペンキをぬると、何分でぬり終わりますか。

全体を1とみて、
図を完成させて
考えよう。

式

答え（　　　　）

3分でまとめ

① 比例の性質
② 比例の式

学習日　月　日

教科書 150～155ページ　答え 27ページ

次の□にあてはまる数やことばを書きましょう。

めあて 比例の性質を理解しよう。

練習 1→

y が x に比例するとき、x の値が□倍になると、それにともなって y の値も□倍になります。

1 右の図のように、縦の長さが6cm、横がいろいろな長さの長方形をかいたときの、横の長さを x cm、面積を y cm² として、次の表に表しました。あといの x の値と y の値の変わり方はどのようになっていますか。

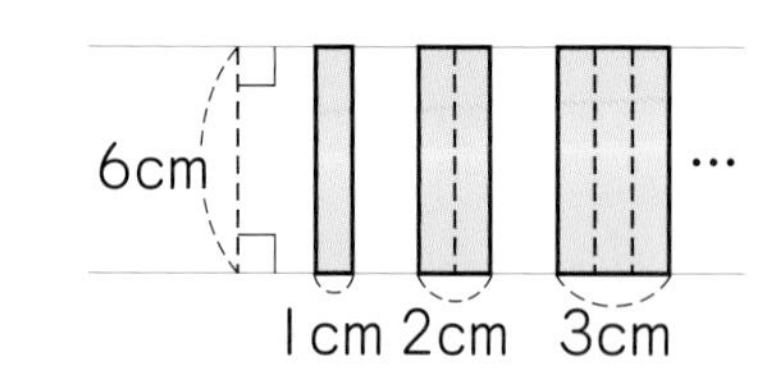

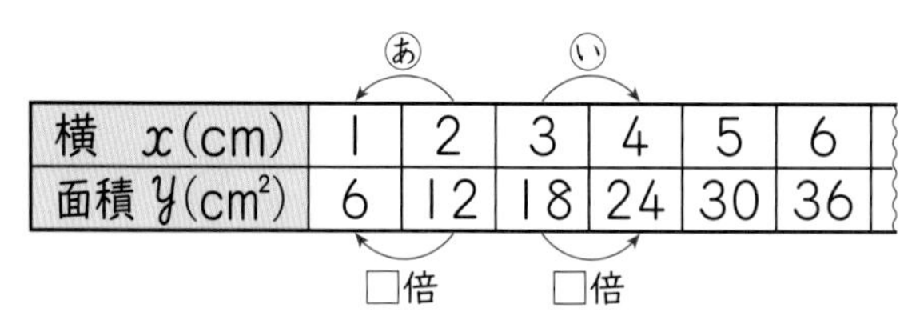

横　x(cm)	1	2	3	4	5	6
面積 y(cm²)	6	12	18	24	30	36

解き方 あ　x の値の変わり方 $1÷2=\frac{1}{2}$(倍)　y の値の変わり方 $6÷12=$□(倍)

い　x の値の変わり方 $4÷3=$□(倍)　y の値の変わり方 $24÷18=$□(倍)

めあて 比例の関係を、x、y を使って式に表せるようにしよう。

練習 1 2→

y が x に比例するとき、x の値でそれに対応する y の値をわった商は、いつも決まった数になります。y を x の式で表すと、**y＝決まった数×x**

2 **1**の表をもとに、x と y の関係を調べましょう。

(1) 面積は横の長さに比例していますか。

(2) y を x の式で表しましょう。

横　x(cm)	1	2	3	4	5	6
面積 y(cm²)	6	12	18	24	30	36

解き方 (1) x の値が2倍、3倍、…になると、それにともなって y の値も□倍、□倍、…になっています。

x	1	2	3	4	5	6
y	6	12	18	24	30	36

2倍　3倍　2倍

答え　面積は横の長さに□。

(2) x の値でそれに対応する y の値をわった商は、いつも□になります。

答え　$y=$□$×x$

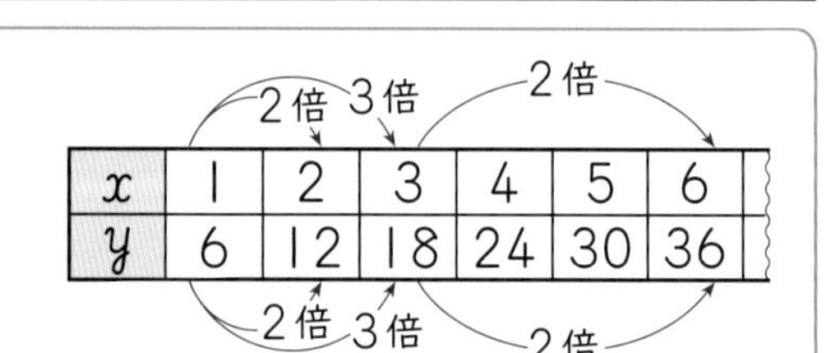

x	1	2	3
y	6	12	18
$y÷x$	6	6	6

÷

x	1	2	3
y	6	12	18

+1 +1　+6 +6

x	1	2	3
y	6	12	18

×6

1 下の表は、底面積が 5 cm² の四角柱の、高さ x cm と体積 y cm³ を表したものです。

教科書 152ページ1、153ページ⚠

㋐倍 ㋒倍

高さ x(cm)	1	2	3	4	5	6
体積 y(cm³)	5	10	15	20	25	30

㋑倍 ㋓倍

$y$cm³
$x$cm
5cm²

① 四角柱の体積は高さに比例していますか。

( )

② ㋐、㋑、㋒、㋓にあてはまる数を求めましょう。

㋐( ) ㋑( ) ㋒( ) ㋓( )

③ 高さが 9 cm のときの体積は、高さが 6 cm のときの体積の何倍で、その体積は何 cm³ ですか。

( ) 体積( )

④ y を x の式で表しましょう。

( )

2 右の図のように、底辺の長さを 6 cm と決めて、高さを 1 cm、2 cm、3 cm、…と変えていきます。高さを x cm、面積を y cm² とします。

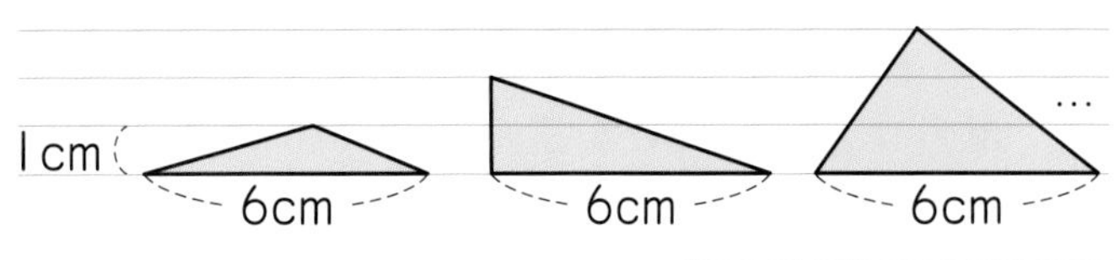

教科書 154ページ1

① 下の表の㋐〜㋕にあてはまる数を書きましょう。

高さ x(cm)	1	2	3	4	5	6
面積 y(cm²)	㋐	㋑	㋒	㋓	㋔	㋕

② y の値をそれに対応する x の値でわった商は、いくつですか。

( )

③ y を x の式で表しましょう。

( )

④ ③で求めた式を使って、高さが 13 cm のときの面積を求めましょう。

( )

ヒント
1 ① x の値が 2 倍、3 倍、…になると、それにともなって y の値がどのように変わるかを調べます。

③ 比例のグラフ

教科書 156～160ページ　答え 28ページ

次の□にあてはまる数やことばを書きましょう。

めあて 比例の関係をグラフに表し、グラフからいろいろなことを読み取れるようにしよう。 練習 1 2

比例する２つの数量の関係を表すグラフは、直線になり、０の点を通ります。

1 縦(たて)が６cm の長方形の、面積 y(ワイ) cm² が横の長さ x(エックス) cm に比例する関係をグラフに表しましょう。

横　x(cm)	1	2	3	4	5	6
面積 y(cm²)	6	12	18	24	30	36

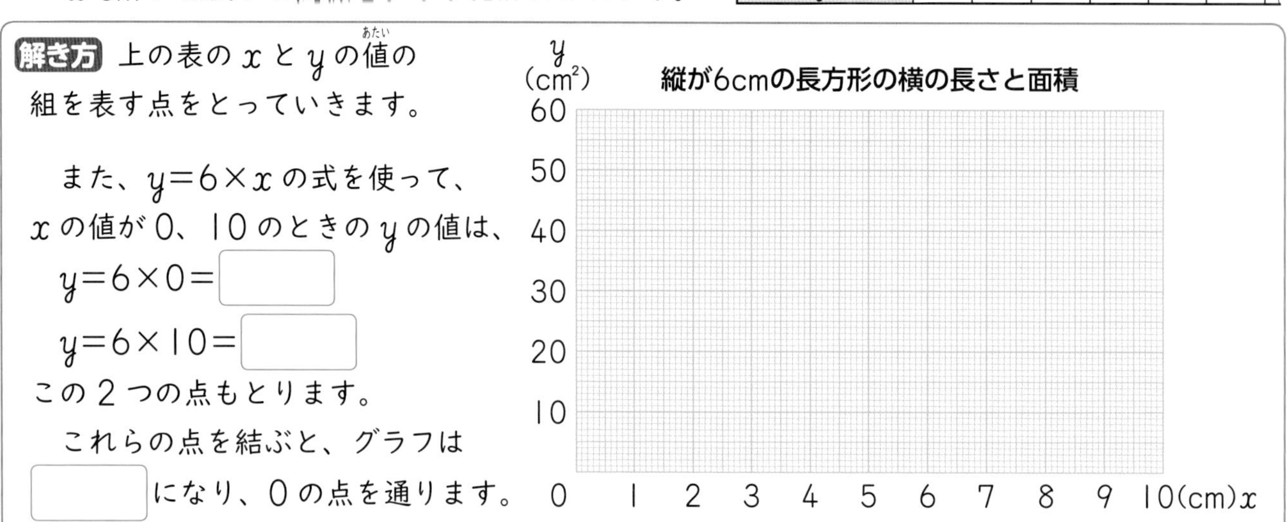

解き方 上の表の x と y の値(あたい)の組を表す点をとっていきます。

また、y＝6×x の式を使って、x の値が０、10 のときの y の値は、
y＝6×0＝□
y＝6×10＝□
この２つの点もとります。
これらの点を結ぶと、グラフは□になり、０の点を通ります。

2 右のグラフは、えりさんと弟が家を同時に出発して、同じ道を歩いたときの、歩いた時間と道のりを表しています。

(1) えりさんと弟では、どちらが速いといえますか。

(2) 出発してから４分後に、えりさんと弟は何 m はなれていますか。

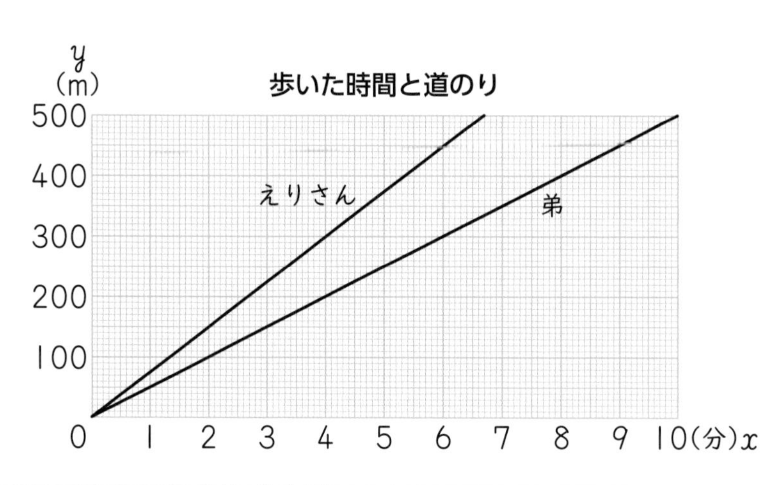

解き方 (1) 同じ時間に歩く道のりを比べます。　答え □

(2) x の値が４のときの、えりさんの y の値は□、弟の y の値は□です。
この差が、はなれている道のりです。　答え □m

★できた問題には、「た」をかこう！★

① でき ② でき

学習日 月 日

教科書 156～160ページ 答え 28～29ページ

1 下の表は、高さが 8 cm の円柱の底面積と体積の関係を表したものです。

教科書 156ページ 1

底面積 x(cm²)	1	2	3	4	5
体積 y(cm³)	8	16	24	32	40

① 円柱の体積 y cm³ が底面積 x cm² に比例する関係をグラフに表しましょう。

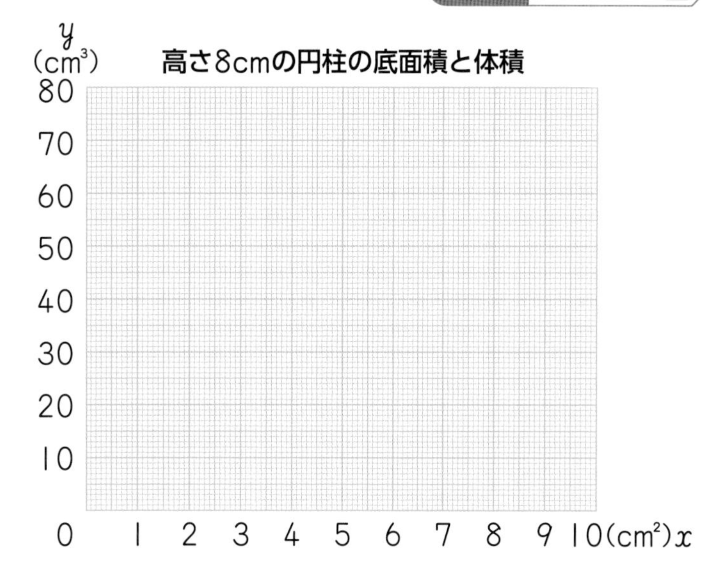

② ①でかいたグラフから、次の値を読み取りましょう。

㋐ x の値が 7.5 のときの y の値

（　　　　）

㋑ y の値が 20 のときの x の値

（　　　　）

よくみて

2 右のグラフは、はるかさんと姉さんが自転車で同じコースを同時に出発したときの、走った時間と道のりを表しています。

教科書 159ページ 2

① はるかさんと姉さんでは、どちらが速いといえますか。

（　　　　）

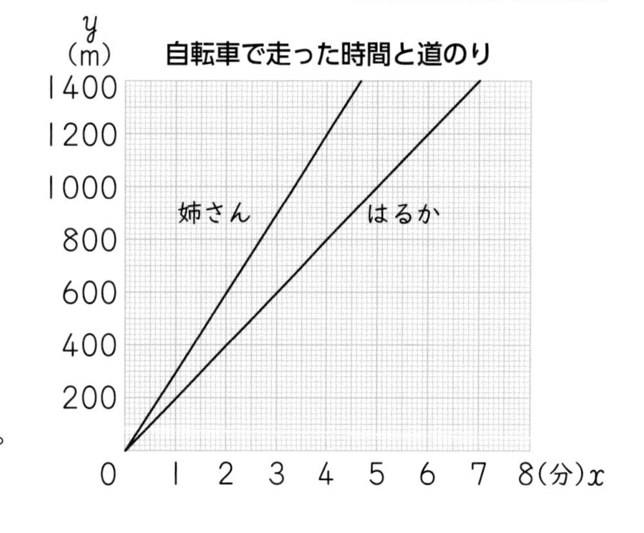

② 姉さんが 900 m の地点を通過するのにかかった時間は、何分ですか。

（　　　　）

③ 1200 m の地点を姉さんが通過してから、はるかさんが通過するまでの時間は何分ですか。

（　　　　）

④ 出発してから 2 分後に、姉さんとはるかさんは何 m はなれていますか。

（　　　　）

⑤ このまま同じ速さで走ったとすると、出発してから 8 分後には、姉さんとはるかさんは何 m はなれていますか。

（　　　　）

ヒント

2 ④ 2 分後の 2 人の道のりを読み取ります。
⑤ 道のりは時間に比例していることから考えます。

次の□にあてはまる数を書きましょう。

めあて 比例の関係を使って、いろいろな数量を求められるようにしよう。 練習 1 2 3 4 5 →

例 画用紙の重さは枚数に比例すると考えて、その関係を使うと、画用紙を全部数えなくても、およその枚数を用意することができます。

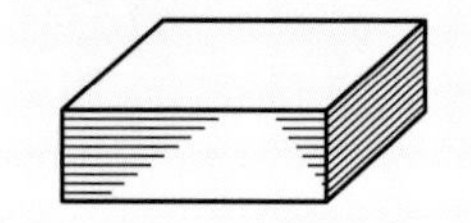

1 画用紙10枚の重さをはかったら、95gありました。この画用紙を、全部数えないで400枚用意するには、どうすればよいですか。

解き方 画用紙の重さy(g)は枚数x(枚)に比例すると考えます。
xとyの関係は右の表のようになります。

㋐ ①□÷10=②□
㋑ 95×③□=④□

答え ⑤□gの画用紙を用意すればよい。

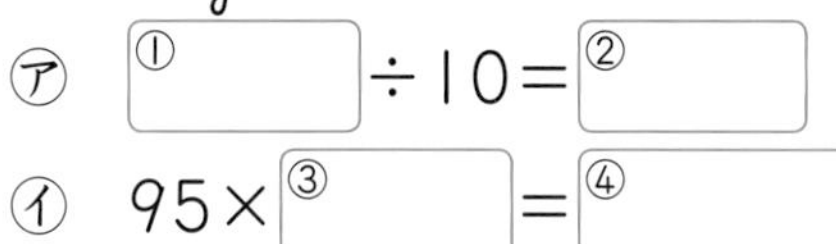

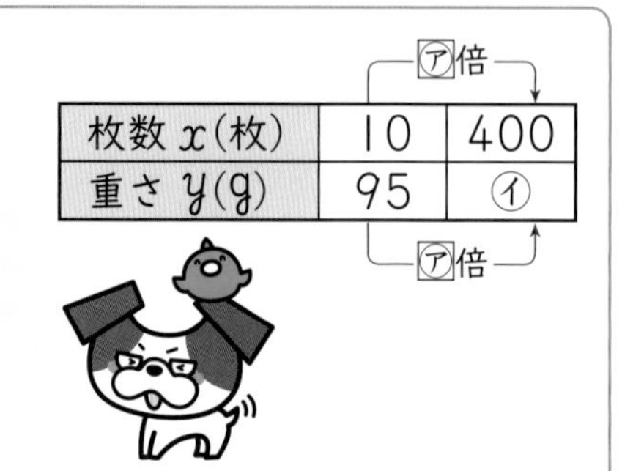

枚数 x(枚)	10	400
重さ y(g)	95	㋑

㋐倍

2 右の図のような道を、自転車に乗ってA町を出発したら、50分後にC町に着きました。とちゅう、B町を通過したのは、出発してからおよそ何分後でしたか。

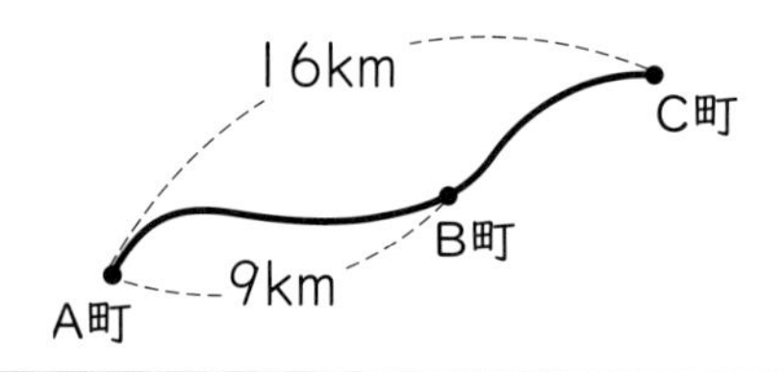

解き方 道のりy(km)は走った時間x(分)に比例すると考えます。
xとyの関係は右の表のようになります。

㋐ 9÷□=□
㋑ 50×□=28.1…

答え 約28分後

	A町～B町	A町～C町
時間 x(分)	㋑	50
道のり y(km)	9	16

㋐倍

3 かげの長さは、ものの高さに比例します。
このことを使って、右の木の高さを求めましょう。

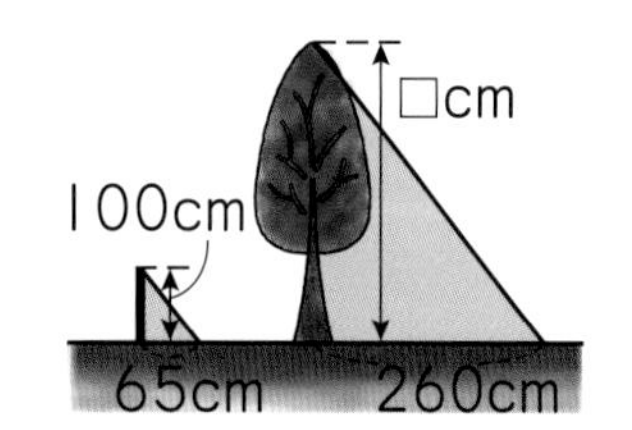

解き方 かげの長さy(cm)は、高さx(cm)に比例するから、
xとyの関係は右の表のようになります。

㋐ 260÷①□=②□
㋑ 100×③□=④□

答え ⑤□cm

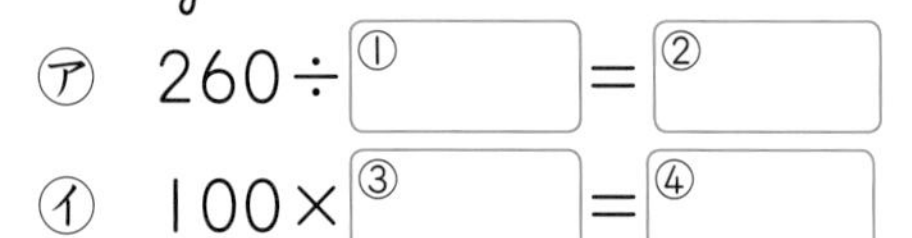

	棒	木
高さ x(cm)	100	㋑
かげの長さ y(cm)	65	260

㋐倍

教科書 161～165ページ　答え 29～30ページ

1 コピー用紙15枚の重さをはかったら、50gありました。
このコピー用紙を、全部数えないで180枚用意するには、どうすればよいですか。
コピー用紙の重さは枚数に比例すると考えて答えましょう。 教科書 161ページ 1

（　　　　）

2 同じ種類の画びょう20個の重さをはかったら、32gありました。
この画びょうを、全部数えないで、150個用意するには、どうすればよいですか。
画びょうの重さは個数に比例すると考えて答えましょう。 教科書 161ページ 1

（　　　　）

3 6mの重さが70gの針金（はりがね）があります。残っている針金の重さは980gでした。
残っている針金は何mですか。
針金の重さは長さに比例すると考えて求めましょう。 教科書 165ページ 4

（　　　　）

よくよんで

4 朝7時ちょうどに東京（とうきょう）駅を出発する東海道新幹線のぞみ号に乗ると、366kmはなれた名古屋（なごや）駅に8時41分に着きます。
このぞみ号が、東京駅から84kmはなれている小田原（おだわら）駅を通過するのは、何時何分ごろですか。道のりは走る時間に比例すると考えて求めましょう。 教科書 164ページ 2

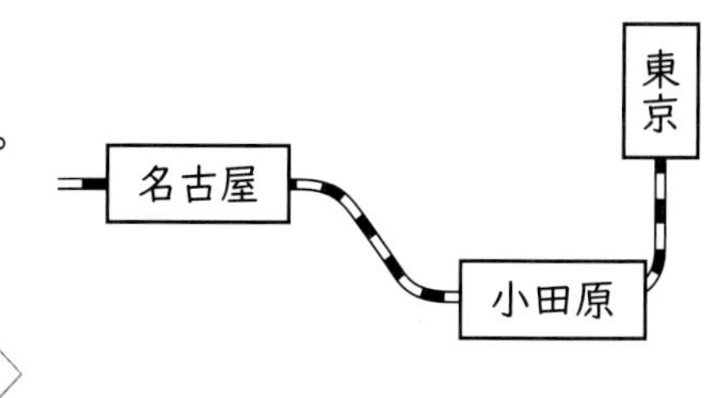

（　　　　）

5 2本のポールのかげができています。長いほうのポールの高さは何cmですか。
かげの長さはポールの高さに比例すると考えて求めましょう。
教科書 164ページ 3

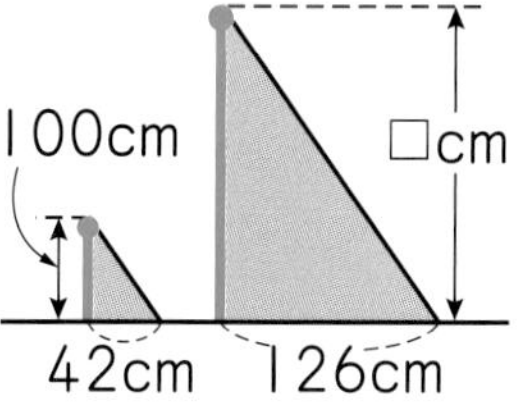

（　　　　）

ヒント 3 4 5 まず、比例する2つの数量の表をつくります。

⑥ 反比例

教科書 166〜173ページ 答え 30ページ

次の□にあてはまる数や文字を書きましょう。

めあて 反比例の関係や性質を理解し、反比例の関係を式に表せるようにしよう。 練習 1 2 →

✪ 2つの数量 x と y があり、x の値が2倍、3倍、…になると、それにともなって y の値が $\frac{1}{2}$ 倍、$\frac{1}{3}$ 倍、…になるとき、「y は x に**反比例**する」といいます。

✪ y が x に反比例するとき、x の値とそれに対応する y の値の積は、いつも決まった数になります。y を x の式で表すと、**y＝決まった数÷x**

1 下の表は、面積が12 cm² の長方形の、縦の長さと横の長さの関係を表したもので、横の長さは縦の長さに反比例しています。

縦の長さ x(cm)	1	2	3	4	5	6	12
横の長さ y(cm)	12	6	4	3	2.4	2	1

(1) x の値とそれに対応する y の値の積を求めましょう。
(2) y を x の式で表しましょう。

解き方 (1)

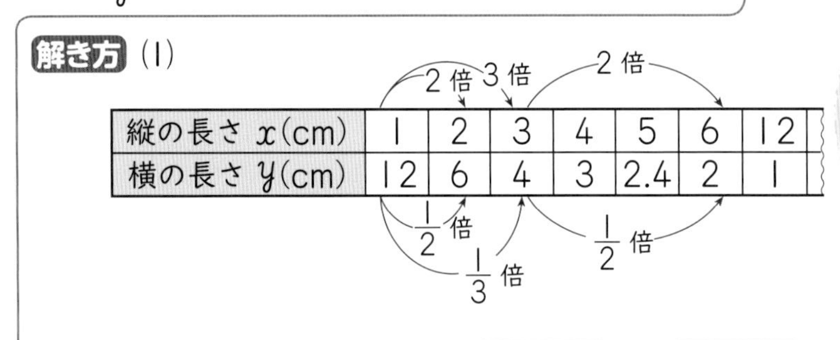

縦の長さ x(cm)	1	2	3	4	5	6	12
横の長さ y(cm)	12	6	4	3	2.4	2	1

横の長さが縦の長さに反比例しているとき、こんな性質もあるよ。

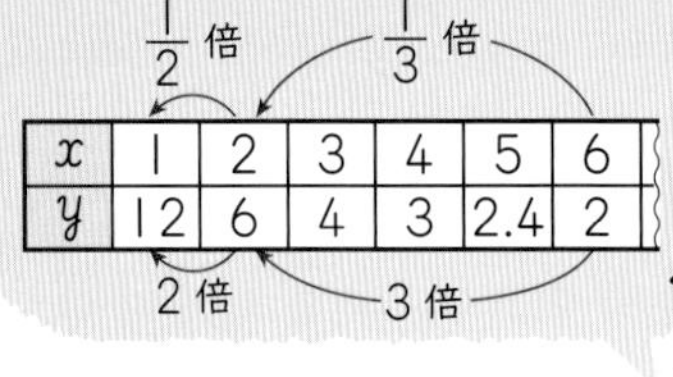

x	1	2	3	4	5	6
y	12	6	4	3	2.4	2

$1 \times 12 = 12$　$2 \times 6 =$ □　□ $\times 2.4 =$ □
($x \times y$)　　　　　　　　　　　　答え □

(2) 積はいつも決まった数 □ になります。　　答え $y=$ □ ÷ □

めあて 反比例の関係をグラフに表せるようにしよう。 練習 3 →

反比例のグラフは直線になりません。

2 **1** の表をもとに、面積が12 cm² の長方形の、縦の長さ x(cm)の値と横の長さ y(cm)の値の組をグラフに表しましょう。

解き方 x の値と y の値の組を表す点をとります。

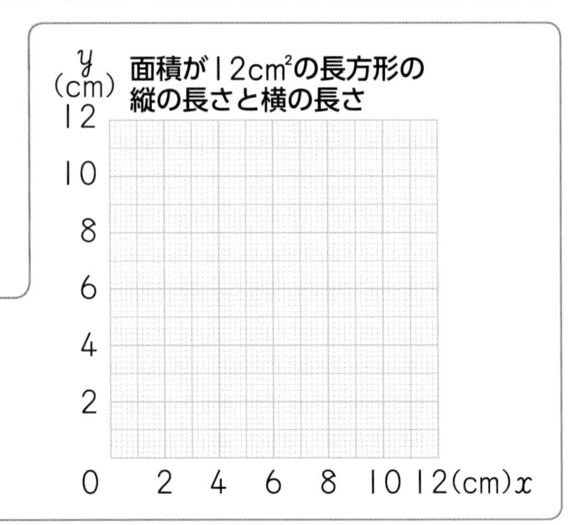

教科書 166～173ページ　答え 30ページ

1 下の表は、面積が 30 cm^2 の平行四辺形の、底辺の長さと高さの関係を表したものです。高さ y cm は底辺の長さ x cm に反比例していますか。その理由も説明しましょう。

教科書 167ページ 1

底辺の長さ　x(cm)	1	2	3	4	5	6
高さ　y(cm)	30	15	10	7.5	6	5

(　　　　)　理由 (　　　　)

2 **下の表は、ゆみさんの家から学校までの間をいろいろな速さで進むときの、分速とかかる時間を表したものです。**

教科書 169ページ 2、170ページ 3

分速　x(m)	10	20	30	40	50	60
かかる時間　y(分)	90	45	30	22.5	18	15

① 分速 x の値と、対応する時間 y の値の積は、何を表していますか。
また、いくつですか。

(　　　　)(　　　　)

② y を x の式で表しましょう。

(　　　　)

③ x の値が 25 のときの y の値を求めましょう。

(　　　　)

④ y の値が 7.5 のときの x の値を求めましょう。

(　　　　)

3 下の表は、面積が 6 cm^2 の長方形の、縦の長さと横の長さを表したものです。
　縦の長さ x(cm) の値と横の長さ y(cm) の値の組をグラフに表しましょう。

教科書 171ページ 4

縦の長さ　x(cm)	1	2	3	4	5	6
横の長さ　y(cm)	6	3	2	1.5	1.2	1

面積が6cm^2の長方形の縦の長さと横の長さ

y (cm)　6　5　4　3　2　1　0　1　2　3　4　5　6(cm)x

ヒント　2 ③・④ 反比例の性質を使って求めてもよいです。

⑪ 比例と反比例

教科書 150〜175、253ページ　答え 31ページ

知識・技能　／90点

1 下の表は、底辺の長さが 8 cm の平行四辺形の、高さ x cm と面積 y cm² を表したものです。
各5点(20点)

高さ　x(cm)	1	2	3	4	5	6	
面積　y(cm²)	8	16	24	32	40	48	

① x の値が 2 倍、3 倍、…になると、それにともなって y の値はどのように変わりますか。
(　　　　　　　　　　)

② 面積は、高さに比例していますか、反比例していますか。　(　　　　　　)

③ 面積 y の値を、対応する高さ x の値でわった商はいくつですか。　(　　　　)

④ y を x の式で表しましょう。　(　　　　　　)

2 下の表は、直方体の形をした水そうに水を入れるときの、1 分あたりに入る水の深さ x cm と、水そうをいっぱいにするのにかかる時間 y 分を表したものです。
各5点(20点)

1 分あたりに入る水の深さ　x(cm)	1	2	3	4	5	6	
かかる時間　y(分)	90	45	30	22.5	18	15	

① x の値が 2 倍、3 倍、…になると、それにともなって y の値はどのように変わりますか。
(　　　　　　　　　　)

② かかる時間は、1 分あたりに入る水の深さに比例していますか、反比例していますか。
(　　　　　　)

③ 1 分あたりに入る水の深さ x の値と、対応する時間 y の値の積はいくつになりますか。
(　　　　)

④ y を x の式で表しましょう。　(　　　　　　)

3 よく出る 下の表のあいているところに数を書きましょう。
各5点(30点)

① y は x に比例しています。

x(m²)	2	4	6	㋒
y(kg)	㋐	10	㋑	20

② y は x に反比例しています。

x(L)	㋐	3	㋒	6
y(分)	18	㋑	9	6

できたらスゴイ！

4 下の表は、時速 60 km で走る自動車の、走る時間と道のりの関係を表したものです。

各5点(20点)

時間　x(時間)	1	2	3	4	5
道のり　y(km)	60	120	180	240	300

① y を x の式で表しましょう。

② x と y の関係を、右のグラフに表しましょう。

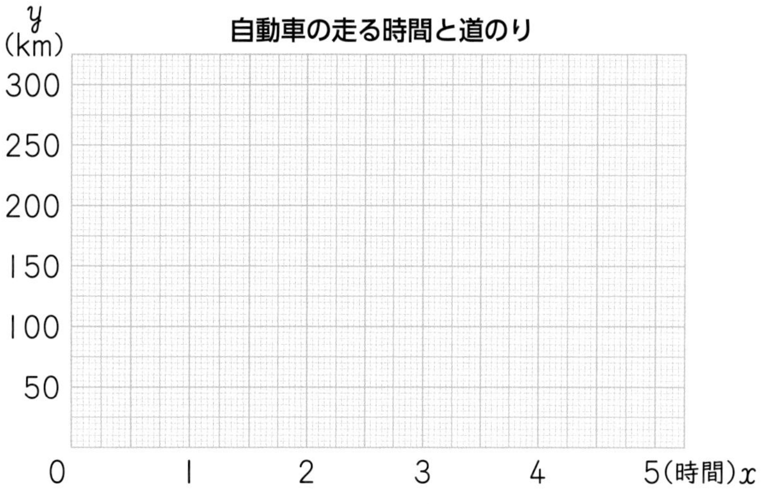

③ 出発してから 2 時間 30 分で、何 km 進みますか。

(　　　　　)

④ 自動車が 100 km 進むのに、何時間何分かかりますか。

(　　　　　)

思考・判断・表現　　／10点

5 折り紙 30 枚(まい)の重さをはかったら、48 g ありました。
この折り紙を全部数えないで 450 枚用意するには、どうすればよいですか。

式・答え 各5点(10点)

式

答え (　　　　　)

はってん　どんな形のグラフになるのかな？

教科書 253 ページ

1 直線アイの上に正方形ＡＢＣＤ(エービーシィーディー)が固定されています。正方形ＥＦＧＨ(イーエフジーエイチ)は、一定の速さで直線アイの上を右へ移動します。

点Ｇが点Ｂに重なったときから、点Ｆが点Ｃに重なるまで移動するとき、移動時間と、2 つの正方形が重なった部分の面積の変わり方を表すグラフはどれですか。

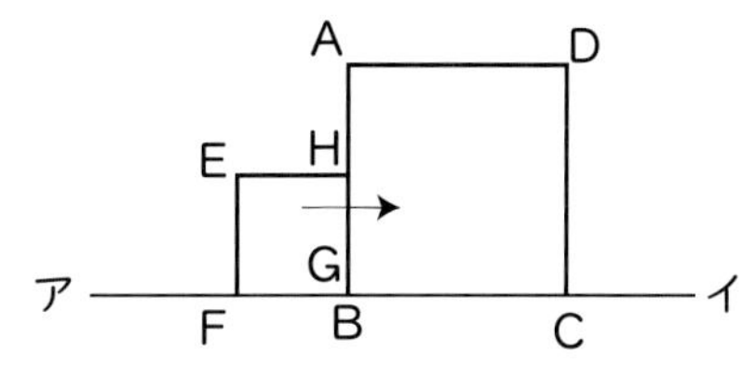

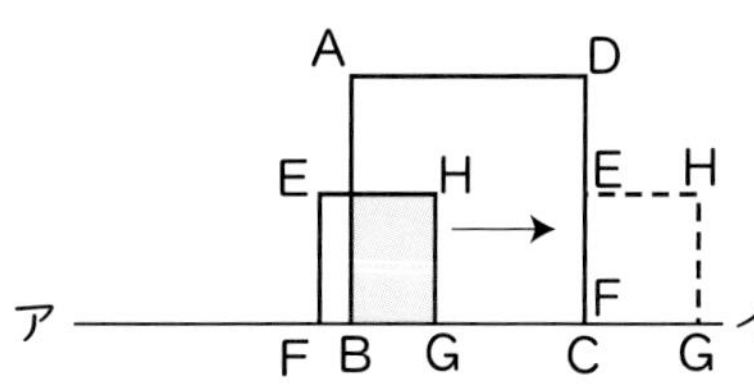

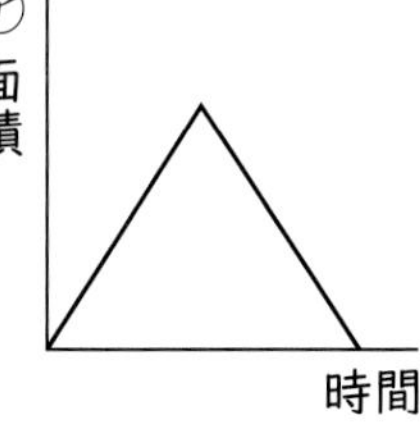

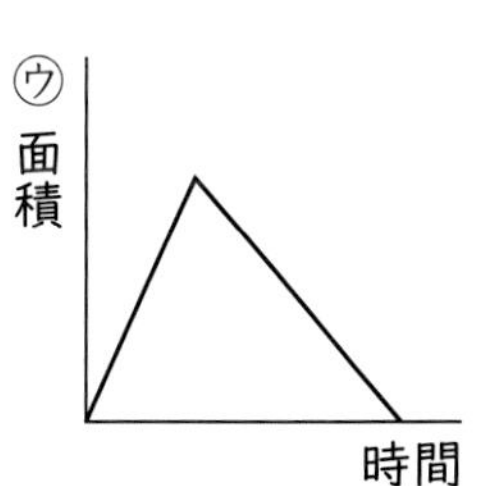

エ 面積 時間

(　　　　　)

◀移動時間を決めると、それに対応して、重なった部分の面積は 1 つの値に決まります。このようなときには、2 つの数量の関係をグラフに表すことができます。

しばらくの間、面積が変わらないときがあるけど…。

ふりかえり　**1**①がわからないときは、82 ページの **2** にもどって確認してみよう。

① 並べ方

教科書 176〜180ページ　答え 31ページ

次の□にあてはまる記号や数を書きましょう。

めあて 順序や並べ方を落ちや重なりがないように調べられるようにしよう。 練習 1 2 3 4

いくつかのものの順序や並べ方を調べる場合は、図や表に表して、落ちや重なりがないように調べます。すべての場合を枝分かれした樹木のようにかいた図を、樹形図といいます。

1 赤、青、白の球を１列に並べます。並べ方は全部で何通りありますか。

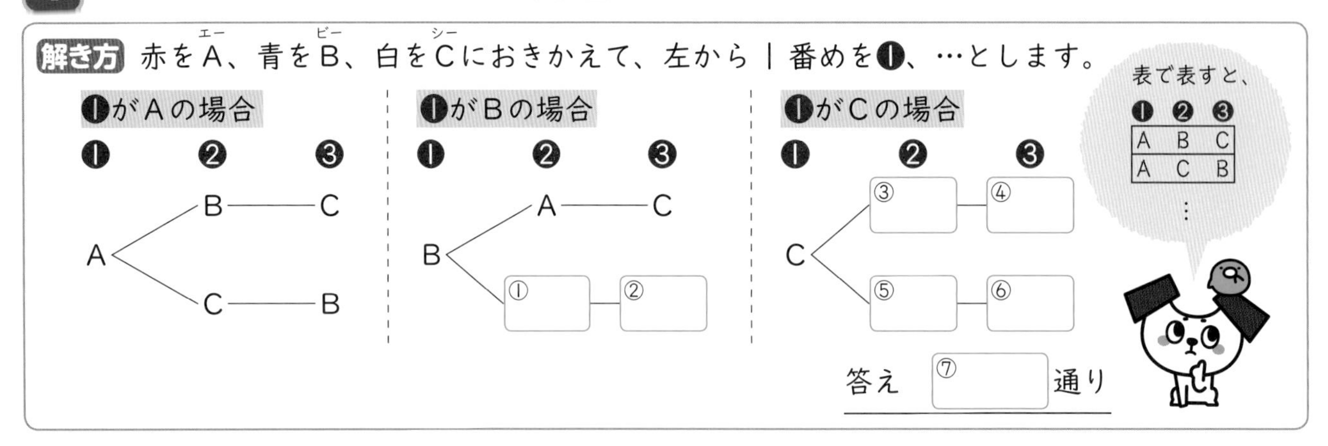

2 1、3、6、9 の４枚のカードのうちの２枚を選んで、２けたの整数をつくります。２けたの整数は、全部で何通りできますか。

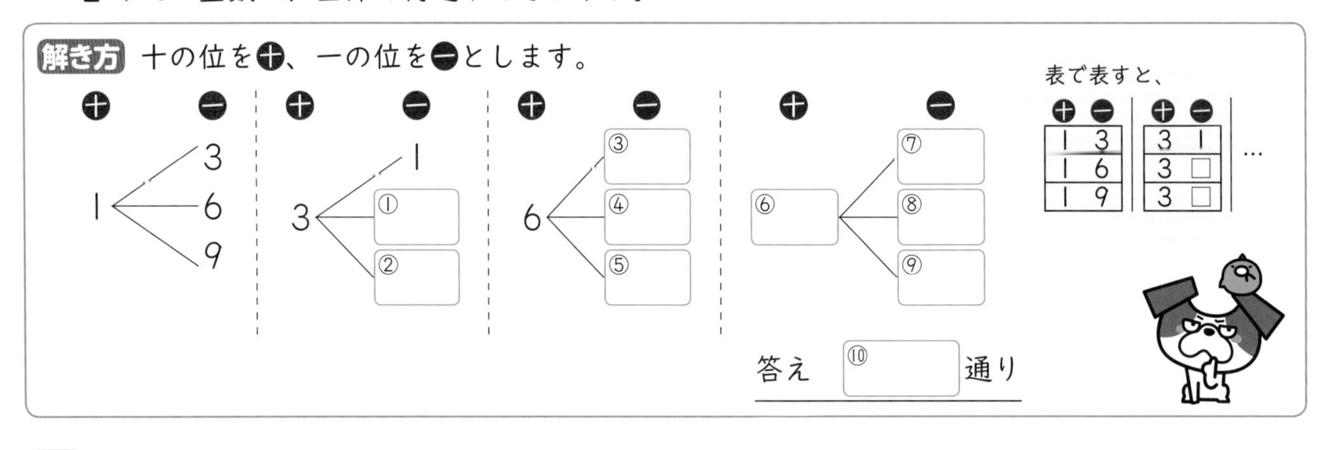

3 コインを続けて２回投げます。このとき、表と裏の出方は、全部で何通りありますか。

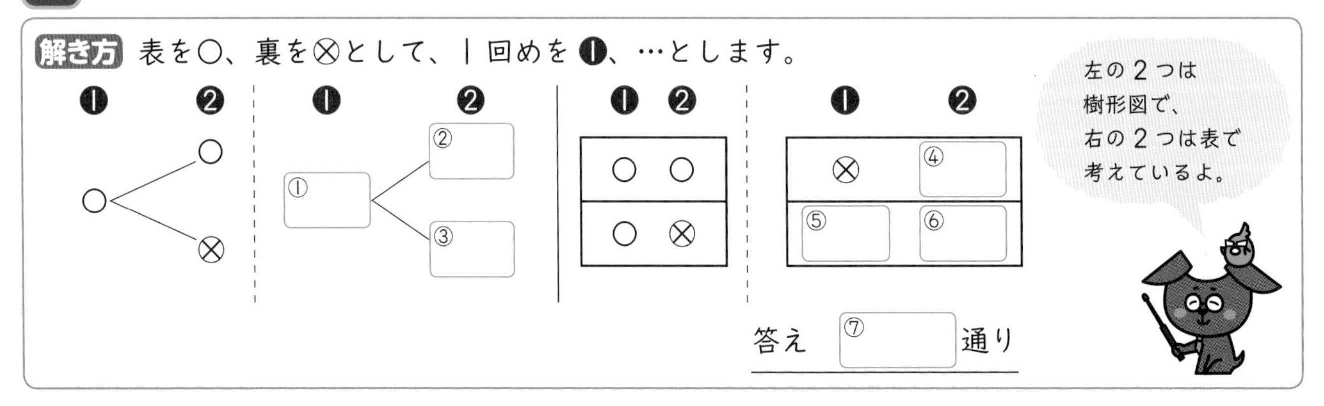

ぴったり2

練習

★できた問題には、「た」をかこう！★

でき 1　でき 2　でき 3　でき 4

学習日　月　日

教科書 176～180ページ　答え 32ページ

1 4人が横に|列に並びます。並び方は全部で何通りありますか。4人をA、B、C、D(ディー)におきかえて、|番めを❶、…として、図の続きをかいて求めましょう。 教科書 177ページ **1**

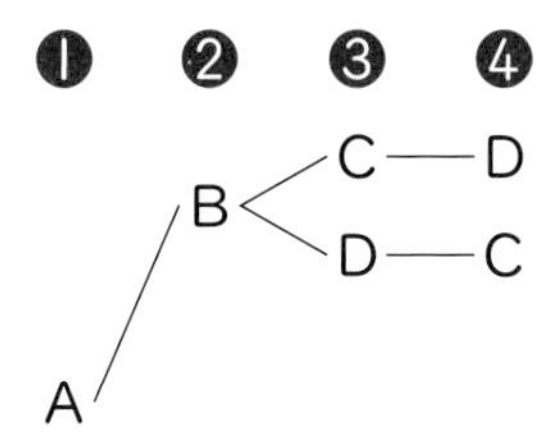

（　　　　）

2 [2]、[5]、[8]の3枚のカードを使って、3けたの整数をつくります。全部で何通りできますか。図や表に表して調べましょう。 教科書 177ページ **1**

（　　　　）

3 [1]、[2]、[4]、[6]の4枚のカードのうちの2枚を選んで、2けたの整数をつくります。全部で何通りできますか。図や表に表して調べましょう。 教科書 179ページ **2**

（　　　　）

4 右の3種類のお金を|回投げて、表と裏の出方を調べます。
　右の図の面を表とするとき、表の面が出たお金を合わせた金額を全部答えましょう。
　表を○、裏を⊗として、図や表に表して調べましょう。 教科書 180ページ **3**

（　　　　）

ヒント
3 十の位になる数が|、2、4、6の場合に分けて図や表に表します。
4 ○と⊗を使って起こりうるすべての場合をかき、○のお金の金額の合計を求めます。

② 組み合わせ方

教科書 181〜184ページ　答え 32ページ

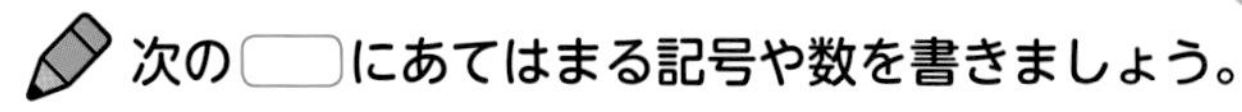

次の□にあてはまる記号や数を書きましょう。

めあて　組み合わせ方を落ちや重なりがないように調べられるようにしよう。　練習 1 2 3 4

いくつかのものの中から選ぶ組み合わせ方を調べる場合も、図や表に表して、落ちや重なりがないように調べます。
※組み合わせでは、A(エー)・B(ビー)とB・Aは同じ１通りです。

1 A、B、C(シー)の３つのチームで、ソフトボールの試合をします。
どのチームも、ほかのチームと１回ずつ試合をするとき、対戦は全部で何通りありますか。

解き方　Aの相手チームはBとCです。対戦は　A対B　A対C
Bの相手チームはAとCです。対戦は　B対A　B対C
Cの相手チームはAとBです。対戦は　C対A　C対B
ところが、A対Bと①□対②□とは、同じ試合です。
同じように、A対Cと③□対④□、B対Cと⑤□対⑥□もそれぞれ同じ試合です。
このことは、次のような表や図に表して調べることができます。

㋐
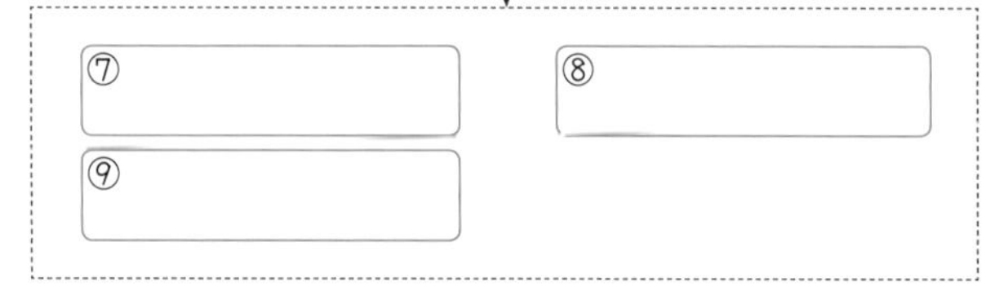

㋑
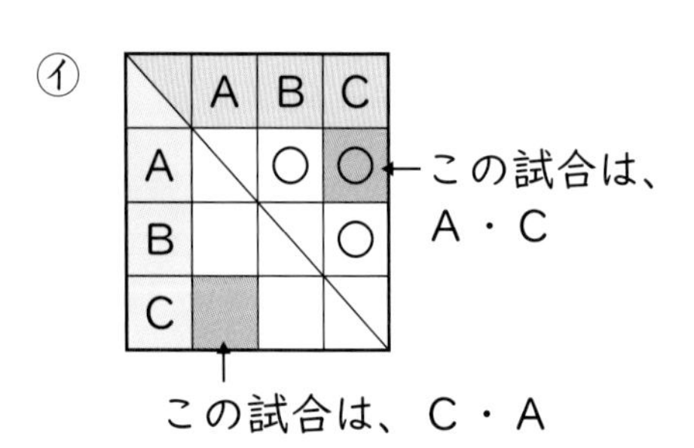

㋒
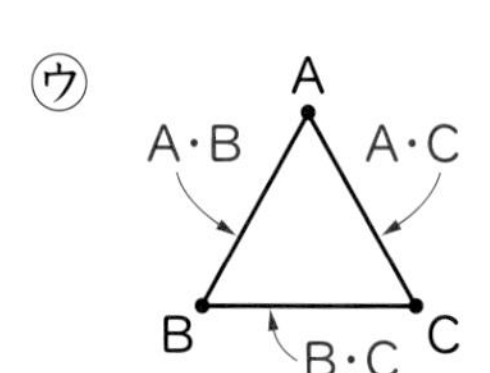

答え ⑩□ 通り

ぴったり2

練習

★できた問題には、「た」をかこう！★

1 できた　2 できた　3 できた　4 できた

学習日　月　日

教科書 181～184ページ　答え 33ページ

1 A、B、C、D(ディー)の４つのチームで、サッカーの試合をします。
どのチームも、ほかのチームと１回ずつ試合をするとき、どんな対戦がありますか。
A対Bの試合を、A・Bのように表すことにして、すべての対戦を書きましょう。

教科書 181ページ 1

（　　　　）

2 １円、５円、10円、50円、100円、500円の６種類のお金が１枚(まい)ずつあります。
このうち２枚を組み合わせてできる金額は、全部で何通りありますか。

教科書 181ページ 1、183ページ ⚠1

（　　　　）

よくよんで

3 １つの班(はん)の人数は５人です。班ごとに、５人の中から２人を選びます。

教科書 183ページ ⚠2

① ２人の係を選びます。選び方は全部で何通りありますか。

（　　　　）

② 班長と副班長を１人ずつ選びます。選び方は全部で何通りありますか。

（　　　　）

4 あるクラスで次のようなアンケートを行いました。ただし、好きなものがない、などの回答はないものとします。

教科書 183ページ ⚠2

① 「右の中から、１番めに好きなものと２番めに好きなものを選んでください。」というアンケートに対する回答は何通り考えられますか。

（　　　　）

② 「右の中から、好きなものを２つ選んでください。」というアンケートに対する回答は何通り考えられますか。

（　　　　）

好きなものアンケート

☆　カレーライス
☆　ラーメン
☆　チャーハン
☆　からあげ

ヒント

4 ①では、「１番めに好きなものはカレーライスで、２番めはからあげ」と「１番めに好きなものはからあげで、２番めはカレーライス」という回答は別の回答です。

⑫ 並べ方と組み合わせ方

時間 30 分

／100

合格 80 点

教科書 176〜185 ページ　答え 33〜34 ページ

知識・技能　／40点

1 3、4、5 の3枚のカードを使って、3けたの整数をつくります。どんな整数ができるかを調べます。

①は全部できて 1問4点(20点)

① 百の位の数が3の場合に、どんな整数ができるかを図にかいて調べます。□にあてはまる数を書きましょう。

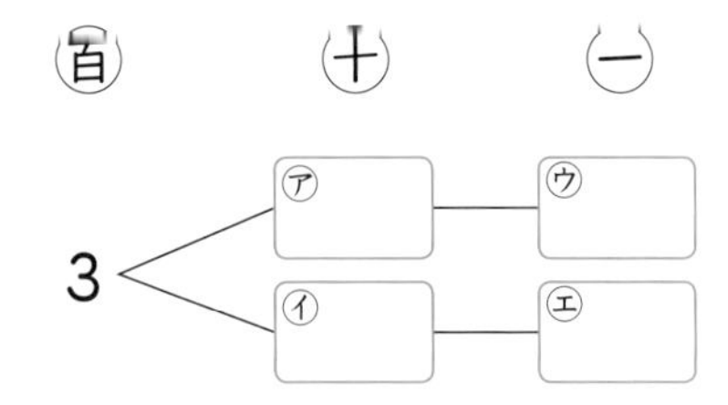

② 百の位の数が3の場合に、3けたの整数は何通りできますか。

(　　　)

③ 百の位の数が4、5の場合に、3けたの整数は、それぞれ何通りできますか。

4の場合 (　　　)　5の場合 (　　　)

④ 3けたの整数は、全部で何通りできますか。

(　　　)

2 A(エー)、B(ビー)、C(シー)、D(ディー)の4つのチームで、ドッジボールの試合をします。どのチームも、ほかのチームと1回ずつ試合をするとき、どんな対戦があるかを表を使って調べます。

①③は全部できて 1問5点(20点)

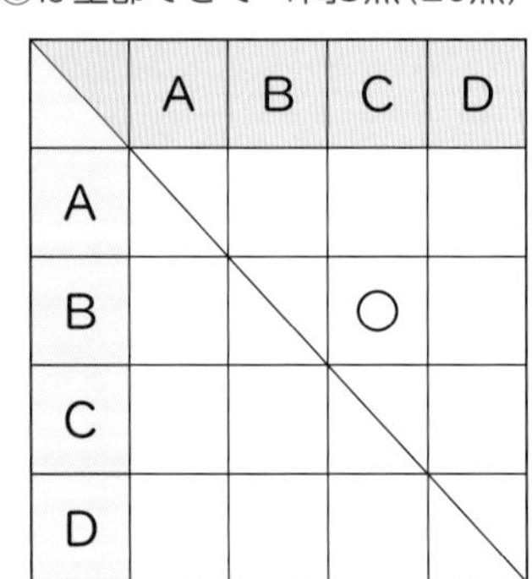

	A	B	C	D
A				
B			○	
C				
D				

① Aの相手になるチームを全部書きましょう。

(　　　)

② 右の表の○は、どのチームとどのチームの対戦を表していますか。

(　　　と　　　)

③ 右の表に○を書きたして、表を完成させましょう。

④ 4つのチームの対戦は、全部で何通りありますか。

(　　　)

思考・判断・表現　　／60点

3 よく出る 右の図のような、同じ大きさの、表が白で裏が黒のメダルが3枚あります。この3枚を、○●○や●●○のように1列に並べます。

並べ方は全部で何通りありますか。（15点）

（　　　　）

4 右の図のように、長方形を4つの四角形㋐～㋓に分けます。

㋐～㋓を、白、赤、青、黄の4色の絵の具をすべて使ってぬるとき、ぬり分け方は、全部で何通りありますか。（15点）

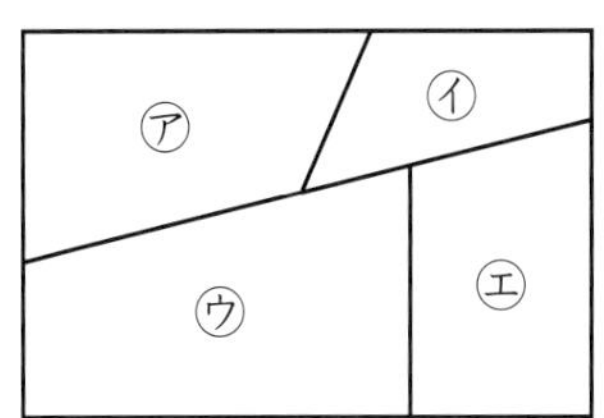

（　　　　）

5 よく出る クッキー、キャンディー、チョコレート、パイ、サブレの5つのおかしがあります。この中から、ちがう種類の2つを選んで箱につめます。

何通りのつめ合わせができますか。（15点）

（　　　　）

6 あるレストランのランチセットは、下の①、②、③からそれぞれ1つずつ選べます。

全部で何通りのセットメニューができますか。（15点）

①	②	③
・カレーライス	・紅茶	・ゼリー
・ハンバーグライス	・コーヒー	・アイスクリーム
・スパゲティー	・ジュース	

（　　　　）

ふりかえり　**1**がわからないときは、92ページの**1**にもどって確認してみよう。

考える力をのばそう

関係に注目して

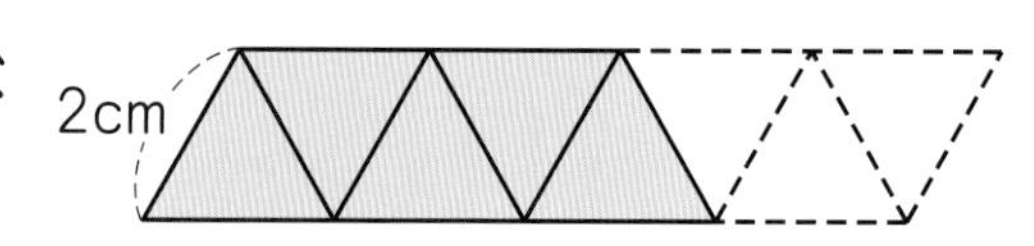

〈図、表、式を使って考える〉

1 右の図のように、1辺が2cmの正三角形の板を並べていきます。

この正三角形の板を21枚並べたときにできる図形のまわりの長さは何cmですか。

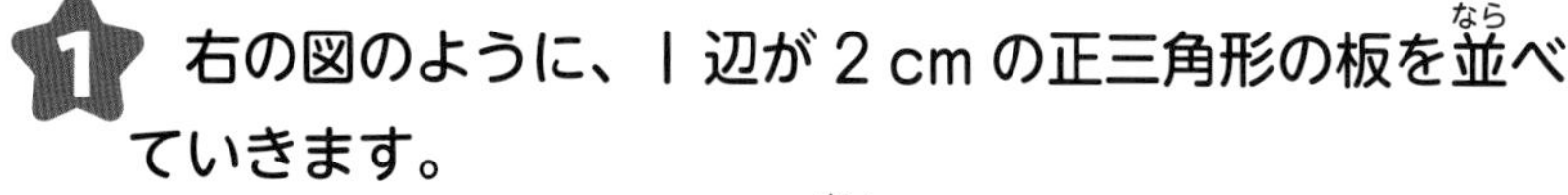

① 正三角形の板の数をx枚、できた図形のまわりの長さを$y$cmとして、1枚、2枚、…と、4枚まで板を並べたときにできる図形のまわりの長さを、表にまとめます。

下の表の㋐、㋑にあてはまる数を書きましょう。

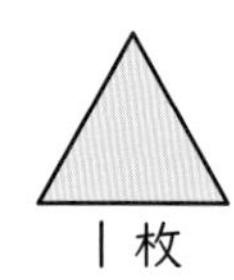
1枚

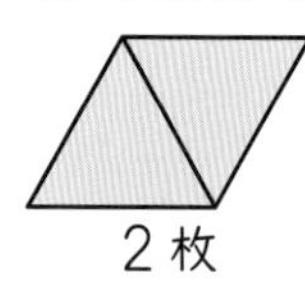
2枚

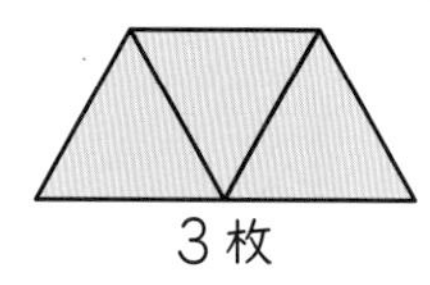
3枚

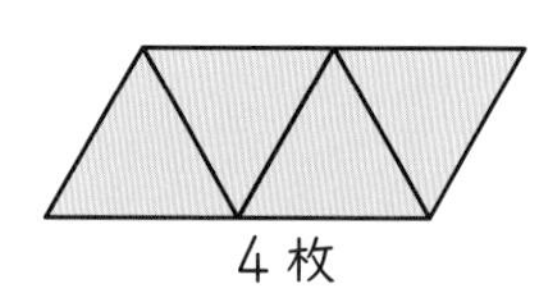
4枚

板の数　x(枚)	1	2	3	4
できた図形のまわりの長さ　y(cm)	6	8	㋐	㋑

② できた図形のまわりの長さyは、板の数xに比例していますか。

（　　　　）

③ 板を21枚並べたときのまわりの長さを、表からきまりを見つけて求めましょう。

（考え方1）

わたしは、表を横に見て、xとyの関係を調べたよ。

x(枚)	1	2	3	4
y(cm)	6	8	㋒	㋓

㋔　cmずつ増える。

板を21枚並べたとき、

㋕　$+2+2+\cdots\cdots+2$

2が（㋖　-1）こ

$=$ ㋗ $+$ ㋘ $\times$（㋙ -1）

$=$ ㋚

答え　㋛　cm

（考え方2）

ぼくは、表を縦に見て、xとyの関係を調べたよ。

x(枚)	1 (5)	2 (6)	3 (7)	4 (8)
y(cm)	6	8	10	12

板の数				まわりの長さ
1枚…1	＋	5	＝	6
2枚…2	＋	6	＝	8
3枚…3	＋	7	＝	10
4枚…4	＋	8	＝	12

板の数に、板の数に㋜　をたした数をたすと、まわりの長さになります。

板を21枚並べたとき、

㋝ $+$ ㋞ $=$ ㋟

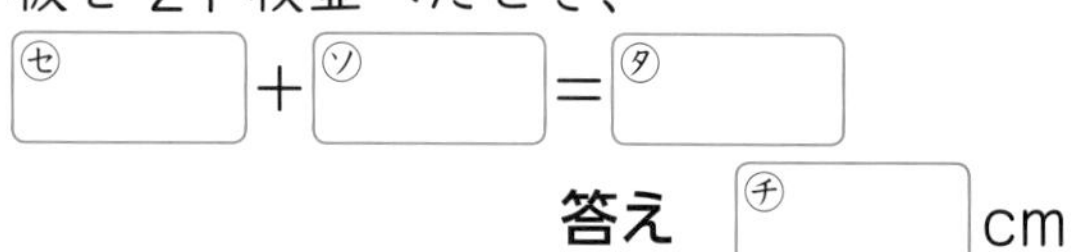

答え　㋠　cm

④ 左のページの③の(考え方１)の最後の式 ㋗＋㋘×(㋙－１)の、㋗、㋘、(㋙－１)は、それぞれ何を表していますか。

(㋗…　　　　㋘…
(㋙－１)…　　)

⑤ 左のページの③の(考え方１)を使って、板を60枚並べたときのまわりの長さを求めましょう。

式 □＋□×(□－１)＝□

答え □cm

⑥ 左のページの③の(考え方１)と(考え方２)をもとに、板の数 x とまわりの長さ y の関係を表す式を、x と y を使って書きましょう。

考え方１ (　　　　)

考え方２ (　　　　)

2 **右の図のように、直径が４cmの円を、となりの円の周上に中心をとって、順にかいていきます。**
この円を25こかいたときにできる図形の長さは何cmですか。

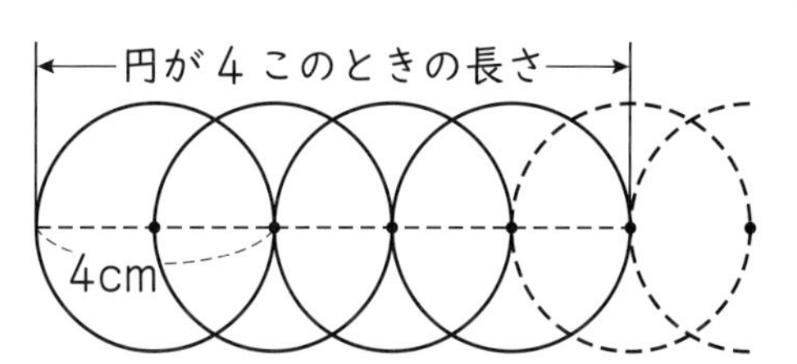

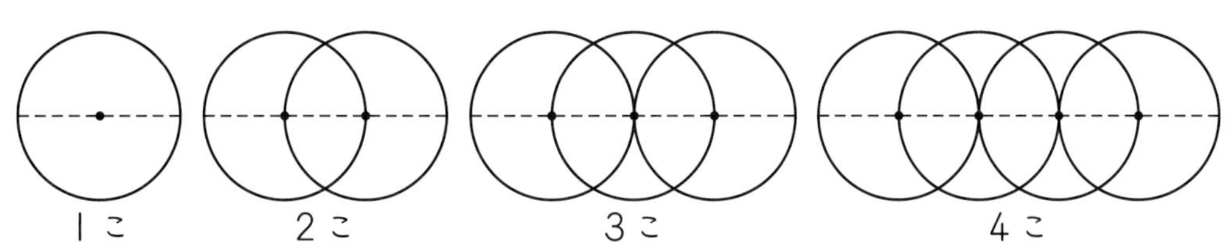

円の数　x(こ)	1	2	3	4
できた図形の長さ　y(cm)				

① 表を横に見て式をつくり、求めましょう。

式

答え (　　　　)

② 表を縦に見て式をつくり、求めましょう。

式

答え (　　　　)

最後に、円の数 x とできる図形の長さ y を使って、x と y の関係を式に表してみよう。

この本の終わりにある「冬のチャレンジテスト」をやってみよう！

データを使って生活を見なおそう

教科書 190〜195ページ　答え 34ページ

1 下の表とヒストグラムは、6年1組34人のある日の読書時間をまとめたものです。

番号	時間(分)	番号	時間(分)	番号	時間(分)	番号	時間(分)
1	30	10	25	19	70	28	50
2	35	11	10	20	20	29	30
3	40	12	20	21	15	30	20
4	20	13	30	22	60	31	80
5	30	14	60	23	35	32	20
6	15	15	50	24	85	33	10
7	20	16	15	25	15	34	30
8	50	17	40	26	20		
9	45	18	80	27	15		

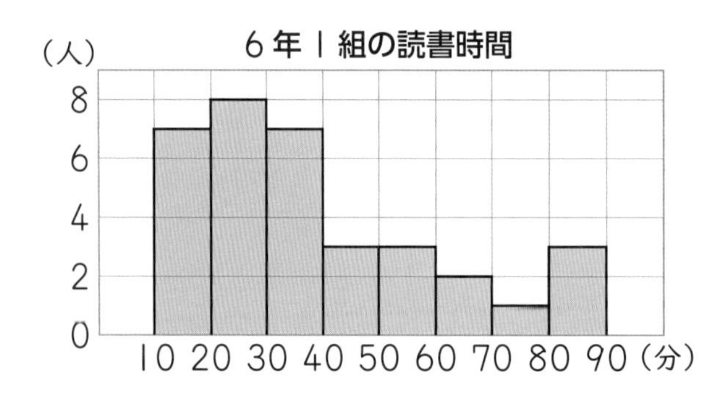

① 1組のはるかさんは、上の表とヒストグラムを見て、ヒストグラムに表すよさを次のように考えました。

正しければ○を、正しくなければ×を書きましょう。

㋐ (　　) 1組全体の平均値(へいきんち)がわかる。

㋑ (　　) 1組の読書時間のちらばりの様子がわかる。

㋒ (　　) 自分の読書時間が1組の中で長いほうか短いほうかがわかる。

㋓ (　　) 読書時間が40分の人の数がわかる。

② 読書時間について、100 ページのデータから右の表の値(あたい)を求めました。

これらの値からどのようなことがわかりますか。

わかることに○を、わからないことに×を書きましょう。

値	時間(分)
平均値	35
中央値(ちゅうおうち)	30
最頻値(さいひんち)	20
最大の値	85
最小の値	10

㋐（　　）平均値の 35 分から、1 週間では平均 245 分読書していることがわかる。

㋑（　　）最頻値が 20 分だから、半分以上の人の読書時間が 20 分だとわかる。

㋒（　　）読書時間が 90 分の人はいないことがわかる。

㋓（　　）読書時間が 30 分の人は、1 組の真ん中にいることがわかる。

2 下のヒストグラムは、6 年 2 組の、曜日ごとの読書時間を表したものです。これらのヒストグラムを見て、気づいたことを書きましょう。

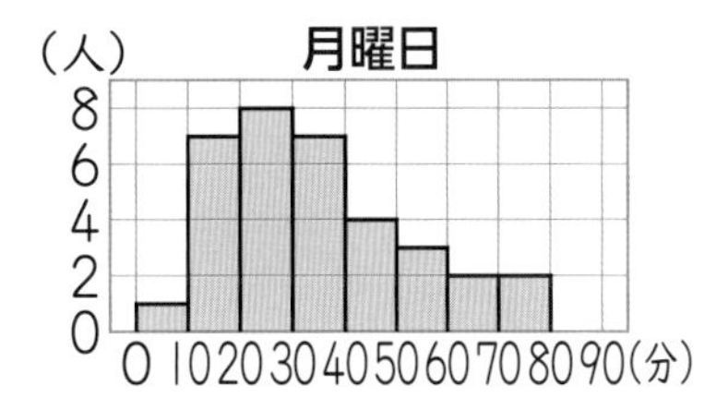

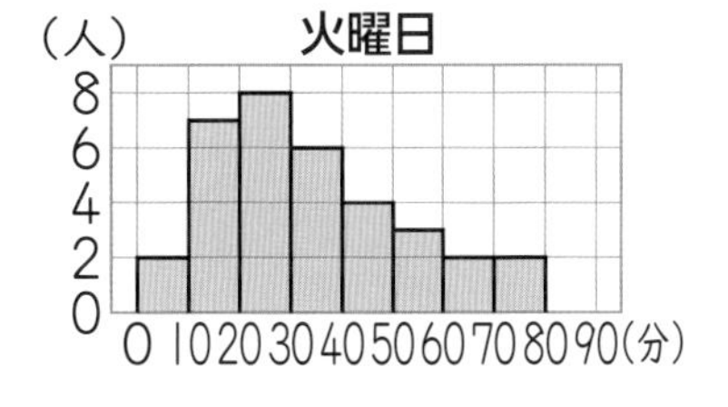

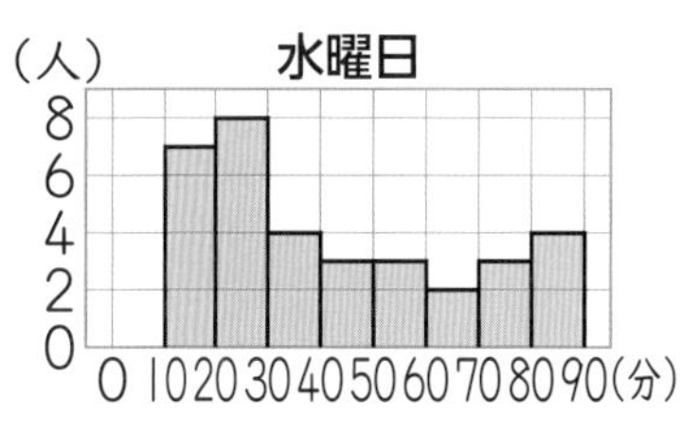

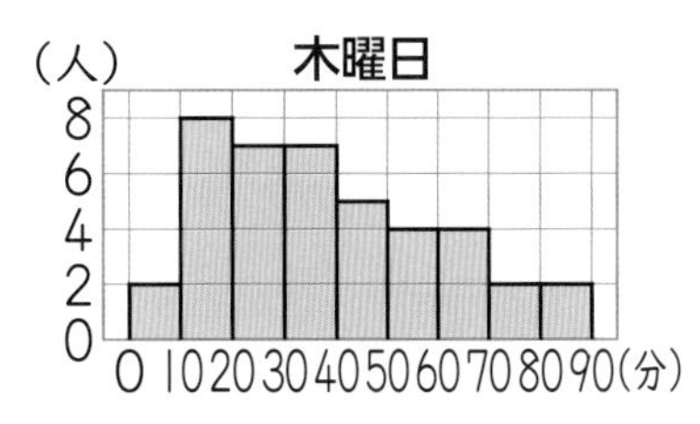

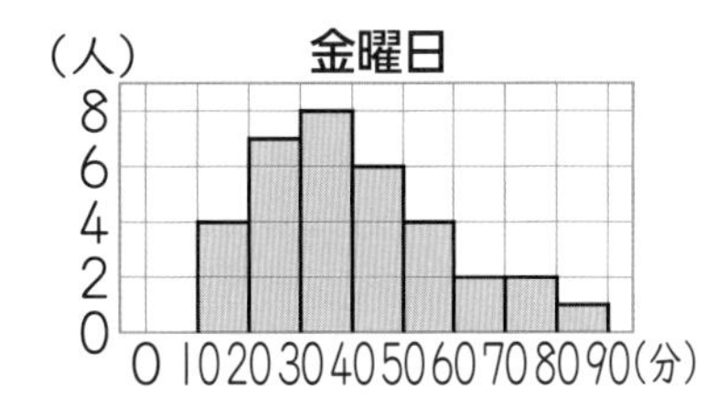

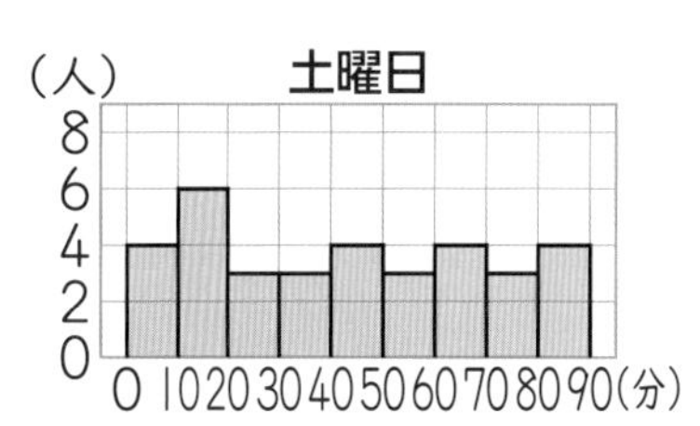

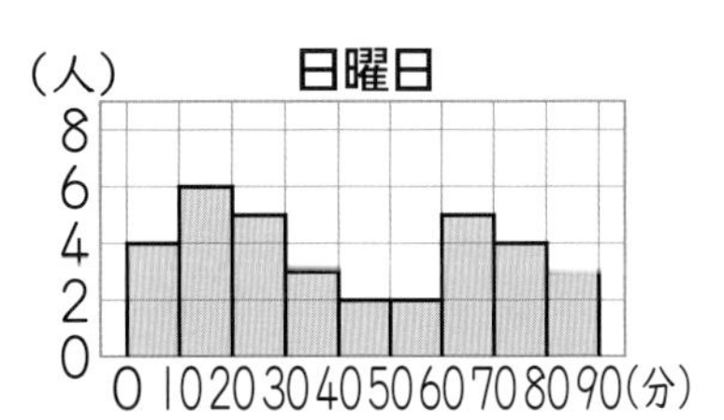

（　　　　　　　　　　　　　　　　　　　　　　　　　　　　）

プログラミング

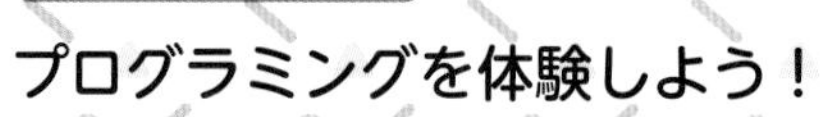
プログラミングを体験しよう！

学習日　月　日

数の並べかえ方を考えよう

教科書 232～233ページ　答え 35ページ

1 下の(ア)、(イ)、(ウ)のことができるコンピューターを使って、右のように並んだ４つの数を大きい順に並べかえます。

1番め	2番め	3番め	4番め
9	2	5	7

> (ア)　1番めから順に数を調べる。
> (イ)　今調べる数(今の数)と次の数の大きさを比べる。
> (ウ)　今の数より次の数が大きければ，今の数と次の数を入れかえる。

次の説明の□にあてはまる数を書き、(　　)にあてはまるものを○でかこみましょう。

① 1番めから順に数を調べます。

㋐「1番めの数(今の数) 9」と「次の数 2」を比べると、9のほうが大きいので、
2つの数を(入れかえる　入れかえない)。結果は □ □ 5 7

㋑「2番めの数(今の数) 2」と「次の数 5」を比べると、□のほうが大きいので、
2つの数を(入れかえる　入れかえない)。結果は 9 □ □ 7

㋒「3番めの数(今の数) 2」と「次の数 7」を比べると、□のほうが大きいので、
2つの数を(入れかえる　入れかえない)。結果は 9 5 □ □

㋓「4番めの数(今の数) 2」は最後の数なので、並べかえずみにする。結果は
9 5 7 2
並べかえずみ

② 2回めも1番めから順に数を調べます。

㋔「1番めの数(今の数) 9」>「次の数 5」 → 2つの数を入れかえない。
結果は □ □ 7 2

㋕「2番めの数(今の数) 5」<「次の数 7」 → 2つの数を入れかえる。
結果は □ □ □ 2

㋖「3番めの数(今の数) 5」は最後の数 →並べかえずみにする。
結果は □ □ 5 2
並べかえずみ

③ 3回めも1番めから順に数を調べます。

㋗「1番めの数(今の数) 9」>「次の数 7」 → 2つの数を入れかえない。
結果は □ □ 5 2

㋘「2番めの数(今の数) 7」は最後の数 →並べかえずみにする。
結果は □ 7 5 2
並べかえずみ

④　４回めも１番めから順に数を調べます。

㋙　「１番めの数(今の数)□」は最後の数　→並べかえずみにする。

結果は 9 7 5 2
並べかえずみ

これで大きい順に並べることができました。

このように、問題を解決するための決まった手順のことを**アルゴリズム**といいます。

2 次の数を大きい順に並べかえるとき、並べかえ方のアルゴリズムを下の図に表しました。□にあてはまる数を書きましょう。

① 2 7 1 5

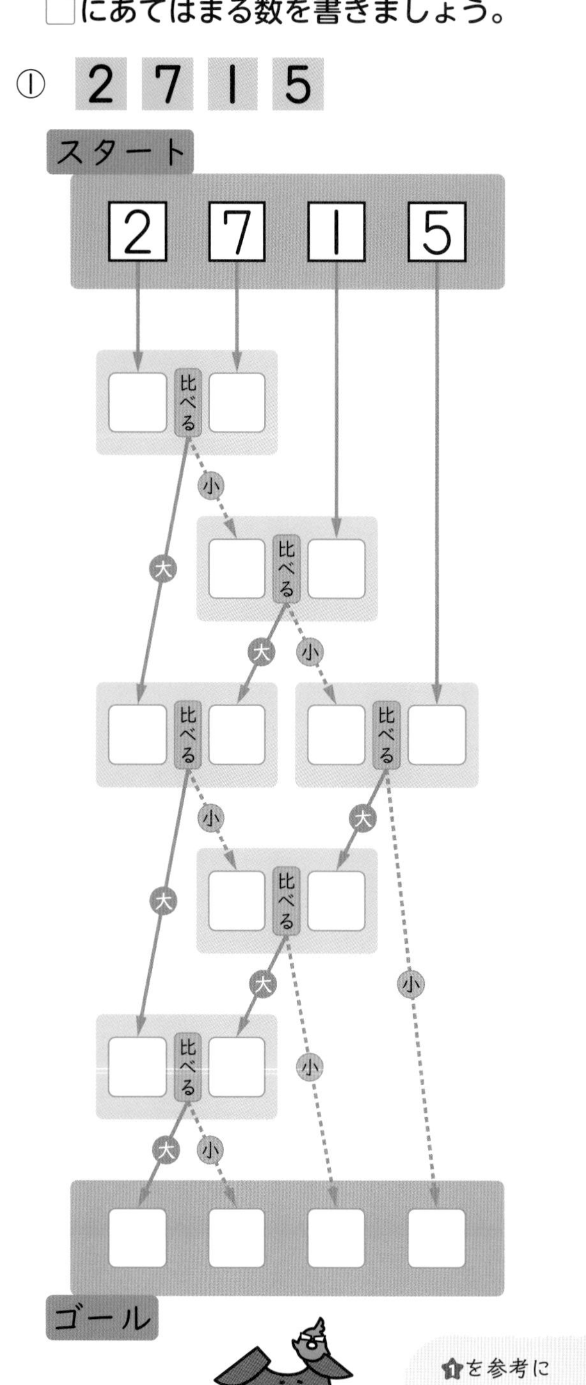

② 3 7 9 2 4

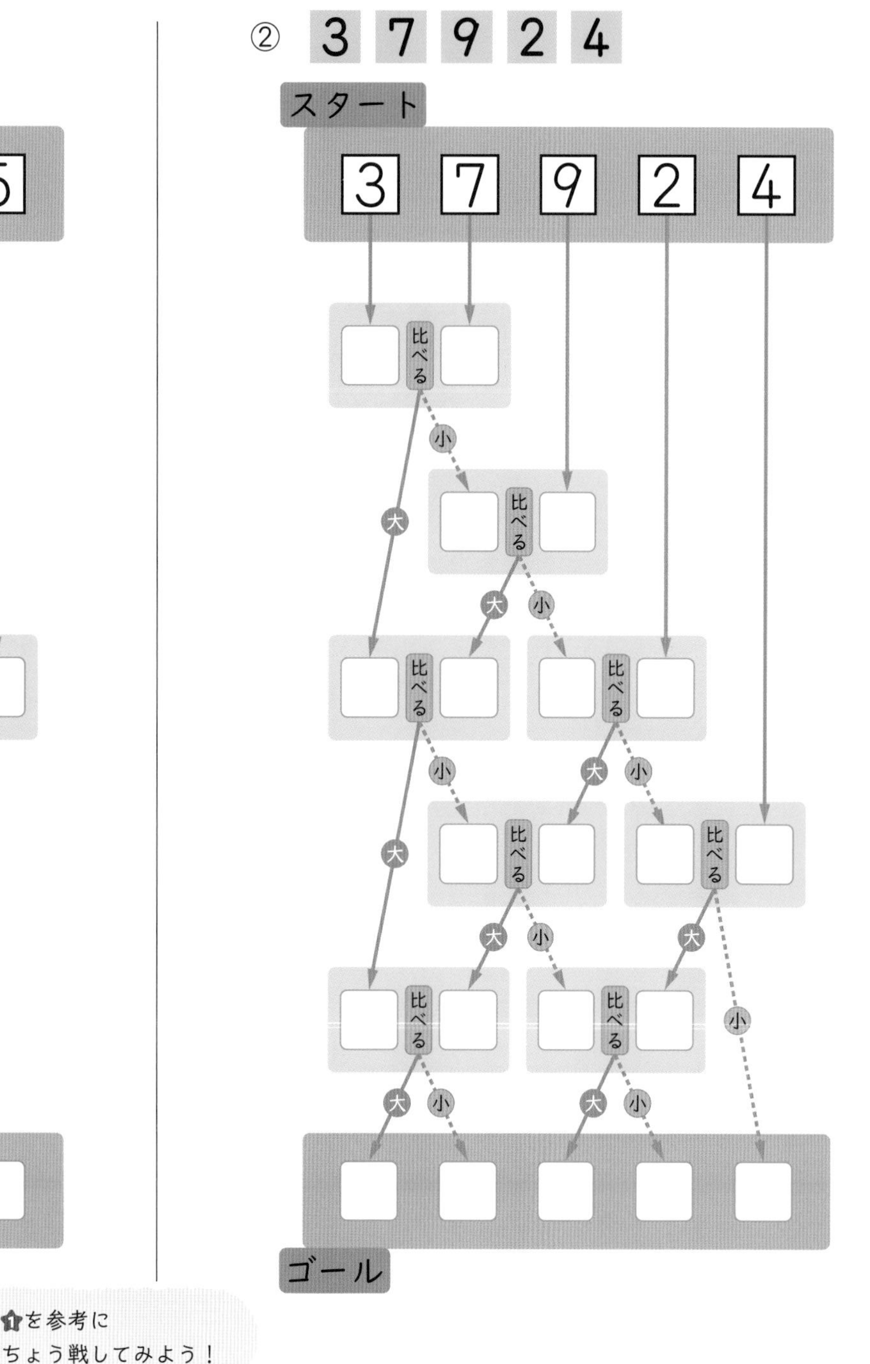

１を参考に
ちょう戦してみよう！

算数のしあげ

①　数と計算－1

学習日　月　日

時間20分　／100　合格80点

教科書 196～198ページ　答え 35～36ページ

1 次の問題に答えましょう。　各4点(12点)

① 1億を6こ、10万を4こあわせた数は、いくつですか。

(　　　)

② 7400000は、1000を何こ集めた数ですか。

(　　　)

③ 800万を100倍した数を書きましょう。

(　　　)

2 次の問題に答えましょう。　各4点(12点)

① 1を5こ、0.1を7こ、0.01を4こあわせた数は、いくつですか。

(　　　)

② 5.31を$\frac{1}{100}$にした数を書きましょう。

(　　　)

③ 1は、$\frac{1}{7}$を何こ集めた数ですか。

(　　　)

3 □にあてはまる数を書きましょう。　各5点(10点)

① (196＋78)＋22
＝196＋(□＋22)

② 0.8＋8.7＝□＋0.8

4 小数や分数のたし算やひき算をしましょう。　各5点(50点)

① $6.7+2.4$　② $25.2+4.8$

③ $12.8+7.25$　④ $6.2-5.6$

⑤ $4-0.3$　⑥ $5.4-1.68$

⑦ $\frac{4}{9}+\frac{2}{9}$

⑧ $\frac{5}{7}+2\frac{3}{4}$

⑨ $\frac{9}{10}-\frac{2}{5}$

⑩ $3\frac{5}{6}-1\frac{8}{9}$

5 次の計算をしましょう。　各8点(16点)

① $2.46-1.62+4.16$

② $1\frac{2}{9}+0.25-\frac{5}{6}$

学習日　　月　　日

時間 20分　　/100　合格 80点

① 数と計算－2

教科書 199ページ　答え 36~37ページ

1 次の計算をしましょう。
わり算はわりきれるまで計算しましょう。
各5点(55点)

① 26×18　② 354×247

③ $702\div9$　④ $416\div32$

⑤ $26+(59-9\times5)$

⑥ 2.7×34　⑦ 3.82×4.6

⑧ 16.5×0.28　⑨ $16.8\div6$

⑩ $9.1\div1.4$　⑪ $0.52\div1.3$

2 次の計算をしましょう。　各5点(15点)

① $\frac{4}{5}\times\frac{3}{8}$

② $6\div\frac{3}{4}$

③ $7\frac{3}{5}\div3\frac{4}{5}$

3 次の計算をしましょう。　各5点(15点)

① $\frac{2}{3}-1\frac{4}{5}\div6$

② $\frac{4}{7}\div0.96\div\frac{5}{12}$

③ $1-0.54\div1.2\times\frac{5}{9}$

4 次の計算を、くふうしてしましょう。
各5点(15点)

① $2.5\times3.7\times4$

② $168\times9-7\times168$

③ $\left(\frac{5}{6}-\frac{4}{9}\right)\times180$

まとめのテスト

算数のしあげ

① 数と計算－3

学習日　月　日

時間 20分　／100　合格 80点

教科書 200〜201 ページ　答え 37 ページ

1 次の数は、偶数(ぐうすう)ですか、奇数(きすう)ですか。 各5点(20点)

① 38　② 51

(　　)　(　　)

③ 129　④ 7480

(　　)　(　　)

2 (　)の中の数の、最小公倍数を求めましょう。 各5点(20点)

① (6、8)　② (3、9)

(　　)　(　　)

③ (3、6、12)　④ (12、15、18)

(　　)　(　　)

3 (　)の中の数の、最大公約数を求めましょう。 各5点(20点)

① (10、15)　② (24、30)

(　　)　(　　)

③ (12、18、36)　④ (8、20、36)

(　　)　(　　)

4 四捨五入(ししゃごにゅう)して、十の位までのがい数にすると 140 になる数は、次のうち、どれですか。すべて選び番号で答えましょう。 (10点)

① 135　② 145　③ 140.5

④ 144.9　⑤ 139.5

(　　)

5 四捨五入して、(　)の中の位までのがい数にしましょう。 各5点(20点)

① 73540(千の位)

(　　)

② 183962(一万の位)

(　　)

③ 199332(上から 1 けた)

(　　)

④ 1992919(上から 3 けた)

(　　)

6 はるかさんは、カレーライスの材料の買い物で、次のものを買います。 各5点(10点)

☆にんじん	234 円(6 本入り)
☆じゃがいも	158 円(4 個入り)
☆玉ねぎ	178 円(3 個入り)
☆牛肉	768 円(300 g)
☆カレー粉	170 円(1 箱)

① およそいくらかかるかを見積もります。次の㋐〜㋓のどの計算をするとよいですか。

㋐ 230＋150＋170＋760＋170

㋑ 230＋160＋180＋770＋170

㋒ 240＋160＋180＋770＋170

㋓ 200＋200＋200＋800＋200

(　　)

② ①で見積もった金額と、実際の代金の合計の金額のちがいは何円ですか。

(　　)

算数のしあげ

② 図形－1

1 平行四辺形、長方形、ひし形について答えましょう。

各7点(42点)

① 下の方眼に、平行四辺形、長方形、ひし形の続きをかきましょう。

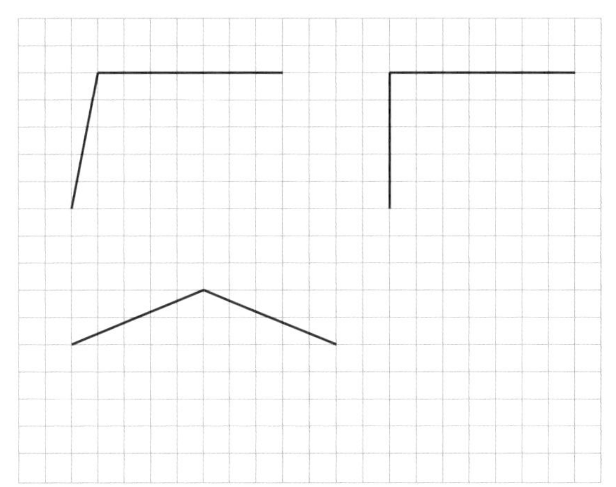

② 平行四辺形、長方形、ひし形のうち、4つの辺の長さがすべて等しいのはどれですか。

（　　　）

③ 平行四辺形、長方形、ひし形のうち、4つの角がすべて直角であるのはどれですか。

（　　　）

④ 4つの辺の長さがすべて等しく、4つの角がすべて直角である四角形を何といいますか。

（　　　）

2 次のような図形をかきましょう。

各11点(22点)

① 直線アイが対称(たいしょう)の軸(じく)となるような線対称な図形

② 点O(オー)が対称の中心になるような点対称な図形

①

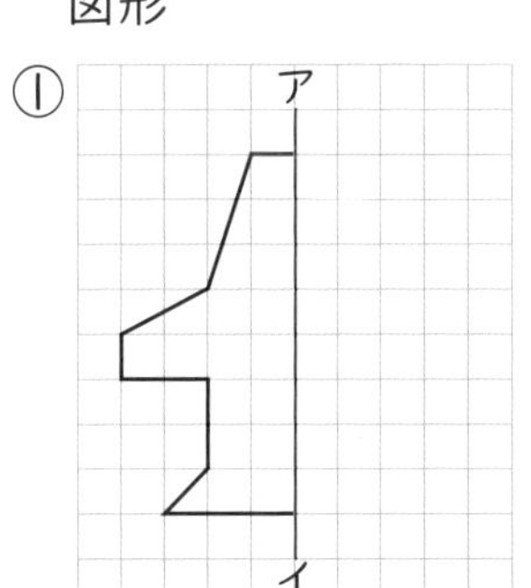

②

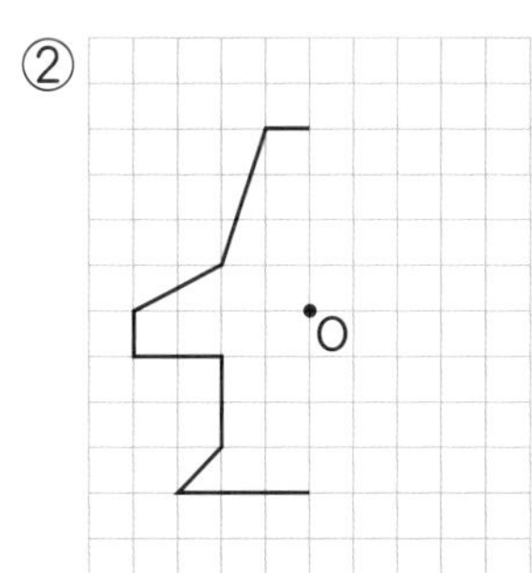

3 ①～③の図形をかきましょう。

各7点(21点)

① ㋐と合同な三角形

② ㋐の2倍の拡大図(かくだいず)

③ ㋐の$\frac{1}{2}$の縮図(しゅくず)

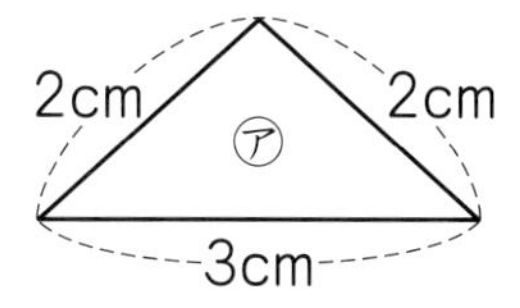

①

②

③

4 ㋐、㋑、㋒の角度を求めましょう。

各5点(15点)

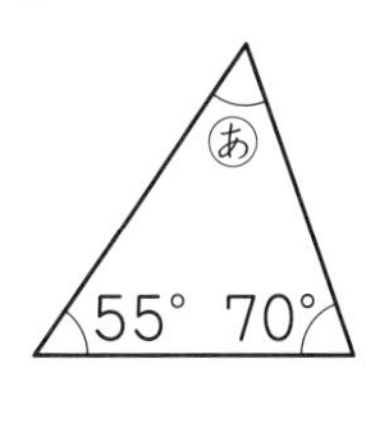

あ（　　　）

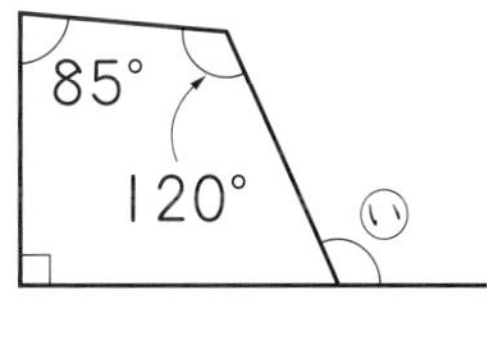

い（　　　）

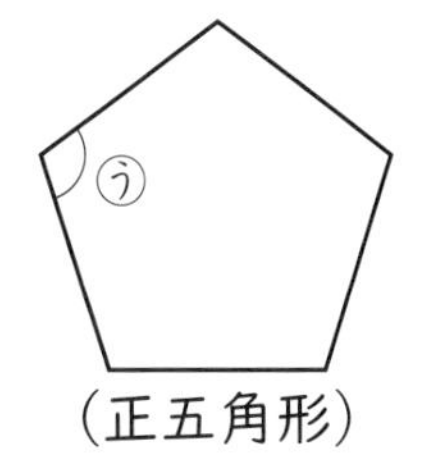

(正五角形)

う（　　　）

算数のしあげ

② 図形－2

教科書 204～206ページ　答え 39ページ

1 次の図形の面積を求めましょう。

各6点(24点)

① 平行四辺形

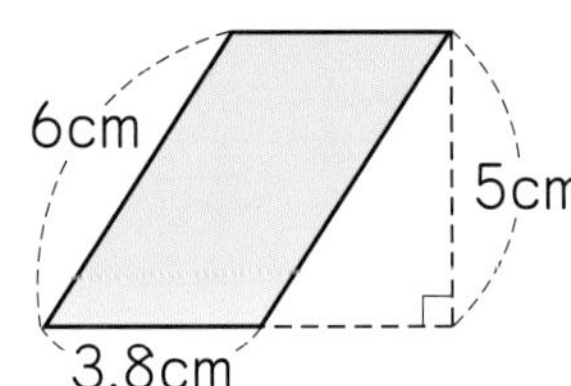

( )

② 三角形

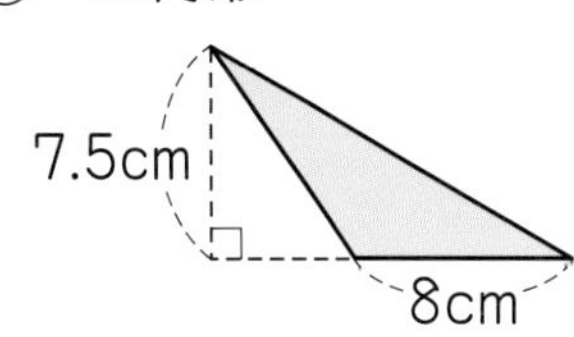

( )

③ 台形

( )

④ ひし形

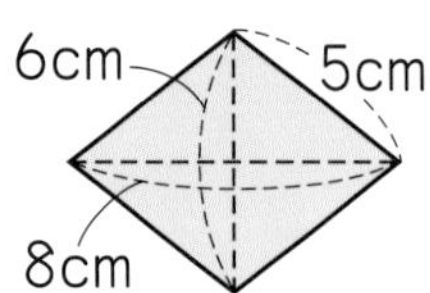

( )

2 下の図で、色をぬった部分のまわりの長さと面積を求めましょう。

各10点(40点)

①

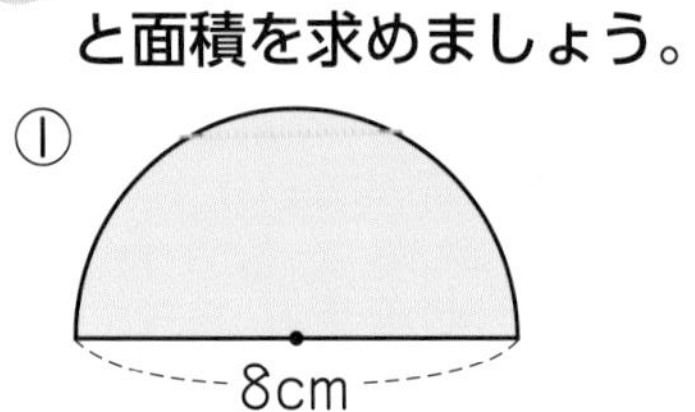

まわりの長さ ( )

面積 ( )

②

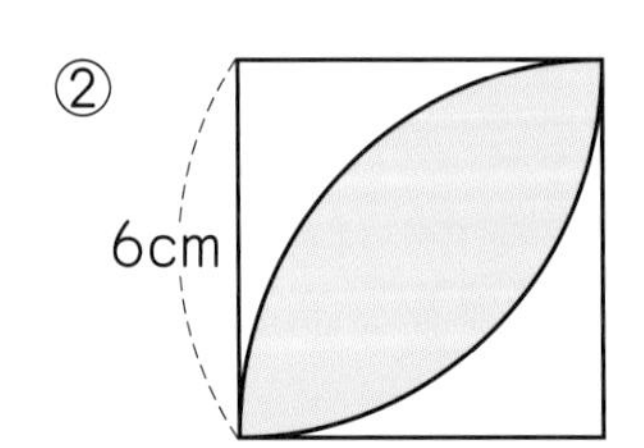

まわりの長さ ( )

面積 ( )

3 次の立体の体積を求めましょう。

各6点(36点)

①

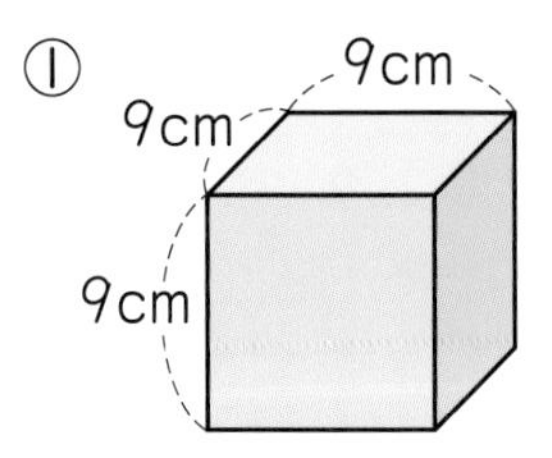

( )

②

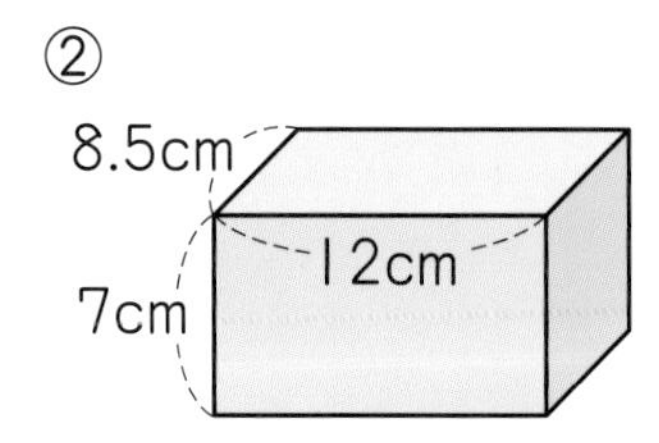

( )

③

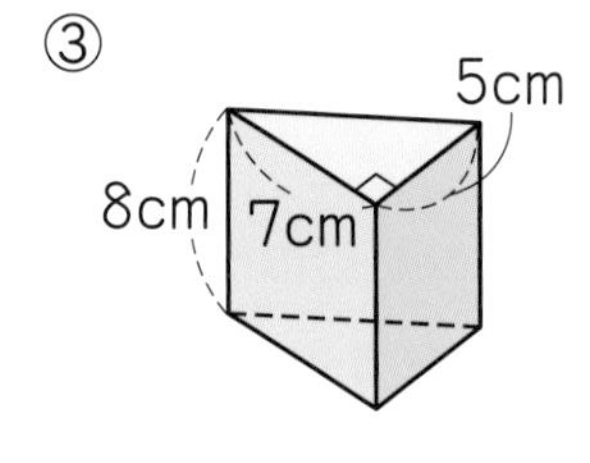

( )

④

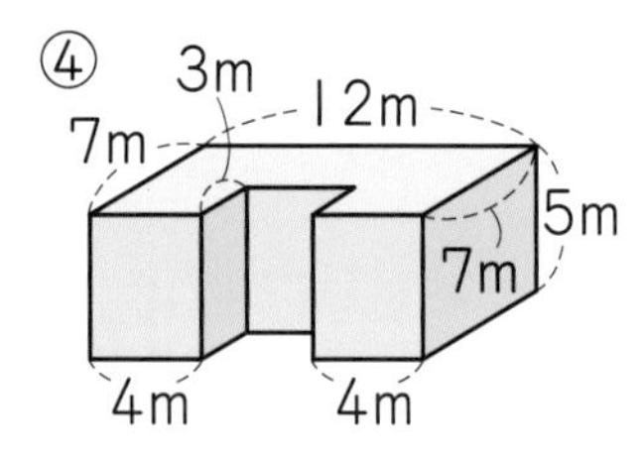

( )

⑤

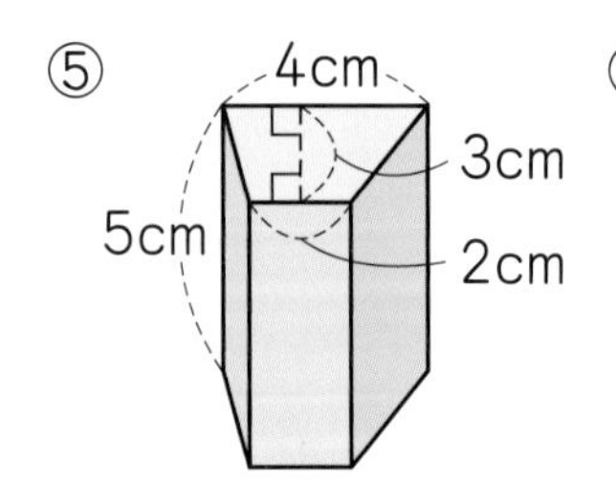

( )

⑥

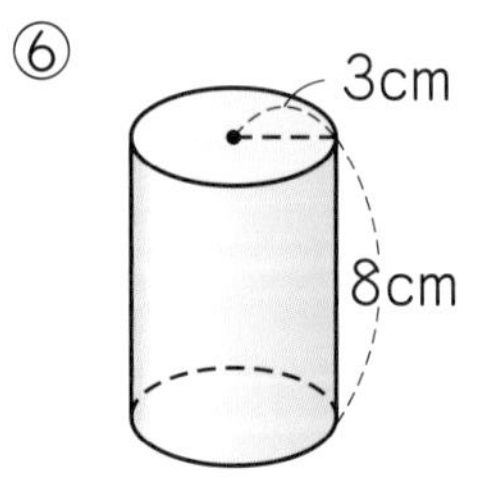

( )

算数のしあげ

③ 測定

教科書 207ページ　答え 40ページ

1

長さや重さの単位は、今までに学習した単位以外にもあります。次の問題に答えましょう。答えは、四捨五入（ししゃごにゅう）して、整数で答えましょう。　各10点(30点)

① Ｉ寸（すん）は約 3.03 cm です。これは約何 cm ですか。

(　　　　)

② 米Ｉ合（ごう）は約 Ｉ50 g です。Ｉ日２合の米を食べるとき、5 kg の米は何日で食べ終わりますか。

(　　　　)

③ Ｉ坪（つぼ）とは、Ｉ辺が Ｉ.82 m の正方形の面積です。20 坪は約何 m^2 ですか。

(　　　　)

2

(　)にあてはまる単位を書きましょう。　各5点(30点)

① 浜名湖（はまな）の面積………約 65(　　　　)

② マグカップＩ杯（ぱい）の容積……約 300(　　　　)

③ かぼちゃＩ個の重さ……約 Ｉ200(　　　　)

④ 定規の長さ……………30(　　　　)

⑤ 国道Ｉ号の最高地点……標高 874(　　　　)

⑥ 米Ｉ袋（ふくろ）の重さ…………Ｉ0(　　　　)

3

長さと面積の関係について、表の□にあてはまる数や単位を書きましょう。　各3点(24点)

Ｉ辺の長さ	正方形の面積
Ｉ mm	Ｉ mm^2
Ｉ cm ＝㋐□ mm	Ｉ cm^2
Ｉ0 cm	㋑□ cm^2
Ｉ m ＝㋒□ cm	Ｉ m^2 ＝㋓□ cm^2
Ｉ0 m	Ｉ00 m^2 ＝Ｉ㋔□
Ｉ00 m	Ｉ0000 m^2 ＝Ｉ㋕□
Ｉ km ＝㋖□ m	Ｉ km^2 ＝㋗□ m^2

4

長さと体積の関係について、表の□にあてはまる数や単位を書きましょう。　各4点(16点)

Ｉ辺の長さ	立方体の体積
Ｉ cm	Ｉ cm^3＝Ｉ㋐□
Ｉ0 cm	㋑□ cm^3＝Ｉ㋒□
Ｉ m	Ｉ m^3＝Ｉ㋓□

④ 変化と関係－1

学習日　　月　　日

時間20分　　／100　合格80点

教科書 208ページ　答え 40ページ

1 長さの等しい棒(ぼう)で、下のように正方形を作り、横に並(なら)べていきます。　各8点(16点)

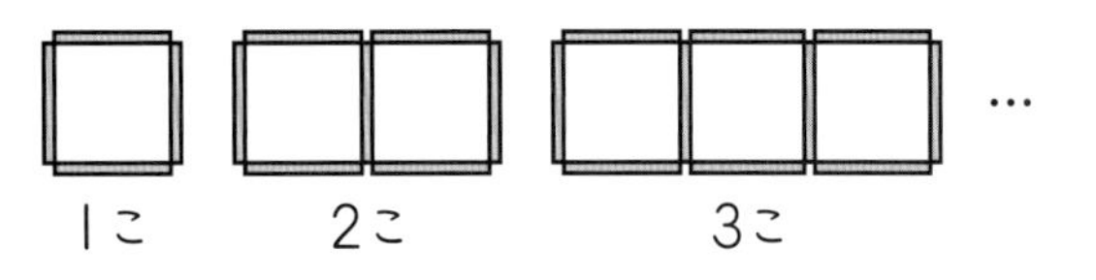

① 正方形の数を x(エックス) こ、棒の数を y(ワイ) 本として、x と y の関係を表に整理しましょう。

正方形の数 x(こ)	1	2	3	4	5
棒の数 y(本)					

② 正方形の数が 10 このときの棒の数は何本ですか。

(　　　)

2 次の①、②は、x と y の関係を表したものです。表を完成させ、y は x に比例しているか、反比例しているかを答えましょう。　各7点(28点)

① 時速 4 km で歩いたときの、歩いた時間と道のり

時間 x(時間)	1	2	3	4	5	6
道のり y(km)						

y は x に (　　　)

② 面積が 28 cm² の長方形の縦(たて)と横の長さ

縦の長さ x(cm)	1	2	4	7	14	28
横の長さ y(cm)						

y は x に (　　　)

3 次のあ、いは、x と y の関係を表したものです。　各7点(28点)

あ

x	40	20	10	5	4
y	1	2	4	8	10

い

x	1	2	3	4	5
y	30	60	90	120	150

① y が x に比例しているもの、また、反比例しているものはどれですか。

比例 (　　　)　反比例 (　　　)

② y を x の式で表しましょう。

あ (　　　)

い (　　　)

4 次の 2 つの数量で、y が x に比例するものには○、反比例するものには△、どちらでもないものには×を書きましょう。　各7点(28点)

① 8 L のジュースを、同じ量ずつ何本かのびんに入れるとき、1 本あたりのジュースの量 x L とびんの本数 y 本

(　　　)

② 20 km はなれたところまで行くときの、歩いた道のり x km と残りの道のり y km

(　　　)

③ 縦の長さが 5 cm、横の長さが x cm の長方形の面積 y cm²

(　　　)

④ 午前中に x 時間、午後に 2 時間勉強したときの、1 日の勉強時間 y 時間

(　　　)

学習日　月　日

時間 20 分　／100　合格 80 点

④ 変化と関係－2

教科書 209～213ページ　答え 40～41ページ

1 ゆなさんの家では、１週間で 4.2 kg の米を食べます。　各7点(14点)

① １日に平均何 g の米を食べたことになりますか。

(　　　)

② １年では、何 kg の米を食べることになりますか。１年は 365 日とします。

(　　　)

2 ガソリン 25 L で 300 km 走る自動車 A(エー)と、ガソリン 16 L で 240 km 走る自動車 B(ビー)があります。
同じ量のガソリンで走ることができる道のりは、どちらの自動車のほうが長いですか。　(8点)

(　　　)

3 次の問題に答えましょう。　各7点(21点)

① 125 m の道のりを 25 秒で走る自転車の速さは秒速何 m ですか。

(　　　)

② 時速 60 km の自動車が、１時間 35 分に進む道のりは何 km ですか。

(　　　)

③ 分速 750 m で走る自動車が、13.5 km 走るのにかかる時間は何分ですか。

(　　　)

4 □にあてはまる数を書きましょう。　各6点(18点)

① 3 m は、4 m の□％です。

② □人の 15％は 12 人です。

③ 2000 円の品物を、30％びきで買うと、□円です。

5 ある美術館の入館者数を調べると、先週は 600 人で、今週は 750 人でした。　各7点(14点)

① 今週の入館者数の 20％が子どもでした。今週の子どもの入館者数は何人ですか。

(　　　)

② 先週と今週を合わせた入館者数は先月の 60％にあたります。先月の入館者数は何人ですか。

(　　　)

6 次の問題に答えましょう。　各6点(18点)

① 6：7 の比の値(あたい)を求めましょう。

(　　　)

② 8：12 の比を簡単(かんたん)にしましょう。

(　　　)

③ 48：18＝x：30 で、x の表す数を求めましょう。

(　　　)

7 紅茶(こうちゃ)と牛乳(ぎゅうにゅう)を 3：2 の比で混ぜてミルクティーを作ります。紅茶が 120 mL あるとき、ミルクティーは何 mL できますか。　(7点)

(　　　)

算数のしあげ

⑤ データの活用

教科書 214～216ページ　答え 41ページ

1 下のグラフについて、あとの問題に答えましょう。　各5点(30点)

㋐ (人)好きなくだもの調べ
10 5 0
りんご みかん ぶどう もも

㋑ (度)X(エックス)市の平均気温
20 15 10 5 0
1940 1960 1980 2000 2020(年)

㋒ 好きな教科調べ
(北小学校400人)

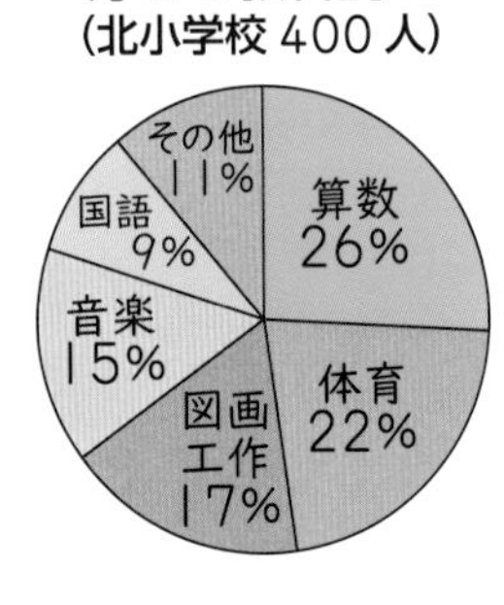

㋓ (個) なしの重さ
10 8 6 4 2 0
300 330 360 390 420 450 (g)

① 次の(1)、(2)を調べるには、それぞれ㋐～㋓のどのグラフを使うとよいですか。

(1) 全体に対する割合(わりあい)を見る。

(2) 全体のちらばりの様子を見る。

(1)(　　　　)　(2)(　　　　)

② ㋐～㋓のグラフを見て、A(エー)さん、B(ビー)さん、C(シー)さん、D(ディー)さんは次のようにいいました。正しいものには○、必ず正しいとはいえないものには×を書きましょう。

A「ももがいちばん人気があるね。」

B「X市の気温は少しずつだけど、上がっているね。」

C「算数、体育、図画工作が好きな人の割合をあわせると、4分の3をこえるね。」

D「調べたなしのうち、13個は重さが400g以上だね。」

A(　　)　B(　　)　C(　　)　D(　　)

2 下の表は、プランターでとれたピーマンの重さを記録したものです。　各10点(70点)

ピーマンの重さ(g)

①29	②32	③30	④27	⑤34	⑥38
⑦31	⑧28	⑨39	⑩36	⑪26	⑫34

① このデータを、ドットプロットに表しましょう。

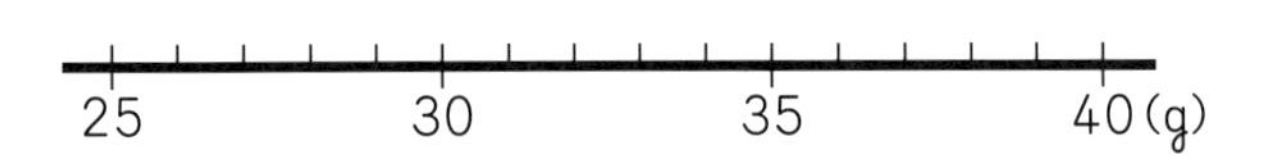

② 平均値(へいきんち)、最頻値(さいひんち)、中央値(ちゅうおうち)をそれぞれ求めましょう。

平均値(　　　　)

最頻値(　　　　)

中央値(　　　　)

③ 下の度数分布表に個数を書いて、ヒストグラムに表しましょう。

ピーマンの重さ

重さ(g)	個数(個)
25以上～30未満	
30　～35	
35　～40	
合計	12

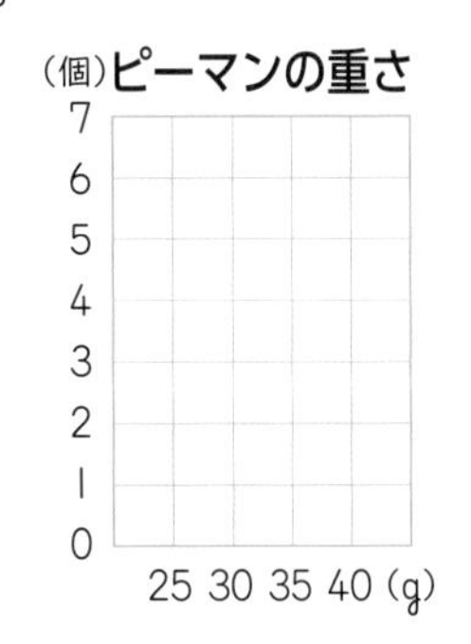

④ いちばん度数が多いのは、どの階級ですか。

(　　　　　　　　)

付録の「計算せんもんドリル」20～32もやってみよう！

6 次の比を簡単にしましょう。 各2点(4点)

① 1.2：3　② 0.2：0.45

(　　) (　　)

7 次の式で、x の表す数を求めましょう。 各3点(6点)

① $4:3=x:12$　② $18:10=45:x$

(　　) (　　)

思考・判断・表現 ／40点

8 数量の関係が次の①〜④の式で表される場面を、下の㋐〜㋓から選んで、記号で答えましょう。 各3点(12点)

① $300+x=y$　② $300-x=y$

(　　) (　　)

③ $300\times x=y$　④ $300\div x=y$

(　　) (　　)

㋐ 300ページの本を x ページまで読み終えました。残りは y ページです。

㋑ 300 mL のジュースを x 人に同じ量ずつ分けます。1人あたり y mL になります。

㋒ 入場料は1人300円です。x 人が入場すると y 円かかります。

㋓ 300 g の砂を x g の容器に入れると、全体の重さは y g です。

9 $\frac{2}{3}$ dL で、板を $\frac{13}{9}$ m² ぬれるペンキがあります。 式・答え 各2点(12点)

① このペンキ 1 dL では、板を何 m² ぬれますか。

式

答え (　　)

② 板 1 m² をぬるのに、このペンキは何 dL 必要ですか。

式

答え (　　)

③ 2.6 m² をこのペンキでぬりました。何 dL のペンキを使いましたか。

式

答え (　　)

10 たくみさんの体重は 42 kg です。 式・答え 各2点(8点)

① 弟の体重は、たくみさんの $\frac{5}{6}$ 倍です。弟の体重は何 kg ですか。

式

答え (　　)

② たくみさんの体重は、お父さんの体重の $\frac{7}{10}$ にあたります。お父さんの体重は何 kg ですか。

式

答え (　　)

11 コーヒーと牛乳を 8：5 の割合で混ぜて、コーヒー牛乳を作ります。 各4点(8点)

① 牛乳を 150 mL 使うとき、コーヒーは何 mL 使いますか。

(　　)

② コーヒー牛乳を 650 mL 作ります。コーヒーは何 mL 必要ですか。

(　　)

(切り取り線)

夏のチャレンジテスト

教科書 8〜87ページ　◎用意するもの…ものさし、コンパス

月　日
名前

時間 40分　合格80点　／100

答え 42〜43ページ

知識・技能　／60点

1 答えが7より小さくなるのはどれですか。㋐〜㋓の記号で答えましょう。(3点)

㋐ $7\times\frac{5}{6}$　㋑ $7\times1\frac{1}{6}$

㋒ $7\div\frac{11}{13}$　㋓ $7\div\frac{21}{13}$

(　　　)

2 次の計算をしましょう。①〜⑧は各2点 ⑨・⑩は各3点(22点)

① $\frac{2}{7}\times\frac{3}{5}$　② $5\times\frac{2}{3}$

③ $\frac{7}{12}\times\frac{9}{14}$　④ $1\frac{1}{4}\times\frac{5}{8}$

⑤ $\frac{2}{3}\div8$　⑥ $\frac{2}{9}\div\frac{3}{10}$

⑦ $2\div\frac{4}{9}$　⑧ $\frac{1}{2}\div2\frac{2}{5}$

⑨ $\frac{8}{15}\times\frac{9}{7}\div\frac{4}{5}$　⑩ $\frac{3}{8}\div0.9\div\frac{5}{6}$

3 1個80円のオレンジ x（エックス）個と、340円のバナナを買いました。代金の合計は y（ワイ）円です。各3点(9点)

① x と y の関係を式に表しましょう。

(　　　)

② x の値（あたい）が4のとき、対応する y の値を求めましょう。

(　　　)

③ y の値が900になるときの、x の値を求めましょう。

(　　　)

4 下の図について、㋐〜㋔の記号で答えましょう。全部できて 1問4点(8点)

㋐ N　㋑ A　㋒ T　㋓ S　㋔ U

① 線対称（せんたいしょう）な図形はどれですか。全部答えましょう。

(　　　)

② 点対称な図形はどれですか。全部答えましょう。

(　　　)

5 下の方眼に、対称な図形をかきましょう。各4点(8点)

① 直線アイが対称の軸（じく）になるような線対称な図形

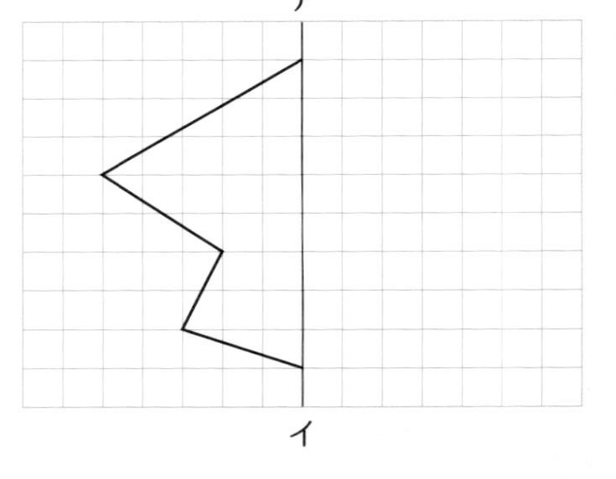

② 点O（オー）が対称の中心になるような点対称な図形

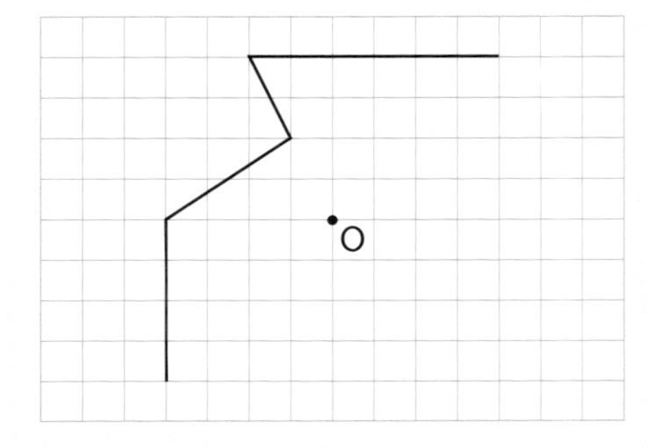

うらにも問題があります。

(切り取り線)

7 下の表は、A、B２つのプランターでとれたピーマンの重さを調べたものです。

①全部できて 1問3点 ②各3点 ③5点(23点)

Aのピーマンの重さ(g)

① 30	② 32	③ 43	④ 27	⑤ 34
⑥ 28	⑦ 42	⑧ 26	⑨ 31	⑩ 36

Bのピーマンの重さ(g)

① 32	② 35	③ 40	④ 31	⑤ 35
⑥ 35	⑦ 28	⑧ 32		

① Aについては度数分布表を完成させ、Bについてはドットプロットを完成させましょう。

Aのピーマンの重さ

重さ(g)	個数(個)
24 以上〜28 未満	
28 〜32	
32 〜36	
36 〜40	
40 〜44	
合計	10

Bのピーマンの重さ

重さ(g)	個数(個)
24 以上〜28 未満	0
28 〜32	2
32 〜36	5
36 〜40	0
40 〜44	1
合計	8

25 30 35 40 45(g)　25 30 35 40 45(g)

② A、Bの２つのプランターでとれたピーマンの重さについて、下の表に整理しました。
㋐〜㋓にあてはまる数を書きましょう。

	Aのプランター	Bのプランター
いちばん重い重さ	43 g	㋐ g
いちばん軽い重さ	26 g	28 g
平均値(へいきんち)	㋑ g	33.5 g
最も度数が多い階級	28 g以上 32 g未満	32 g以上 36 g未満
32 g未満の度数の割合(わりあい)(%)	㋒	25 %
36 g以上の度数の割合(%)	30 %	㋓

③ AのプランターとBのプランターで、32 g以上 36 g未満の度数の割合が大きいのはどちらですか。

(　　　　)

思考・判断・表現　／28点

8 下の図のような立体の体積を、底面積×高さ の式を使って求めましょう。

式・答え 各6点(12点)

3cm
4cm
2cm
8cm
5cm
12cm
10cm

式

答え (　　　　)

9 次の問題に答えましょう。

各4点(8点)

① 画用紙10枚(まい)の重さをはかったら、85 gありました。
この画用紙を、全部数えないで360枚用意するには、どうしたらよいでしょうか。
画用紙の重さは枚数に比例すると考えて求めましょう。

(　　　　)

② 箱の中に同じ種類のコインが800 g入っています。
コイン7枚の重さをはかったら、16 gありました。
箱の中には、何枚のコインが入っていますか。
コインの重さは枚数に比例すると考えて求めましょう。

(　　　　)

10 次の問題に答えましょう。

各4点(8点)

① A、B、C(シー)、D(ディー)の４人が横に１列に並(なら)びます。
AとBがとなりあう並び方は、全部で何通りありますか。

(　　　　)

② そらさんとりえさんが、じゃんけんを１回します。
２人の手の出し方は、全部で何通りありますか。

(　　　　)

冬のチャレンジテスト

教科書 88〜189ページ

名前　　月　日

時間 40分　合格80点　／100

答え 44〜45ページ

知識・技能　／72点

1 下の図形の面積を求めましょう。　式・答え 各2点(8点)

① (円 40cm)

式

答え（　　）

② (8cm)

式

答え（　　）

2 下の形を太線で表した図形とみて、およその面積を求めましょう。　各3点(6点)

① (1cm 1cm)　　② (1cm 1cm)

（　　）　（　　）

3 次の立体の体積を求めましょう。　式・答え 各2点(8点)

① (8cm 5cm 6cm)

式

答え（　　）

② (10cm 10cm)

式

答え（　　）

4 下の図の四角形EFGHは、四角形ABCDの拡大図です。　各3点(9点)

(A D B C 4cm 6cm / E H F G 7.5cm 65° 70° 9cm)

① 角Bの大きさは何度ですか。

（　　）

② 辺AB、辺GHはそれぞれ何cmですか。

辺AB（　　）　辺GH（　　）

5 次のそれぞれの表で、yがxに比例しているときは○、反比例しているときは△、どちらでもないときは×をかきましょう。　各2点(6点)

①

x(dL)	5	10	15	20	25
y(dL)	45	40	35	30	25

（　　）

②

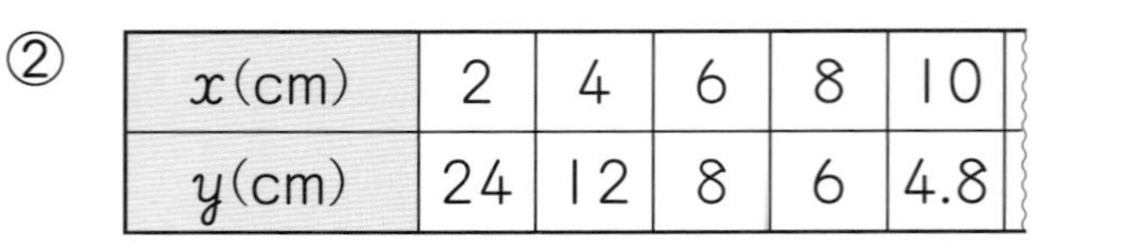

x(cm)	2	4	6	8	10
y(cm)	24	12	8	6	4.8

（　　）

③

x(個)	3	6	9	12	15
y(g)	18	36	54	72	90

（　　）

6 ㋐〜㋓にあてはまる数を求めましょう。　各3点(12点)

① yはxに比例します。

x(cm)	8	16	㋑
y(cm²)	㋐	10	30

㋐（　　）　㋑（　　）

② yはxに反比例します。

x(分)	5	15	60
y(L)	㋒	8	㋓

㋒（　　）　㋓（　　）

9 右の三角形ABCは、三角形DBEの縮図(しゅくず)です。 各3点(6点)

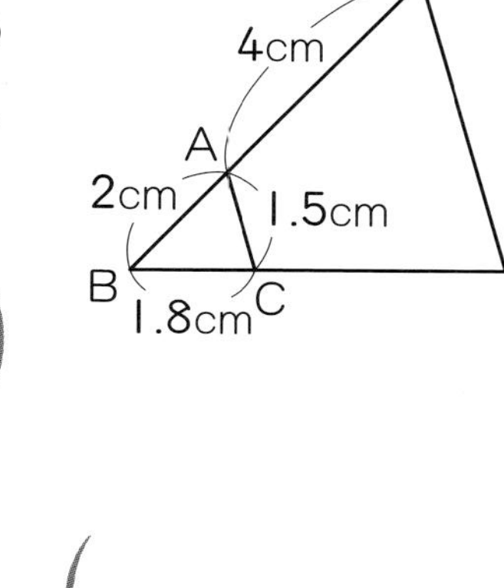
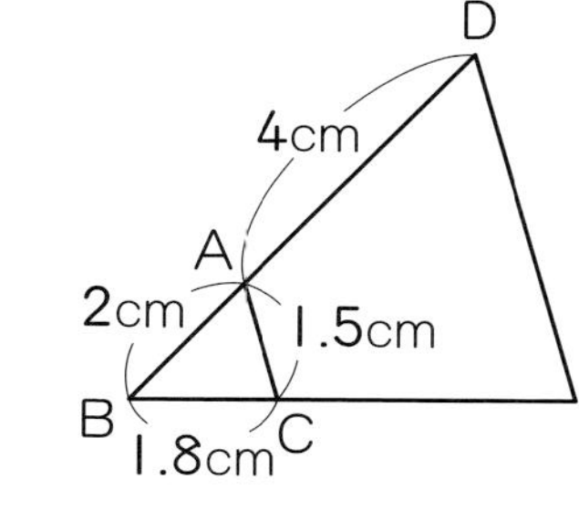
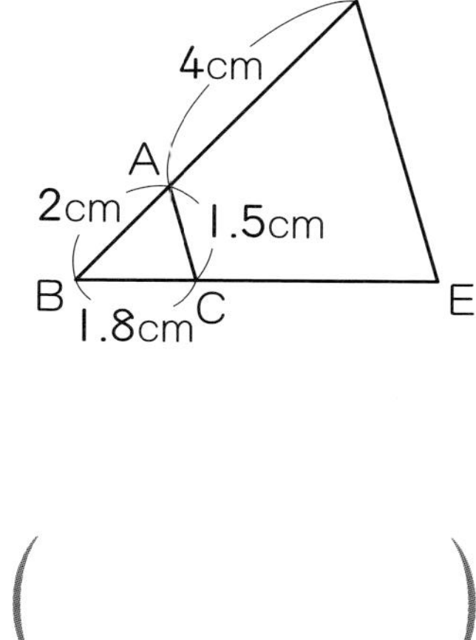

① 三角形ABCの角Cに対応する角を答えましょう。

(　　　　)

② 辺DEの長さは何cmですか。

(　　　　)

10 赤、青、黄、緑の4種類の紙があります。この中から2種類の紙を選びます。全部で何通りの組み合わせがありますか。 (3点)

(　　　　)

11 下の図は、あるクラスの1週間に読んだ本の冊数(さっすう)を調べて、ドットプロットに表したものです。 ①各2点、②〜⑤各3点(16点)

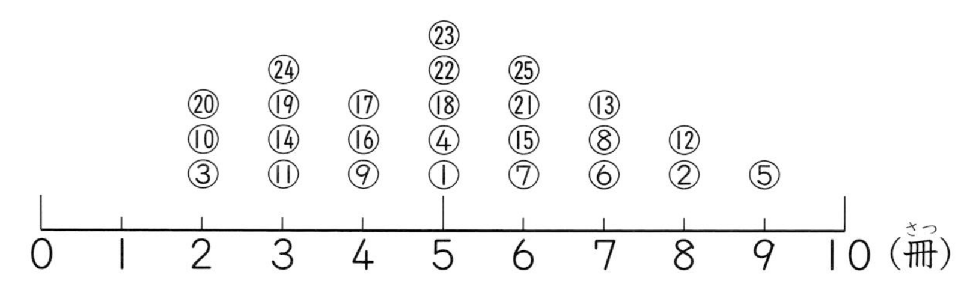

① このクラスの1週間に読んだ本の冊数の中央値(ちゅうおうち)と最頻値(さいひんち)を求めましょう。

中央値(　　　　)　最頻値(　　　　)

② このクラスの1週間に読んだ本の冊数の合計は、125冊です。平均値(へいきんち)を求めましょう。

(　　　　)

③ このクラスの1週間に読んだ本の冊数を、右の方眼を使ってヒストグラムに表しましょう。

読んだ本の冊数

(人) 5

0 2 4 6 8 10(冊)

④ 読んだ本の冊数が多いほうから10番目の児童は、右のヒストグラムの何冊以上何冊未満の階級に入っていますか。

(　　　　)

⑤ 最頻値は右上のヒストグラムの何冊以上何冊未満の階級に入っていますか。

(　　　　)

活用力をみる

12 あおいさんは、水の大切さについて、作文を書きました。 各3点(15点)

私の家のおふろのシャワーからは、1分間に12Lの水が出ます。私の家は5人家族です。全員がおふろに入るときに15分間シャワーを出しっぱなしにすると、私の家の浴そうの容積の3倍の水を使うことになります。

毎日シャワーを出しっぱなしにすると、たくさんの水がむだになってしまうので、これからはシャワーを出しっぱなしにせず、水を大切にしたいと思います。

① シャワーを出しっぱなしにした時間をx分、出た水の量をyLとして、xとyの関係を式に表しましょう。

(　　　　)

② あおいさんの家族5人全員が、15分間ずつシャワーを出しっぱなしにすると、シャワーで1日に何Lの水を使うことになりますか。

(　　　　)

③ あおいさんの家の浴そうの容積は、何cm^3ですか。

(　　　　)

④ 右の図は、あおいさんの家の浴そうの図です。この浴そうの深さは何cmですか。

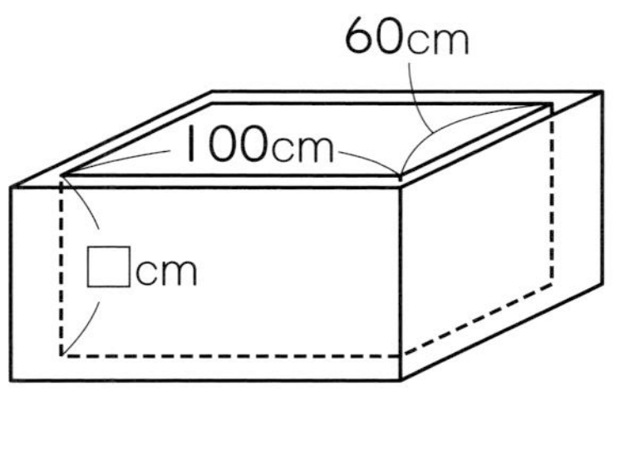

(　　　　)

⑤ ゆうまさんは、あおいさんの作文を読んで次のようにいっています。

あおいさんの家の場合、浴そうに水を200Lためて使いながら、シャワーを1人15分間使うよりも、シャワーを使う時間を1人20分間にして、浴そうに水をためないほうが、水の節約になります。

ゆうまさんの意見は正しくありません。正しくないわけを説明しましょう。

わけ

6年 算数のまとめ 学力診断テスト

月　日

名前

時間 40分

合格80点　／100

答え48ページ

1 次の計算をしましょう。　各3点(18点)

① $\frac{4}{5}\times\frac{7}{6}$　② $3\times\frac{2}{9}$

③ $\frac{12}{5}\div\frac{4}{3}$　④ $0.3\div\frac{3}{20}$

⑤ $\frac{6}{7}\times\frac{3}{4}\times\frac{8}{9}$　⑥ $\frac{3}{8}\div\frac{5}{6}\times\frac{4}{5}$

2 次の表は、ある棒の重さ y kg が長さ x m に比例するようすを表したものです。
表のあいているところに、あてはまる数を書きましょう。　各3点(9点)

x (m)	①	2	5	6
y (kg)	0.6	②	3	③

3 右のような形をした池があります。この池のおよその面積を求めるためには池をおよそどんな形とみなせばよいですか。次のあ～えの中から１つ選んで、記号で答えましょう。　(3点)

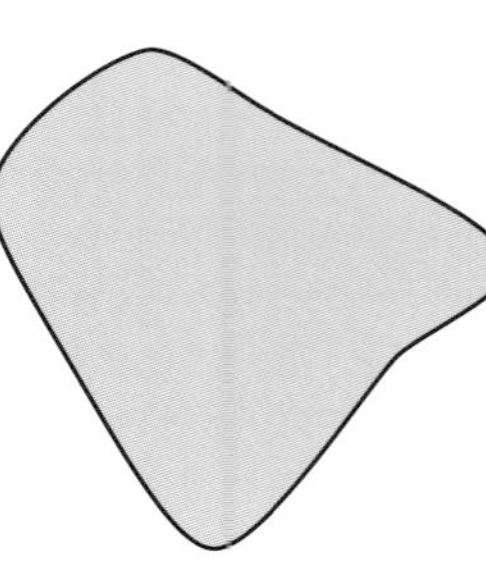

あ 三角形　い 正方形
う ひし形　え 台形

(　　)

4 色をつけた部分の面積を求めましょう。　(3点)

8cm　8cm

(　　)

5 次のような立体の体積を求めましょう。　式・答え 各3点(12点)

① 6cm　4cm　5cm　5cm　12cm
式
答え(　　)

② 10cm　16cm
式
答え(　　)

6 次のあ～えの中で、線対称な形はどれですか。また、点対称な形はどれですか。すべて選んで、記号で答えましょう。　全部できて 各3点(6点)

あ ⊗　い 文　う ♨　え 卍

線対称(　　)　点対称(　　)

7 下のあ～かの比の中で、2：3と等しい比をすべて選んで、記号で答えましょう。　(全部できて 3点)

あ 3：2　い 12：18　う 4：9
え 14：21　お 6：8　か 15：10

(　　)

8 面積が 36 cm² の長方形があります。　各3点(6点)

① 縦の長さを x cm、横の長さを y cm として、x と y の関係を、式に表しましょう。

(　　)

② x と y は反比例しているといえますか。

(　　)

うらにも問題があります。

この「答えとてびき」はとりはずしてお使いください。

教科書ぴったりトレーニング

答えとてびき

東京書籍版　算数6年

問題がとけたら…
①まずは答え合わせをしましょう。
②次にてびきを読んでかくにんしましょう。

おうちのかたへ では、次のようなものを示しています。
・学習のねらいやポイント
・他の学年や他の単元の学習内容とのつながり
・まちがいやすいことやつまずきやすいところ
お子様への説明や、学習内容の把握などにご活用ください。

しあげの5分レッスン では、
学習の最後に取り組む内容を示しています。
学習をふりかえることで学力の定着を図ります。

答え合わせの時間短縮に 丸つけラクラク解答 デジタルもご活用ください！

右の QR コードをスマートフォンなどで読み取ると、
赤字解答の入った本文紙面を見ながら簡単に答え合わせができます。

丸つけラクラク解答デジタルは以下の URL からも確認できます。
https://www.shinko-keirinwebshop.com/shinko/2024pt/rakurakudegi/MTS6da/index.html

※丸つけラクラク解答デジタルは無料でご利用いただけますが、通信料金はお客様のご負担となります。
※QR コードは株式会社デンソーウェーブの登録商標です。

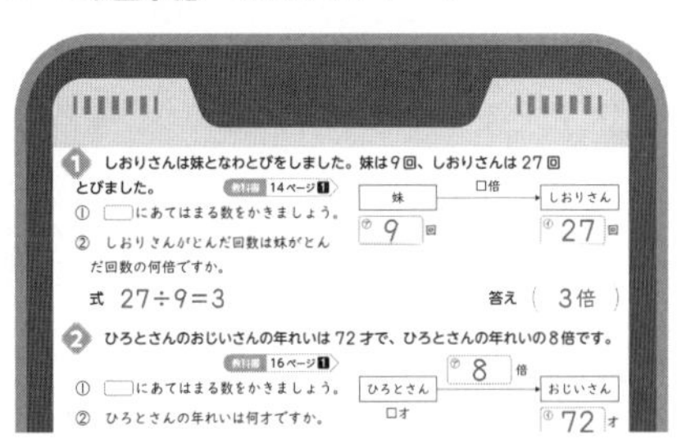

1 対称な図形

ぴったり1 準備　2ページ

1 あ

2 (1) ＦＥ、等しく、ＦＥ
(2) 垂直、ＥＧ、垂直、ＥＧ

ぴったり2 練習　3ページ

1 あ、う　あ

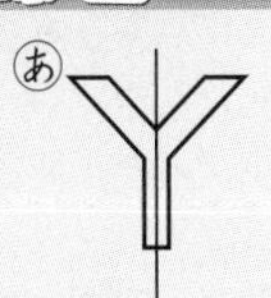

う

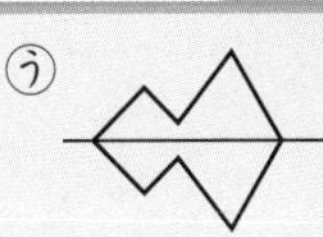

2 ① 頂点Ｆ
② 6 cm
③ 70°
④ 垂直に交わっている。
⑤ ＣＪ＝ＧＪ
⑥ 右の図

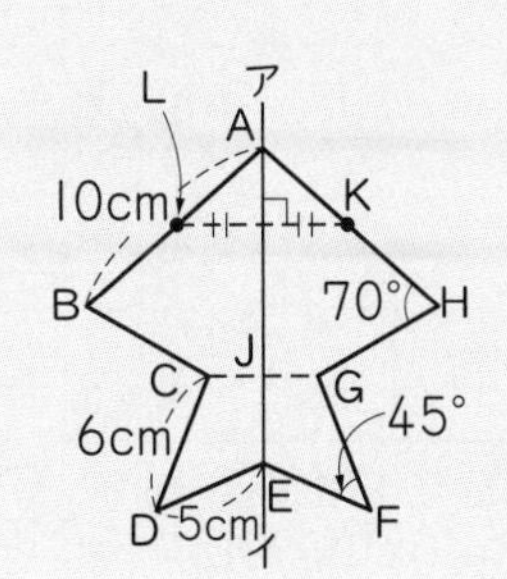

てびき

1 対称の軸は、ぴったり重なるように二つ折りにしたときの折り目だよ。
長さや大きさが等しい辺や角を見つけよう。

2 ② 辺ＦＧに対応する辺は、辺ＤＣで、長さが等しくなっています。
③ 角Ｂに対応する角は、角Ｈで、大きさが等しくなっています。
⑥ 直線ＫＬと対称の軸アイは垂直に交わります。

❸ 3本

❸

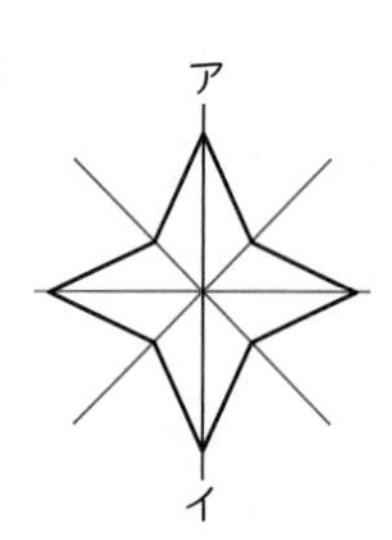

❹

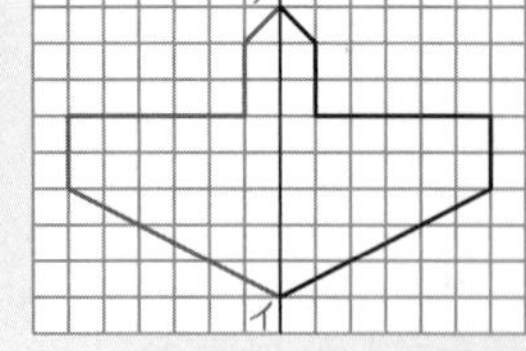

❹

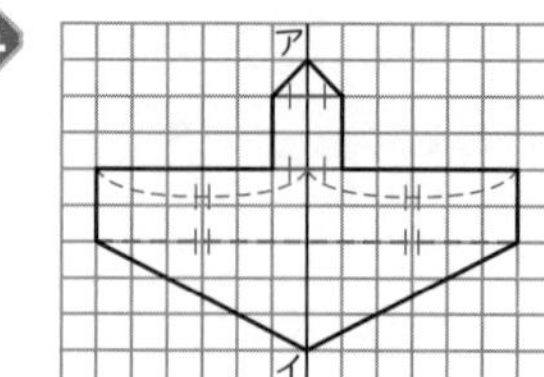

しあげの5分レッスン

❶は右の図のように考えれば、線対称であることがわかるね。他の線対称な図形についても紙に図をかいて確かめてみよう。

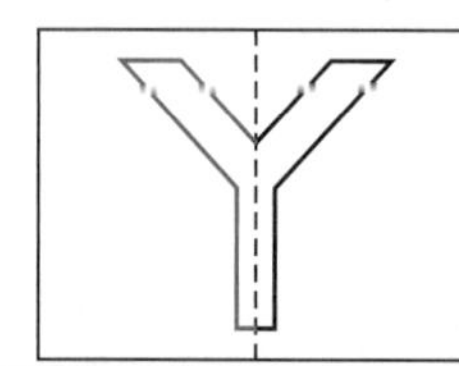

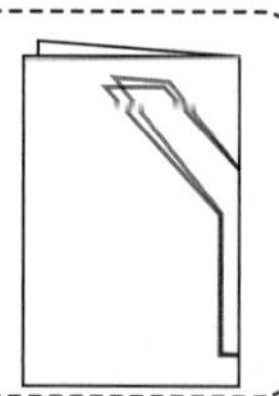

ぴったり1 準備 4ページ

1 180、Ⓘ

2 (1) GH、等しく、GH　(2) 対称の中心、FO、O、FO

ぴったり2 練習 5ページ

てびき

❶ 線対称な図形…Ⓘ、Ⓤ　点対称な図形…Ⓐ、Ⓘ

Ⓐ  Ⓘ 

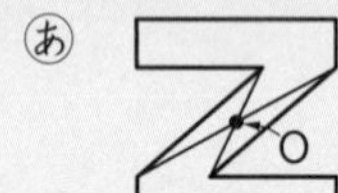

❶ 線対称な図形は二つ折りにして、点対称な図形は180°回転して、ぴったり重なる図形だね。

❷ ① 頂点B　② 6cm　③ 70°
④ 点O(で交わる。)　⑤ CO＝FO
⑥

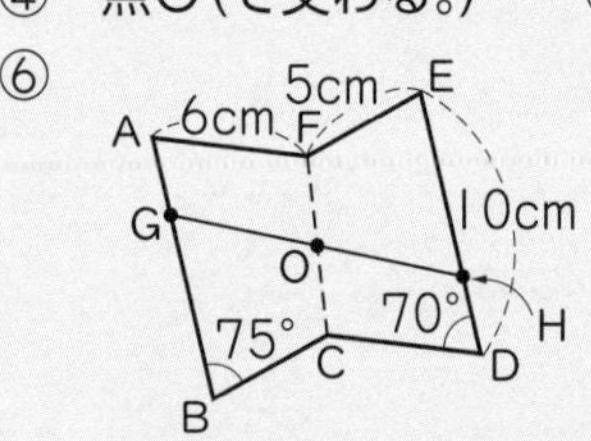

❷ ② 辺CDに対応する辺は、辺FAで、長さが等しくなっています。
③ 角Aに対応する角は、角Dで、大きさが等しくなっています。
⑥ 直線GHは対称の中心を通るので、点Gから点Oを通る直線をかきます。

❸ ① 右の図
② 右の図

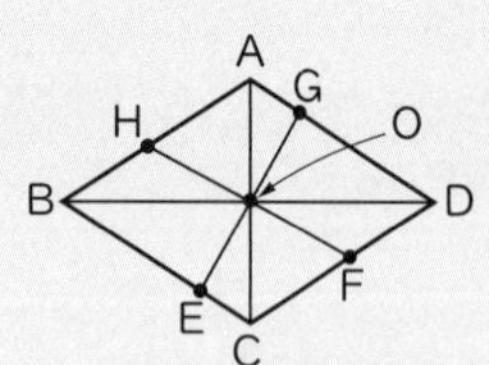

❸ ① 対称の中心Oは、対応する2つの点を結ぶ直線AC、直線BDの交わった点です。
② 点E、点Fから、点Oを通る直線をかきます。

❹

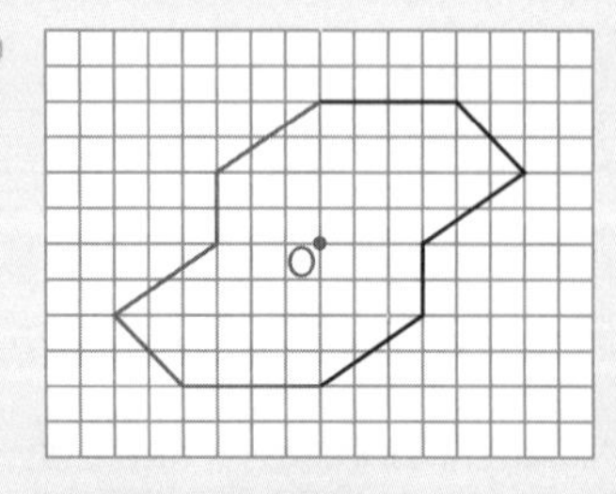

❹

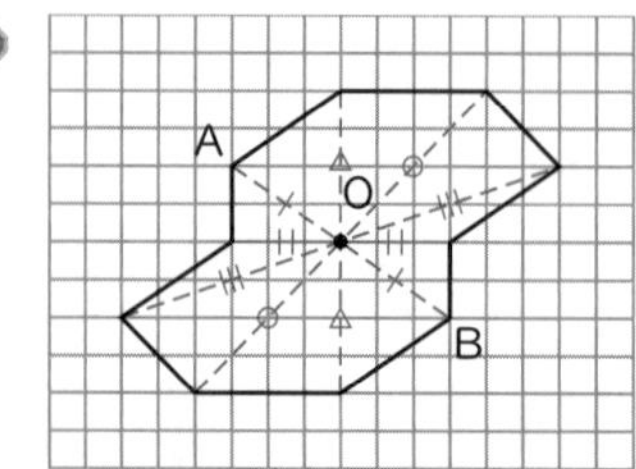

おうちのかたへ 点対称と線対称の混同に注意させてください。例えば、正三角形は線対称な図形ではありますが、180°回転したとき、もとの図形と重ならないので、点対称な図形ではありません。

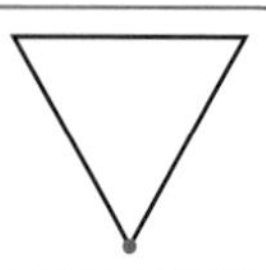

ぴったり1 準備 6ページ

1 (1) 2　(2) 4　(3) 1

2 (1) (あ)、(い)、(う)、3、5、6　(2) (う)、対称(たいしょう)の中心

ぴったり2 練習 7ページ

1 ① (う)、(え)、(お)、(き)、(く)、(け)

(う) 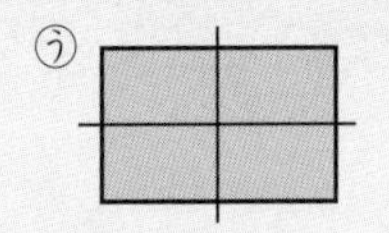 (え) 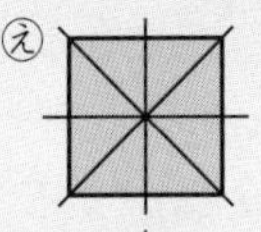 (お) 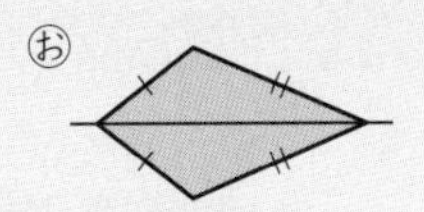

(き) 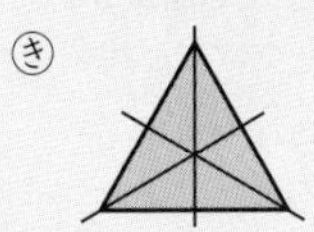 (く) 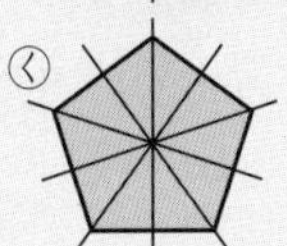 (け) 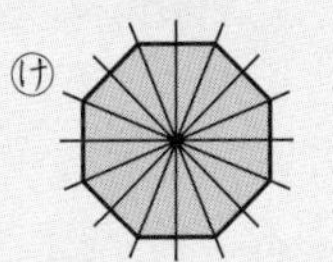

② (い)、(う)、(え)、(け)

(い) 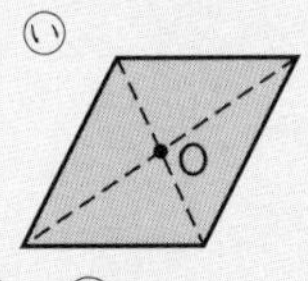 (う) 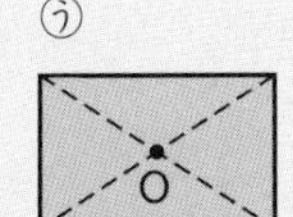 (え) 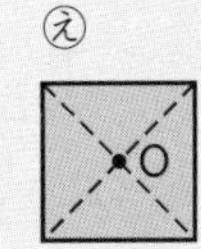 (け) 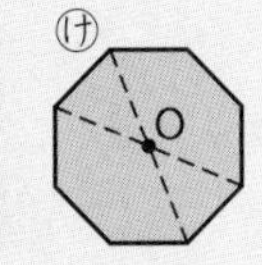

③ (え)

④ 対称の軸…円の直径、対称の中心…円の中心

2 (例)

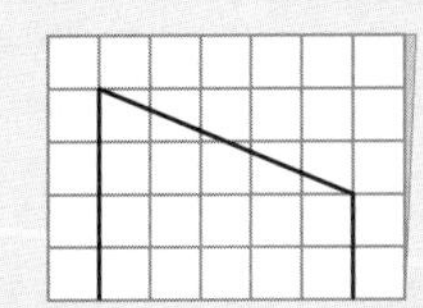

てびき

1 ① 対称の軸は、ぴったり重なるように二つ折りにしたときの折り目になります。

② 対称の中心は、180°回転させたとき、もとの図形にぴったり重なるときの回転の中心です。

③ (う)の長方形は対角線が右図のように対称の軸(じく)にはなりません。問題にはありませんが、ひし形は対角線が2本とも対称の軸になります。

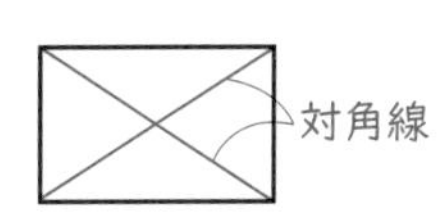

④ 対称の軸は円の中心を通る直線などと答えてもよいです。円は、直径を対称の軸とする線対称な図形で、対称の軸は無数にあります。また、円の中心を対称の中心とする点対称な図形です。

2 紙の折り目が、対称の軸になります。
平行でない2つの辺の長さが等しい台形は、線対称な図形になります。

ぴったり3 確かめのテスト 8～9ページ

1 ① 頂点(ちょうてん)F　② 垂直(すいちょく)に交わっている。
③ 直線GH

2 ① 辺EF　② 直線HO

3 線対称な図形…(う)、(え)、(お)
点対称な図形…(い)、(う)、(お)

4

5 ① 右の図
② 右の図

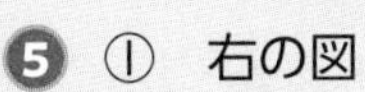

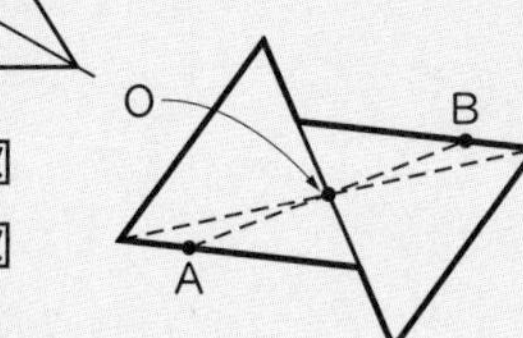

6 ① ②

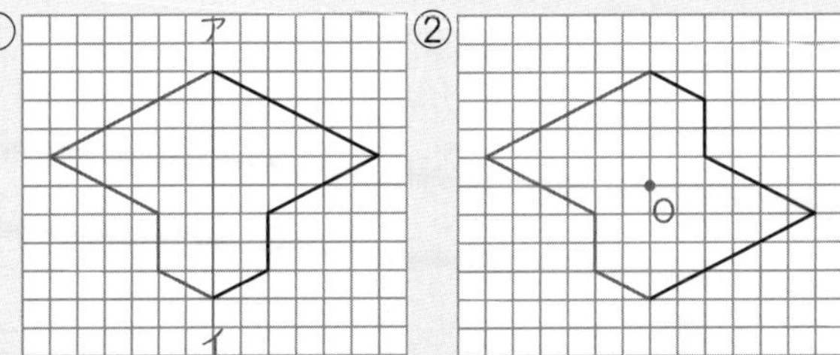

7 ① 辺FE　② 辺FG

8 (例) 頂点Aと辺BCの真ん中の点を結ぶ。

9 (例) 対称の中心
(例) 2本の対角線が交わる点

てびき

3 (い)

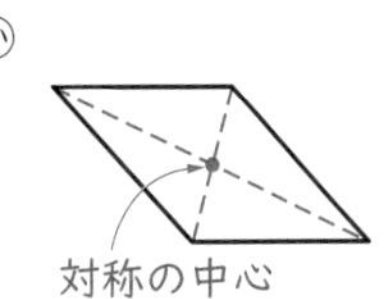

(う)
対称の中心
対称の軸(2本)

(え)

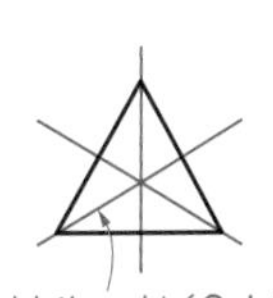

(お)
対称の中心
対称の軸(6本)

5 ② 対応する2つの点を結ぶ直線ABは、対称の中心Oを通るので、点Aから点Oを通る直線をかきます。

6 対応する点の見つけ方

①

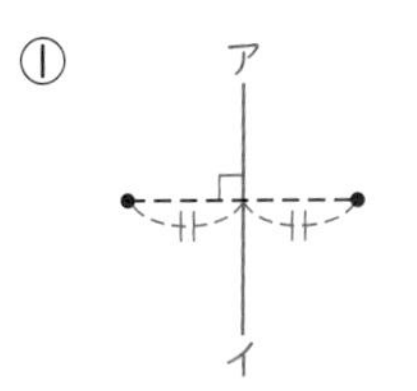

②

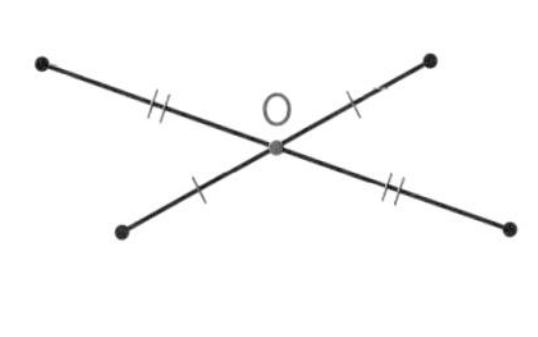

7 ①

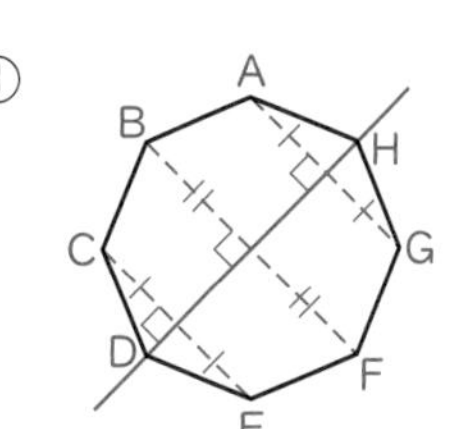

②

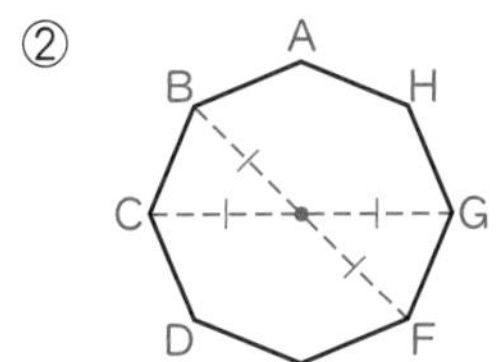

2 文字と式

ぴったり1 準備 10ページ

1 (1) x　(2) 4、4、252、252

2 (1) x、y　(2) 4.5、4.5、54、54　(3) 60、12、60、60、12、5、5

ぴったり2 練習 11ページ

❶ ① $60\times x+80$(円)

② 3本のとき…260円、8本のとき…560円

❷ ① $x\times4=y$

② 10

③ 7

❸ ① $8\times x=y$

② $110-x=y$

③ $x+350=y$

④ $x\div6=y$

てびき

❶ ① 代金の合計は、

えん筆1本の値段×本数＋ノートの値段

② 3本のとき、$60\times3+80=260$(円)

8本のとき、$60\times8+80=560$(円)

❷ ② $2.5\times4=10$

③ $x\times4=28$

$x=28\div4=7$

❸ ことばの式は、次のようになります。

① 底辺×高さ＝平行四辺形の面積

② 全体のページ数－読んだページ数＝残りのページ数

③ シャツの値段＋ハンカチの値段＝代金の合計

④ リボンの長さ÷本数＝1本の長さ

ぴったり1 準備 12ページ

1 (1) 6　(2) 2、2

2 (1) x、y　(2) x、y

ぴったり2 練習 13ページ

❶ ① (例)オムライスを5皿注文したときの代金

② (例)ライス少なめのオムライスを1皿と、ジュースを1つ注文したときの代金

❷ ① (例)x円のあめと100円のジュースを買うと、代金はy円です。

② (例)100ページの本があります。xページ読むと、残りはyページです。

③ (例)1束80円の折り紙をx束買うと、代金はy円です。

④ (例)面積が80 cm² の平行四辺形があります。底辺の長さがx cmのとき、高さはy cmです。

❸ ① 7、42

② 6 cm

てびき

❶ ② $x-50$…ライスを少なめにしたオムライス1皿の値段

200…ジュース1つの値段

この2つを注文したときの代金を表しています。

❷ 次のような場面をつくることもできます。

① (例)折り紙がx枚あります。あと100枚買うと、全部でy枚になります。

② (例)ひもが100 mあります。x m使うと、残りはy mです。

③ (例)底辺が80 cmの平行四辺形があります。高さがx cmのとき、面積はy cm²です。

④ (例)80ページの本を、1日にxページずつ読むと、y日間で読み終わります。

❸ ② $x=42\div7=6$

おうちのかたへ この単元で、初めてxやyという文字を使った式が出てきます。いままで□や△という「記号」で表してきたものが「文字」に変わっただけなのですが、とまどうお子様も多いと思います。まずはxやyなどの文字に慣れることから始めてみましょう。「xが□、yが△だと思って考えてみよう。」などと声掛けしてあげてください。

ぴったり3 確かめのテスト 14〜15ページ

❶ ① $2.4 \div x$(L)
② $x-7$(才)

❷ ① $150 \times x+200$(円)
② 5本のとき…950円
7本のとき…1250円

❸ ① $x \div 4=y$
② $x+0.3=y$
③ $20-x=y$
④ $240 \times x=y$

❹ ① $x \times 6=y$
② 39
③ 4.4

❺ ① ㋕ ② ㋐ ③ ㋑ ④ ㋔

❻ ① $5 \times x=40$
② 8 cm

てびき

❶ ① 1個分の量は、牛乳(ぎゅうにゅう)の量÷コップの個数
② 年れいのちがいは、姉の年れい－妹の年れい

❷ ① カーネーションの代金は、
1本の値段(ねだん)×本数だから、$150 \times x$(円)
② 5本のとき、$150 \times 5+200=950$(円)
7本のとき、$150 \times 7+200=1250$(円)

❸ ことばの式は、次のようになります。
① 全体のページ数÷日数＝平均のページ数
② みかんの重さ＋箱の重さ＝全体の重さ
③ 全部の問題数－解いた問題数＝残りの問題数
④ 1個の量×個数＝全部の量

❹ ① 1個の重さ×個数＝全部の重さ
② ①の式の x に6.5をあてはめると、
$6.5 \times 6=39$
③ $x \times 6=26.4$
$x=26.4 \div 6=4.4$

❻ ② $x=40 \div 5=8$

しあげの5分レッスン まちがえた問題をもう1回やってみよう。

3 分数×整数、分数÷整数、分数×分数

ぴったり1 準備 16ページ

❶ ① 4 ② 4 ③ 4 ④ 2 ⑤ $\frac{8}{9}$ ⑥ $\frac{8}{9}$

❷ ① 1 ② 3 ③ $\frac{5}{3}$ ④ $\frac{5}{3}\left(1\frac{2}{3}\right)$

ぴったり2 練習 17ページ

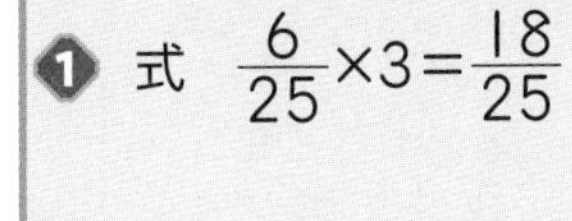

❶ 式 $\frac{6}{25} \times 3=\frac{18}{25}$ 答え $\frac{18}{25}$ kg

❷ ① $\frac{8}{7}\left(1\frac{1}{7}\right)$ ② $\frac{10}{11}$ ③ $\frac{15}{16}$
④ $\frac{15}{2}\left(7\frac{1}{2}\right)$ ⑤ $\frac{21}{4}\left(5\frac{1}{4}\right)$
⑥ $\frac{7}{3}\left(2\frac{1}{3}\right)$

❸ 式 $\frac{2}{25} \times 5=\frac{2}{5}$ 答え $\frac{2}{5}$ kg

❹ ① $\frac{5}{2}\left(2\frac{1}{2}\right)$ ② $\frac{3}{2}\left(1\frac{1}{2}\right)$
③ $\frac{15}{2}\left(7\frac{1}{2}\right)$
④ 4 ⑤ 14 ⑥ 35

てびき

❶
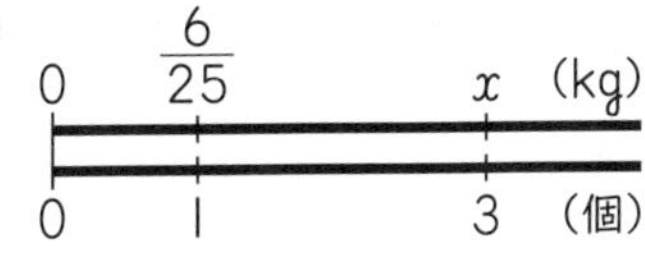

$\frac{6}{25} \times 3=\frac{6 \times 3}{25}=\frac{18}{25}$(kg)

❷ $\frac{b}{a} \times c=\frac{b \times c}{a}$
分母はそのままにして、分子に整数をかけるんだよ。

❸
0 $\frac{2}{25}$ x (kg)
0 1 5 (m)

$\frac{2}{25} \times 5=\frac{2 \times \overset{1}{\cancel{5}}}{\underset{5}{\cancel{25}}}=\frac{2}{5}$(kg)

ぴったり1 準備 18ページ

1 ① 6 ② 6 ③ 6 ④ 2 ⑤ $\frac{3}{7}$ ⑥ $\frac{3}{7}$

2 ① 3 ② 4 ③ 5 ④ $\frac{3}{20}$ ⑤ 1 ⑥ 3 ⑦ $\frac{1}{9}$

ぴったり2 練習 19ページ

1 式 $\frac{12}{5}\div 2=\frac{6}{5}$ 答え $\frac{6}{5}$L$\left(1\frac{1}{5}\text{L}\right)$

2 ① $\frac{3}{20}$ ② $\frac{5}{48}$ ③ $\frac{1}{24}$
④ $\frac{9}{14}$ ⑤ $\frac{5}{12}$ ⑥ $\frac{4}{21}$
⑦ $\frac{2}{7}$ ⑧ $\frac{1}{9}$ ⑨ $\frac{1}{5}$
⑩ $\frac{3}{10}$ ⑪ $\frac{2}{51}$ ⑫ $\frac{1}{45}$

3 式 $\frac{10}{7}\div 4=\frac{5}{14}$ 答え $\frac{5}{14}$kg

てびき

1
0 x $\frac{12}{5}$ (L)
0 1 2 (分)

$\frac{12}{5}\div 2=\frac{12\div 2}{5}=\frac{6}{5}$(L)

2 $\frac{b}{a}\div c=\frac{b}{a\times c}$
分子はそのままにして、分母に整数をかけるんだよ。約分するのも忘(わす)れずに。

⑩ $\frac{9}{5}\div 6=\frac{\overset{3}{\cancel{9}}}{5\times\underset{2}{\cancel{6}}}=\frac{3}{10}$

ぴったり1 準備 20ページ

1 (1)① 4 ② 7 ③ $\frac{8}{21}$ (2)④ 1 ⑤ 1 ⑥ 2 ⑦ 3 ⑧ $\frac{1}{6}$

2 ① 1 ② 3 ③ 2 ④ 7 ⑤ $\frac{9}{70}$

3 1、1、$\frac{8}{9}$

ぴったり2 練習 21ページ

1 ① $\frac{4}{45}$ ② $\frac{35}{54}$ ③ $\frac{15}{8}\left(1\frac{7}{8}\right)$
④ $\frac{9}{20}$ ⑤ $\frac{2}{5}$ ⑥ 4

2 式 $\frac{4}{7}\times\frac{3}{5}=\frac{12}{35}$ 答え $\frac{12}{35}$kg

3 ① $\frac{1}{7}$ ② $\frac{1}{8}$
③ $\frac{1}{3}$ ④ 1

4 ① $\frac{6}{7}$ ② $\frac{15}{4}\left(3\frac{3}{4}\right)$ ③ $\frac{9}{2}\left(4\frac{1}{2}\right)$
④ $\frac{15}{14}\left(1\frac{1}{14}\right)$ ⑤ $\frac{9}{4}\left(2\frac{1}{4}\right)$ ⑥ 6

しあげの5分レッスン まちがえた問題をもう1回やってみよう。

てびき

1 $\frac{b}{a}\times\frac{d}{c}=\frac{b\times d}{a\times c}$
分母どうし、分子どうしをかけるんだよ。
約分も忘れずに。

2 1mの重さ×長さ(m)=全体の重さから式をたてます。

3 ③ $\frac{5}{7}\times\frac{3}{5}\times\frac{7}{9}$

$=\frac{\overset{1}{\cancel{5}}\times\overset{1}{\cancel{3}}\times\overset{1}{\cancel{7}}}{\underset{1}{\cancel{7}}\times\underset{1}{\cancel{5}}\times\underset{3}{\cancel{9}}}=\frac{1}{3}$

4 整数は、分母が1の分数と考えればいいね。

② $9\times\frac{5}{12}=\frac{9}{1}\times\frac{5}{12}=\frac{\overset{3}{\cancel{9}}\times 5}{1\times\underset{4}{\cancel{12}}}=\frac{15}{4}$

ぴったり1 準備 22ページ

1 9、$\frac{3}{10}$

2 280、160

3 (1)① $\frac{2}{3}$　② $\frac{4}{5}$　③ $\frac{8}{15}$　(2)④ $\frac{5}{4}$　⑤ $\frac{3}{2}$　⑥ $\frac{3}{7}$　⑦ $\frac{45}{56}$

ぴったり2 練習 23ページ

1 ① $\frac{7}{20}$　② $\frac{15}{8}\left(1\frac{7}{8}\right)$　③ 4

④ $\frac{49}{15}\left(3\frac{4}{15}\right)$　⑤ $\frac{57}{8}\left(7\frac{1}{8}\right)$

⑥ $\frac{35}{6}\left(5\frac{5}{6}\right)$

2 ① ＞　② ＜　③ ＞

3 ① $\frac{36}{25}\text{m}^2\left(1\frac{11}{25}\text{m}^2\right)$　② $\frac{1}{4}\text{m}^2$　③ $\frac{16}{27}\text{m}^2$

④ $\frac{27}{64}\text{cm}^3$　⑤ $\frac{2}{3}\text{m}^3$

てびき

1 帯分数は仮分数で表して計算しよう。

2 かける数＜1　のとき、積＜かけられる数
かける数＞1　のとき、積＞かけられる数

3 ③ $\frac{8}{9}\times\frac{2}{3}=\frac{16}{27}(\text{m}^2)$←底辺×高さ

④ $\frac{3}{4}\times\frac{3}{4}\times\frac{3}{4}=\frac{27}{64}(\text{cm}^3)$←1辺×1辺×1辺

⑤ $\frac{4}{7}\times\frac{5}{6}\times\frac{7}{5}=\frac{2}{3}(\text{m}^3)$←縦(たて)×横×高さ

ぴったり1 準備 24ページ

1 (1)① $\frac{7}{8}$　② $\frac{8}{7}$　③ 1　④ $\frac{5}{9}$　(2)⑤ $\frac{2}{3}$　⑥ 6　⑦ 3　⑧ 4　⑨ 7

(3)⑩ $\frac{4}{9}$　⑪ $\frac{5}{9}$　⑫ 1　⑬ $\frac{7}{6}\left(1\frac{1}{6}\right)$

2 (1) $\frac{5}{2}$　(2) 1、$\frac{1}{3}$

ぴったり2 練習 25ページ

1 ① $\frac{15}{8}$、$\frac{8}{15}$　② 24、$\frac{3}{8}$、24

③ $\frac{7}{9}$、$\frac{1}{6}$

2 ① $\frac{7}{10}$　② 19

③ 11　④ 3

⑤ 10　⑥ $\frac{3}{4}$

3 ① $\frac{7}{4}$　② 6　③ $\frac{8}{11}$

④ $\frac{1}{5}$　⑤ $\frac{10}{7}$　⑥ $\frac{100}{9}$

てびき

1 計算のきまりは4つあるよ。
$a\times b=b\times a$　$(a\times b)\times c=a\times(b\times c)$
$(a+b)\times c=a\times c+b\times c$
$(a-b)\times c=a\times c-b\times c$

2 ① $\left(\frac{7}{10}\times\frac{3}{4}\right)\times\frac{4}{3}=\frac{7}{10}\times\left(\frac{3}{4}\times\frac{4}{3}\right)=\frac{7}{10}\times1=\frac{7}{10}$

③ $18\times\left(\frac{5}{6}-\frac{2}{9}\right)=18\times\frac{5}{6}-18\times\frac{2}{9}=15-4=11$

⑤ $\frac{5}{8}\times9+\frac{5}{8}\times7=\frac{5}{8}\times(9+7)=\frac{5}{8}\times16=10$

⑥ $\frac{23}{14}\times\frac{3}{4}-\frac{9}{14}\times\frac{3}{4}$
$=\left(\frac{23}{14}-\frac{9}{14}\right)\times\frac{3}{4}=1\times\frac{3}{4}=\frac{3}{4}$

3 ④ $5=\frac{5}{1}$ だから、逆数は $\frac{1}{5}$

⑤ $0.7=\frac{7}{10}$ だから、逆数は $\frac{10}{7}$

しあげの5分レッスン **2**の計算のきまりを使ってくふうして計算する問題をもう一回おさらいしよう。

1 ① $\frac{15}{8}\left(1\frac{7}{8}\right)$ ② $\frac{9}{35}$

③ $\frac{2}{3}$ ④ $\frac{28}{3}\left(9\frac{1}{3}\right)$

⑤ $\frac{35}{8}\left(4\frac{3}{8}\right)$ ⑥ 9

⑦ $\frac{5}{8}$ ⑧ 26

⑨ 7 ⑩ $\frac{1}{2}$

2 ㋑

3 ① $\frac{3}{2}$ ② $\frac{1}{8}$ ③ $\frac{100}{17}$

4 式 $240\times2\frac{1}{4}=540$ 答え 540円

5 式 $\frac{5}{3}\times4\times\frac{9}{10}=6$ 答え 6 m^3

6 式 $\frac{9}{16}\div3=\frac{3}{16}$

$\frac{3}{16}\times10=\frac{15}{8}$

答え $\frac{15}{8}$kg$\left(1\frac{7}{8}\text{kg}\right)$

7 ① 3、6、9、12、15、18
② 3の倍数
③ 4、8、12、16、20
④ 4の倍数

しあげの5分レッスン まちがえた問題をもう1回やってみよう。

てびき

1 ④ $16\times\frac{7}{12}=\frac{16}{1}\times\frac{7}{12}=\frac{\overset{4}{\cancel{16}}\times7}{1\times\underset{3}{\cancel{12}}}=\frac{28}{3}$

⑥ $3\frac{3}{8}\times2\frac{2}{3}=\frac{27}{8}\times\frac{8}{3}=\frac{\overset{9}{\cancel{27}}\times\overset{1}{\cancel{8}}}{\underset{1}{\cancel{8}}\times\underset{1}{\cancel{3}}}=\frac{9}{1}=9$

⑦ $\left(\frac{5}{8}\times\frac{7}{9}\right)\times\frac{9}{7}=\frac{5}{8}\times\left(\frac{7}{9}\times\frac{9}{7}\right)=\frac{5}{8}\times1=\frac{5}{8}$

⑧ $\left(\frac{5}{9}+\frac{1}{6}\right)\times36=\frac{5}{9}\times36+\frac{1}{6}\times36$

$=20+6=26$

⑨ $\frac{7}{9}\times2+\frac{7}{9}\times7=\frac{7}{9}\times(2+7)=\frac{7}{9}\times9=7$

⑩ $\frac{5}{6}\times\frac{7}{5}\times\frac{3}{7}=\frac{\overset{1}{\cancel{5}}\times\overset{1}{\cancel{7}}\times\overset{1}{\cancel{3}}}{\underset{2}{\cancel{6}}\times\underset{1}{\cancel{5}}\times\underset{1}{\cancel{7}}}=\frac{1}{2}$

2 かける数<1のとき、積<6となります。

6

0	x	$\frac{9}{16}$	y (kg)
0	1	3	10 (m)

まず、このホース1mの重さを求めます。

$\frac{9}{16}\div3=\frac{\overset{3}{\cancel{9}}}{16\times\underset{1}{\cancel{3}}}=\frac{3}{16}$(kg)

次に、このホース10mの重さを求めます。

$\frac{3}{16}\times10=\frac{3\times\overset{5}{\cancel{10}}}{\underset{8}{\cancel{16}}\times1}=\frac{15}{8}$(kg)

7 ㋐ $\frac{11}{3}\times□=\frac{11\times□}{3}$ ㋑ $\frac{4}{5}\div□=\frac{4}{5\times□}$

① 11×□が3でわりきれるとき、積が整数になります。

③ 5×□が4でわりきれるとき、商の分子が1になります。

4 分数÷分数

ぴったり1 準備 28ページ

1 (1)① 5 ② 3 ③ $\frac{5}{9}$ (2)④ 1 ⑤ 2 ⑥ 1 ⑦ 3 ⑧ $\frac{2}{3}$

2 ① 10 ② 9 ③ $\frac{8}{21}$

ぴったり2 練習 29ページ

❶ ① $\frac{21}{20}\left(1\frac{1}{20}\right)$ ② $\frac{16}{63}$ ③ $\frac{25}{48}$

④ $\frac{4}{5}$ ⑤ $\frac{9}{4}\left(2\frac{1}{4}\right)$ ⑥ 6

❷ 式 $\frac{5}{9}\div\frac{3}{4}=\frac{20}{27}$ 答え $\frac{20}{27}$kg

❸ ① $\frac{49}{22}\left(2\frac{5}{22}\right)$ ② 6

③ $\frac{3}{5}$ ④ $\frac{9}{32}$

⑤ 6 ⑥ $\frac{2}{25}$

❹ ① $\frac{7}{15}$m² ② $\frac{5}{3}$cm² $\left(1\frac{2}{3}\text{cm}^2\right)$

てびき

❶ わる数の逆数をかけるんだよ。

$\frac{b}{a}\div\frac{d}{c}=\frac{b}{a}\times\frac{c}{d}=\frac{b\times c}{a\times d}$

❷

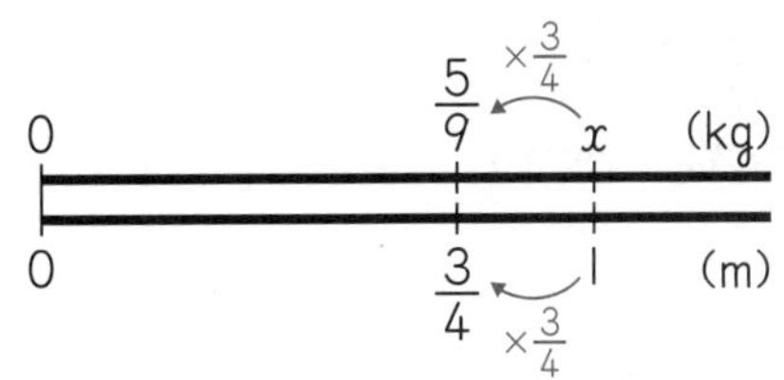

上の図から、$x\times\frac{3}{4}=\frac{5}{9}$ $x=\frac{5}{9}\div\frac{3}{4}$

❸ わる数を逆数に変えて、かけ算だけの式になおして計算するんだよ。

⑥ $\frac{7}{15}\div\frac{5}{12}\div14=\frac{7}{15}\times\frac{12}{5}\times\frac{1}{14}$

$=\frac{\overset{1}{\cancel{7}}\times\overset{\overset{2}{\cancel{4}}}{\cancel{12}}\times1}{\underset{5}{\cancel{15}}\times5\times\underset{\underset{1}{\cancel{2}}}{\cancel{14}}}=\frac{2}{25}$

❹ ① $\frac{7}{6}\times\frac{4}{5}\div2=\frac{7}{6}\times\frac{4}{5}\times\frac{1}{2}=\frac{7}{15}$(m²)

しあげの5分レッスン まちがえた問題をもう1回やってみよう。

ぴったり1 準備 30ページ

1 (1)① 1 ② 3 ③ 7 ④ $\frac{6}{7}$ (2)⑤ 6 ⑥ 5 ⑦ $\frac{5}{8}$

2 ① $1\frac{1}{5}$ ② 5 ③ $\frac{3}{5}$ ④ 10

ぴったり2 練習 31ページ

❶ ① $\frac{9}{10}$ ② 10 ③ $\frac{33}{2}\left(16\frac{1}{2}\right)$

④ $\frac{3}{56}$ ⑤ $\frac{4}{15}$ ⑥ $\frac{1}{12}$

❷ ① $\frac{9}{35}$ ② $\frac{7}{16}$ ③ $\frac{14}{3}\left(4\frac{2}{3}\right)$

④ $\frac{10}{7}\left(1\frac{3}{7}\right)$ ⑤ $\frac{7}{10}$ ⑥ $\frac{4}{3}\left(1\frac{1}{3}\right)$

❸ ① > ② < ③ <

てびき

❶ 整数は、分母が1の分数と考えればいいね。

④ $\frac{3}{7}\div8=\frac{3}{7}\div\frac{8}{1}=\frac{3\times1}{7\times8}=\frac{3}{56}$

❷ 帯分数を仮分数で表して計算するんだよ。

⑤ $3\frac{3}{5}\div5\frac{1}{7}=\frac{18}{5}\div\frac{36}{7}=\frac{\overset{1}{\cancel{18}}\times7}{5\times\underset{2}{\cancel{36}}}=\frac{7}{10}$

⑥ $3\frac{1}{2}\div2\frac{5}{8}=\frac{7}{2}\div\frac{21}{8}=\frac{\overset{1}{\cancel{7}}\times\overset{4}{\cancel{8}}}{\underset{1}{\cancel{2}}\times\underset{3}{\cancel{21}}}=\frac{4}{3}$

❸ わる数＜1 のとき、商＞わられる数
わる数＞1 のとき、商＜わられる数

ぴったり1 準備 32ページ

1 問題①…$\frac{2}{3}$、$\frac{4}{5}$、$\frac{5}{6}$　問題②…$\frac{4}{5}$、$\frac{2}{3}$、$\frac{6}{5}\left(1\frac{1}{5}\right)$

2 (1) 10、10、$\frac{7}{8}$　(2) 1、10、$\frac{5}{6}$

ぴったり2 練習 33ページ

1 問題①…(例)この油 1 L の重さは、何 kg ですか。

式 $\frac{3}{5}\div\frac{2}{3}=\frac{9}{10}$　答え $\frac{9}{10}$ kg

問題②…(例)この油 1 kg のかさは、何 L ですか。

式 $\frac{2}{3}\div\frac{3}{5}=\frac{10}{9}$

答え $\frac{10}{9}$ L$\left(1\frac{1}{9}\text{L}\right)$

2 ① $\frac{25}{39}$　② $\frac{6}{5}\left(1\frac{1}{5}\right)$

③ $\frac{1}{2}$　④ 3

⑤ $\frac{5}{4}\left(1\frac{1}{4}\right)$　⑥ $\frac{5}{2}\left(2\frac{1}{2}\right)$

⑦ $\frac{9}{5}\left(1\frac{4}{5}\right)$

てびき

1 問題①

問題②

2 小数や整数を分数で表して計算しよう。

⑥ $5.4\div3\div0.72=\frac{54}{10}\div\frac{3}{1}\div\frac{72}{100}$

$=\frac{54}{10}\times\frac{1}{3}\times\frac{100}{72}=\frac{\overset{1}{\cancel{\overset{18}{\cancel{54}}}}\times1\times\overset{5}{\cancel{\overset{10}{\cancel{100}}}}}{\underset{1}{\cancel{10}}\times\underset{1}{\cancel{3}}\times\underset{2}{\cancel{\underset{4}{\cancel{72}}}}}=\frac{5}{2}$

おうちのかたへ **1**では、わる数とわられる数を反対にしてしまうお子様が少なくありません(①であれば、$\frac{2}{3}\div\frac{3}{5}$ としてしまう)。そういう場合は、問題の数値を整数におきかえて考えるように声を掛けてみましょう。例えば、「もし、この問題が、『3 L の重さが 2 kg の油があります。1 L の重さは何 kg ですか。』ならどうなるかな。」などです。

ぴったり3 確かめのテスト 34～35ページ

1 ㋐ $\frac{5}{4}$　㋑ $\frac{5}{4}$　㋒ $\frac{5}{4}$　㋓ 7

㋔ 5　㋕ 9　㋖ 4　㋗ 逆数

2 ㋒

3 ① $\frac{10}{21}$　② $\frac{4}{3}\left(1\frac{1}{3}\right)$

③ 14　④ $\frac{3}{2}\left(1\frac{1}{2}\right)$

⑤ $\frac{2}{25}$　⑥ $\frac{5}{18}$

てびき

1 $\frac{7}{9}\div\frac{4}{5}=\square$

↓$\times\frac{5}{4}$　↓$\times\frac{5}{4}$　　等しい

$\left(\frac{7}{9}\times\frac{5}{4}\right)\div\left(\frac{4}{5}\times\frac{5}{4}\right)=\left(\frac{7}{9}\times\frac{5}{4}\right)\div1$

2 わる数＜1 のとき、商＞7 となります。

3 ④ $1\frac{2}{3}\div1\frac{1}{9}=\frac{5}{3}\div\frac{10}{9}=\frac{\overset{1}{\cancel{5}}\times\overset{3}{\cancel{9}}}{\underset{1}{\cancel{3}}\times\underset{2}{\cancel{10}}}=\frac{3}{2}$

⑤ $\frac{8}{5}\div18\div\frac{10}{9}=\frac{8}{5}\div\frac{18}{1}\div\frac{10}{9}$

$=\frac{\overset{2}{\cancel{\overset{4}{\cancel{8}}}}\times1\times\overset{1}{\cancel{9}}}{5\times\underset{1}{\cancel{\underset{2}{\cancel{18}}}}\times\underset{5}{\cancel{10}}}=\frac{2}{25}$

⑥ $\frac{3}{4}\div6\div0.45=\frac{3}{4}\div\frac{6}{1}\div\frac{45}{100}$

$=\frac{\overset{1}{\cancel{3}}\times1\times\overset{5}{\cancel{\overset{20}{\cancel{100}}}}}{\underset{1}{\cancel{4}}\times\underset{2}{\cancel{6}}\times\underset{9}{\cancel{45}}}=\frac{5}{18}$

❹ ① 式 $\frac{4}{5}\div\frac{8}{9}=\frac{9}{10}$　　答え $\frac{9}{10}$ kg

② 式 $\frac{8}{9}\div\frac{4}{5}=\frac{10}{9}$

答え $\frac{10}{9}$ m $\left(1\frac{1}{9}\text{m}\right)$

❺ ① 式 ある数を x とすると、

$x\times\frac{3}{2}=\frac{3}{8}$

$x=\frac{3}{8}\div\frac{3}{2}=\frac{1}{4}$　　答え $\frac{1}{4}$

② 式 $\frac{1}{4}\times\frac{2}{3}=\frac{1}{6}$　　答え $\frac{1}{6}$

❻ 式 $3\div\frac{9}{60}=20$　　答え 20日

❼ ㋒

❹ ①

0　$\frac{4}{5}$　x　(kg)

0　$\frac{8}{9}$　1　(m)

②

0　$\frac{8}{9}$　y (m)

0　$\frac{4}{5}$　1 (kg)

❻ 60秒＝1分だから、9秒＝$\frac{9}{60}$分です。

❼ 残りの問題の式は、次のようになります。

㋐ $\frac{4}{7}\div\frac{2}{3}$

㋑ $\frac{2}{3}\times\frac{4}{7}$

分数の倍

ぴったり1 準備 36ページ

1 $\frac{7}{6}$、$\frac{2}{3}$、$\frac{7}{4}$、$\frac{7}{4}\left(1\frac{3}{4}\right)$

2 90、$\frac{7}{6}$、105、105

3 $\frac{4}{5}$、$\frac{4}{5}$、175、175

ぴったり2 練習 37ページ

❶ 式 $\frac{3}{5}\div\frac{3}{2}=\frac{2}{5}$　　答え $\frac{2}{5}$ 倍

❷ ① 式 $\frac{13}{8}\div\frac{1}{4}=\frac{13}{2}$　　答え $\frac{13}{2}$ 倍 $\left(6\frac{1}{2}\text{倍}\right)$

② 式 $\frac{4}{5}\div\frac{7}{8}=\frac{32}{35}$　　答え $\frac{32}{35}$

❸ ① 式 $240\times\frac{3}{16}=45$　　答え 45 m²

② 式 $20\times\frac{9}{4}=45$　　答え 45 L

てびき

❶ もとにする大きさは、荷物Bの重さです。

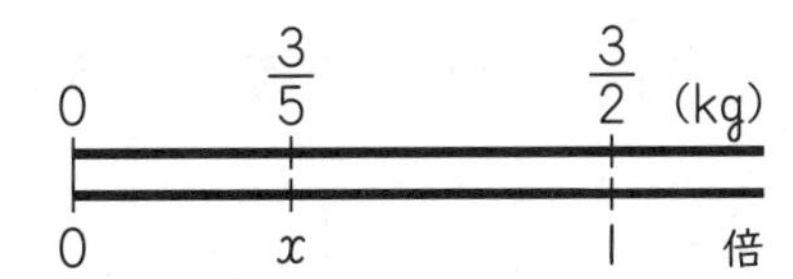

❷ ある大きさが、もとにする大きさの何倍にあたるかを求めます。

❸ ① もとにする大きさは、庭の面積です。

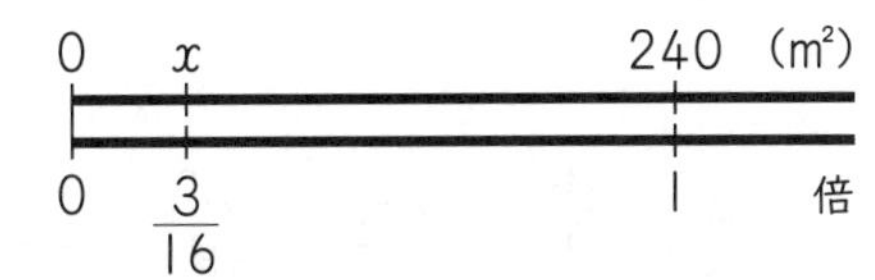

② もとにする大きさは、20Lです。

❹ ① 式　赤いテープの長さを x m とすると、

$x\times\frac{2}{3}=\frac{25}{6}$　$x=\frac{25}{6}\div\frac{2}{3}=\frac{25}{4}$

答え　$\frac{25}{4}$ m $\left(6\frac{1}{4}\text{ m}\right)$

② 式　お兄さんの体重を x kg とすると、

$x\times\frac{3}{4}=39$　$x=39\div\frac{3}{4}=52$

答え　52 kg

❹ ① もとにする大きさは、赤いテープの長さです。

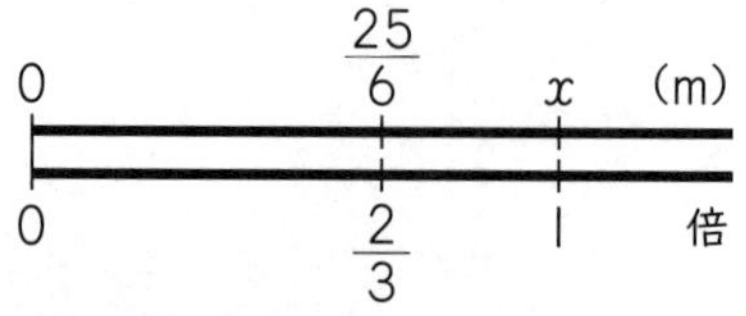

② もとにする大きさは、お兄さんの体重です。

おうちのかたへ　「○○は××の□倍です。」の××がもとにする大きさ(1 とみる大きさ)にあたります。まずは問題文で、もとにする大きさが何なのか、問題の中でわかっている数量が上の○○、××、□のどれにあたるのかを考えさせてみましょう。例えば、❶であれば、

○○は荷物Aの重さで $\frac{3}{5}$ kg

××は荷物Bの重さで $\frac{3}{2}$ kg

にあたりますね。

しあげの5分レッスン　まちがえた問題をもう 1 回やってみよう。

ぴったり3 確かめのテスト　38～39ページ

てびき

❶ 4 倍…3 m　$\frac{6}{5}$ 倍…$\frac{9}{10}$ m　$\frac{2}{3}$ 倍…$\frac{1}{2}$ m

❷ 式　$\frac{13}{15}\div\frac{4}{5}=\frac{13}{12}$　答え　$\frac{13}{12}$ 倍 $\left(1\frac{1}{12}\text{ 倍}\right)$

❷ $\frac{13}{15}\div\frac{4}{5}=\frac{13}{15}\times\frac{5}{4}=\frac{13\times\overset{1}{\cancel{5}}}{\underset{3}{\cancel{15}}\times4}=\frac{13}{12}$

❸ 式　$20\times\frac{7}{5}=28$　答え　28 kg

❹ 式　お姉さんが持っているあめの個数を x 個とすると、

$x\times\frac{4}{5}=12$　$x=12\div\frac{4}{5}=15$

答え　15 個

❹ もとにする大きさは、お姉さんが持っているあめの個数です。

❺ パレット…式　$3000\times\frac{1}{6}=500$

答え　500 円

筆…式　$3000\times\frac{3}{20}=450$　答え　450 円

❻ 式　$\frac{8}{5}\div\frac{3}{4}=\frac{32}{15}$　答え　$\frac{32}{15}$ 倍 $\left(2\frac{2}{15}\text{ 倍}\right)$

❻ もとにする大きさは、塩の重さです。

❼ 式　青のペンキの量を x L とすると、

$x\times\frac{10}{9}=\frac{2}{3}$

$x=\frac{2}{3}\div\frac{10}{9}=\frac{3}{5}$　答え　$\frac{3}{5}$ L

❼ もとにする大きさは、青のペンキの量です。

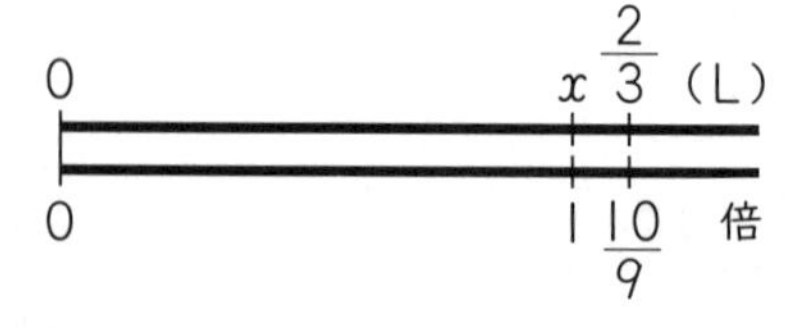

❽ 式　$\frac{5}{6}\div\frac{3}{10}=\frac{25}{9}$　答え　$\frac{25}{9}$ 倍 $\left(2\frac{7}{9}\text{ 倍}\right)$

❽ $\frac{5}{6}\div\frac{3}{10}=\frac{5}{6}\times\frac{10}{3}=\frac{5\times\overset{5}{\cancel{10}}}{\underset{3}{\cancel{6}}\times3}=\frac{25}{9}$

❾ 式　市役所の高さを x m とすると、

$x \times \frac{2}{5} = 24$　$x = 24 \div \frac{2}{5} = 60$

答え　60 m

❾ もとにする大きさは、市役所の高さです。

おうちのかたへ　文章題で答えが出たら、その答えが現実的かどうかもチェックすることを習慣づけましょう。例えば、❺のパレットの値段を、

$3000 \div \frac{1}{6} = 18000$ （正しくは $3000 \times \frac{1}{6} = 500$）

としてしまったとしても、絵の具セットの中のパレットが 3000 円より高いはずがない…と気づくことができますね。このようにして少なからず、ミスを防ぐことができます。

5 比

ぴったり1 準備　40ページ

1 8、17

2 (1) 3、5、$\frac{3}{5}$　(2) 8、6、$\frac{4}{3}$

3 $\frac{2}{3}$、$\frac{1}{4}$、$\frac{1}{3}$、㋛

ぴったり2 練習　41ページ

❶ ① 4：7　② 9：5
③ 2：7　④ 18：11

❷ ① $\frac{7}{3}$　② $\frac{5}{8}$　③ $\frac{5}{2}$
④ $\frac{9}{4}$　⑤ $\frac{2}{3}$　⑥ $\frac{1}{5}$

❸ ① ㋐と㋒　② ㋑と㋛　③ ㋛と㋕

しあげの5分レッスン　❸をもう1回やってみよう。

てびき

❶ a と b の割合を比で表すと、a：b

❷ a：b の比の値は、a を b でわった商だよ。

③ $25 \div 10 = \frac{25}{10} = \frac{5}{2}$

④ $36 \div 16 = \frac{36}{16} = \frac{9}{4}$

⑤ $8 \div 12 = \frac{8}{12} = \frac{2}{3}$

⑥ $6 \div 30 = \frac{6}{30} = \frac{1}{5}$

❸ 比の値が等しいとき、比は等しくなるよ。

① 比の値は、㋐$\frac{2}{5}$、㋑$\frac{1}{4}$、㋒$\frac{16}{40} = \frac{2}{5}$、㋛$\frac{7}{10}$

② 比の値は、㋐$\frac{3}{7}$、㋑$\frac{8}{14} = \frac{4}{7}$、㋒$\frac{9}{15} = \frac{3}{5}$、㋛$\frac{12}{21} = \frac{4}{7}$

③ 比の値は、㋐$\frac{3}{4}$、㋑$\frac{10}{12} = \frac{5}{6}$、㋒$\frac{16}{20} = \frac{4}{5}$、㋛$\frac{12}{9} = \frac{4}{3}$、㋔$\frac{20}{12} = \frac{5}{3}$、㋕$\frac{32}{24} = \frac{4}{3}$

おうちのかたへ　比は、割合を2つの数で表す方法ですが、５年生のときに学習した割合は、割合を１つの数で表す方法です。それらの関係は、

比……比べられる量：もとにする量

割合…比べられる量÷もとにする量＝割合

となっています。

ぴったり1 準備 42ページ

1 (1)① 3　② 3　③ 12
(2)④ 4　⑤ 4　⑥ 7

2 (1)① 3　② 3　③ 5　④ 3
(2)⑤ 8　⑥ 8　⑦ 6　⑧ 7

3 (1)① 10　② 10　③ 18　④ 4　⑤ 9
(2)⑥ 12　⑦ 12　⑧ 8　⑨ 3

ぴったり2 練習 43ページ

❶ ① 4　② 9　③ 5　④ 4

❷ (例) 3：7、9：21、12：28

❸ ① 3：5　② 7：4　③ 1：7
④ 8：13　⑤ 3：4　⑥ 2：7

❹ ① い、え　② あ、か　③ う、お

てびき

❶ ② $12 \div 8 = \frac{3}{2}$ だから、

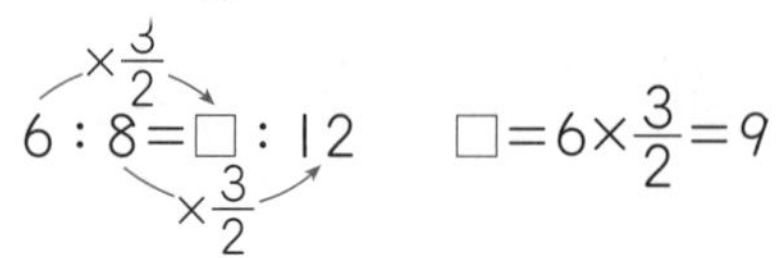

$6:8=\square:12$ (×$\frac{3}{2}$)　$\square = 6 \times \frac{3}{2} = 9$

③ $10:25=2:\square$ (÷5)　$\square = 25 \div 5 = 5$

❷ 同じ数をかけたり、同じ数でわったりして、等しい比をつくります。

$6:14=3:7$ (÷2)　$6:14=9:21$ (×$\frac{3}{2}$)

❸ ③ $0.6:4.2=6:42=1:7$ (×10、÷6)

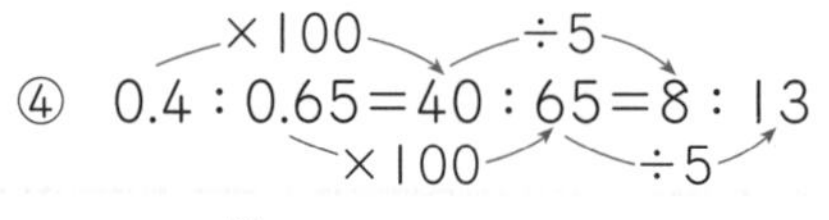

④ $0.4:0.65=40:65=8:13$ (×100、÷5)

⑥ $\frac{6}{7}:3=6:21=2:7$ (×7、÷3)

❹ 比を簡単(かんたん)にすると、
② 3：2　③ 4：5

おうちのかたへ 200：150＝4：3とできるだけ小さい整数の比にした方が、わかりやすいですね。ここで200：150→100：75→20：15→4：3　などと簡単にしているとき、実は左右2つの数を両者の公約数でわっています。5年で学習した公約数についても復習させておくとよいでしょう。なお、最も簡単な整数の比にするには2つの数の最大公約数(上の例では50)でわればよいです。

しあげの5分レッスン まちがえた問題をもう1回やってみよう。

ぴったり1 準備 44ページ

1 ① 180　② 180　③ 36　④ 36　⑤ 4　⑥ 36　⑦ 144　⑧ 144

2 ① 180　② 9　③ 9　④ 180　⑤ 20　⑥ 20　⑦ 5　⑧ 20
⑨ 100　⑩ 100

ぴったり2 練習 45ページ

1 ① 900円　② 9 cm

2 ① 24　② 27　③ 21　④ 4
⑤ 18　⑥ 5

3 ① 4 km
② しばふ…48 m²、花だん…30 m²

てびき

1 ① 弟の持っているお金を x 円とします。
$5:3=1500:x$　$x=3\times300=900$
② 縦（たて）の長さを x cm とします。
$3:7=x:21$　$x=3\times3=9$

2 ⑤ $3.5:9=7:x$　$x=9\times2=18$（×2）
⑥ $6:4.8=x:4$　$x=6\times\frac{5}{6}=5$（$\times\frac{5}{6}$）

3 ① 歩いた道のりを x km とします。
$1:(1+6)=x:28$　$x=1\times4=4$
② しばふの面積を x m² とします。
$8:(8+5)=x:78$　$x=8\times6=48$
花だんの面積は、$78-48=30$(m²)

おうちのかたへ　比の利用においては、比の一方の量を1とみたり、全体の量を1とみたりするなど、実際の問題場面に応じていろいろなとらえかたをすることが必要です。この力を、問題を解く場面を通じてしっかり身につけさせていきましょう。

しあげの5分レッスン　44ページの1と2のちがいは何かな？　もう一度見直そう。

ぴったり3 確かめのテスト 46〜47ページ

1 ① a、b
② 整数

2 ① 2　② 3

3 ㋑

4 7:9

5 ① $\frac{5}{7}$　② $\frac{9}{2}$　③ $\frac{1}{6}$

6 ① 3:8　② 9:8　③ 3:2

7 ① 21
② 15

8 ① 式　兄の身長を x cm とする。
$5:6=130:x$
$x=6\times26$
$=156$　　答え　156 cm
② 式　兄が出した金額を x 円とする。
$9:(9+7)=x:800$
$x=9\times50$
$=450$　　答え　450円

9 (例)かけている数を求めると、$3\div\frac{3}{2}=2$、
$4\div\frac{4}{5}=5$ で、等しい数をかけていないから。

10 5:9

てびき

3 比の値（あたい）が等しいとき、比は等しくなるね。
比の値は、$\frac{4}{6}=\frac{2}{3}$、㋐ $\frac{1}{3}$、㋑ $1.6\div2.4=\frac{2}{3}$、
㋒ $\frac{1}{2}\div\frac{1}{3}=\frac{3}{2}$
比を簡単にして、等しい比を見つけることもできます。

5 ② $1.8\div0.4=\frac{18}{4}=\frac{9}{2}$

6 ③ $\frac{9}{8}:\frac{3}{4}=\left(\frac{9}{8}\times8\right):\left(\frac{3}{4}\times8\right)$
$=9:6=3:2$

7 ② $9\div3.6=\frac{5}{2}$ だから、
$6:3.6=x:9$　$x=6\times\frac{5}{2}=15$（$\times\frac{5}{2}$）

9 $\frac{3}{2}:\frac{4}{5}=15:8$（×10）、$3:4=15:20$（×5）だから、
等しい比になりません。

10 台形の面積＝(上底＋下底)×高さ÷2で、高さが等しいから、面積の比は、「上底＋下底」の長さの比になります。$(4+1):(3+6)=5:9$

活用 算数で読みとこう

データにかくれた事実にせまろう 48〜49ページ

1 ① (例)トマトは１つひとつの大きさがちがうので、個数で比べられないから。

(例)トマトは１つひとつの重さがちがうので、キロ単価を使うと、正確に比べられるから。

② (例)Ⓐと Ⓑは 12 月の価格で、Ⓒは５月の価格です。同じ月の価格で比べないと、2023年の価格が安いとはいえないから。

(例)トマトは冬の収穫量が少ないので、12月に調べたⒶとⒹの価格が高いかもしれないから。

③ (例)都道府県によって価格に差があることがあるため、各都道府県の価格の平均を全国の価格とする必要があるから。

2 ①ⓐ ㋒

ⓑ ㋐

② (例)キャベツ、ジャガイモ、レタスとも、2年前の価格が４年間の中でいちばん高くなっている。

てびき

2 ①ⓐ ㋒ 価格が下がる理由としては、豊作や需要が少なくなったなどが考えられます。

ⓑ ㋐ 価格が上がる理由としては、不作のほかに、タマネギを作るための肥料などの価格が上がったことも考えられます。

6 拡大図と縮図

ぴったり1 準備 50ページ

1 (1) 2、2、拡大図 (2) 2、$\frac{1}{2}$、縮図

2 (1) AB、3、6 (2) $\frac{1}{3}$、3 (3) E、70

ぴったり2 練習 51ページ

1 拡大図…㋑、㋖、縮図…㋓、㋕

2 ① いえない

② いえる

てびき

1 2つの辺が、ますの対角線になっています。

㋑…㋐の三角形の 2 倍の拡大図

㋖…㋐の三角形の $\frac{3}{2}$ 倍の拡大図

㋓…㋐の三角形の $\frac{1}{2}$ の縮図

㋕…㋐の三角形の $\frac{3}{4}$ の縮図

2 ① ㋚の四角形の縦と横の長さの比は 2：3

㋛の四角形の縦と横の長さの比は 3：4

対応する辺の長さの比が等しくないので、拡大図とはいえません。

② ㋜の四角形の縦と横の長さの比は 1：1

㋝の四角形の縦と横の長さの比は 1：1

対応する辺の長さの比が等しいので、拡大図といえます。

❸ ① 辺FG、8cm
② 角G、85°
③ 辺CD、3cm
④ 角B、65°

❸ ③ 四角形ABCDは、四角形EFGHの $\frac{1}{2}$ の縮図です。

おうちのかたへ 拡大図や縮図は、もとの図を同じ割合で大きくしたり小さくしたりして表した図です。ここでは、割合や比の考え方が使われますので、割合や比についてもう一度復習させておくことが大切です。

ぴったり1 準備 52ページ

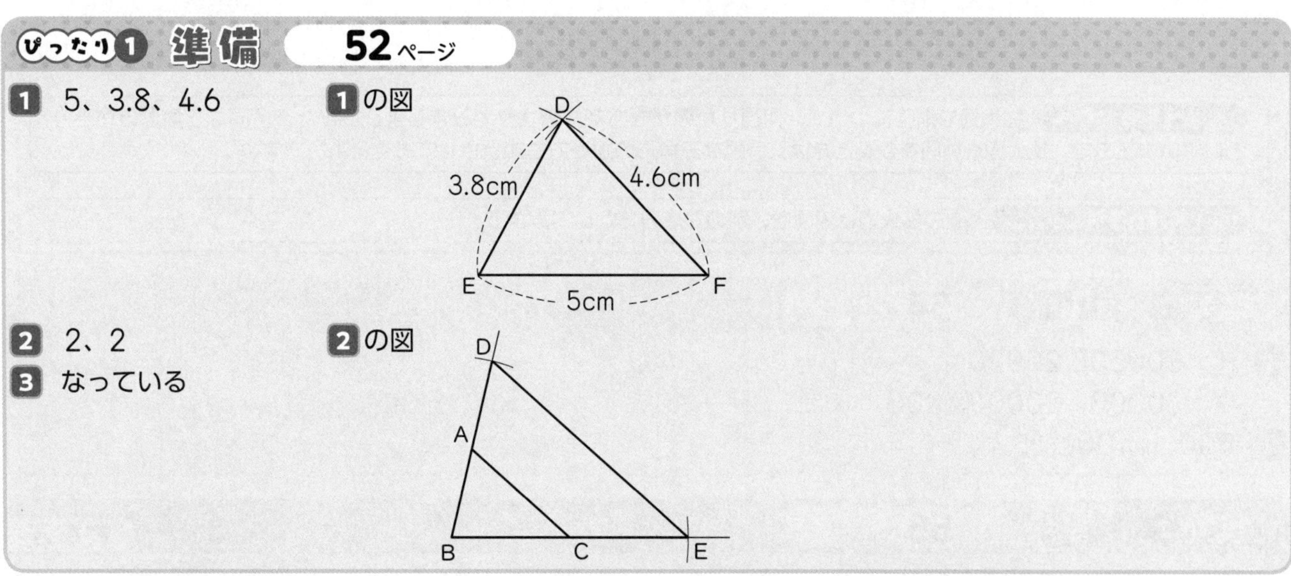

ぴったり2 練習 53ページ

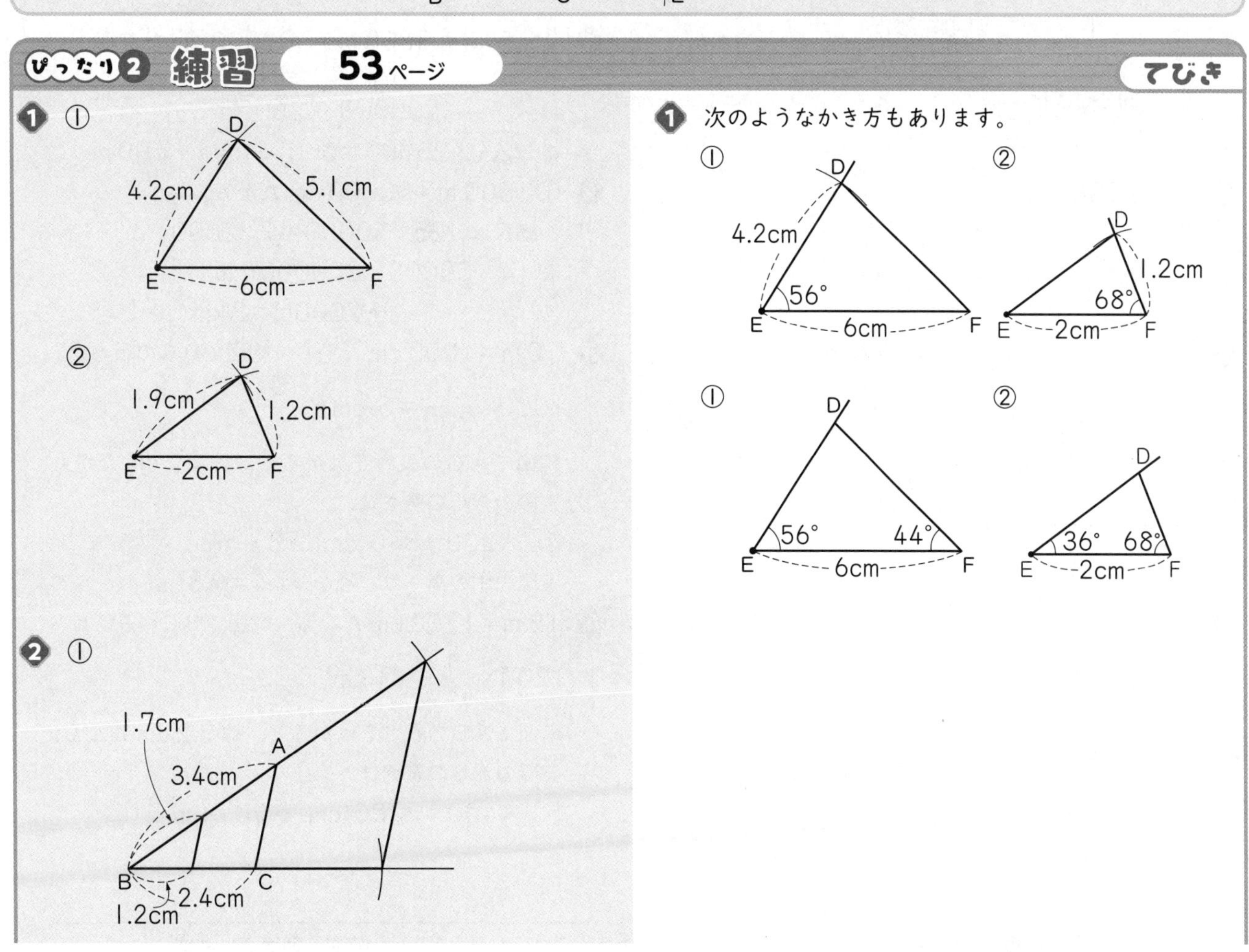

てびき

❶ 次のようなかき方もあります。

① D 4.2cm 56° E 6cm F
② D 1.2cm 68° E 2cm F
① D 56° 44° E 6cm F
② D 36° 68° E 2cm F

②

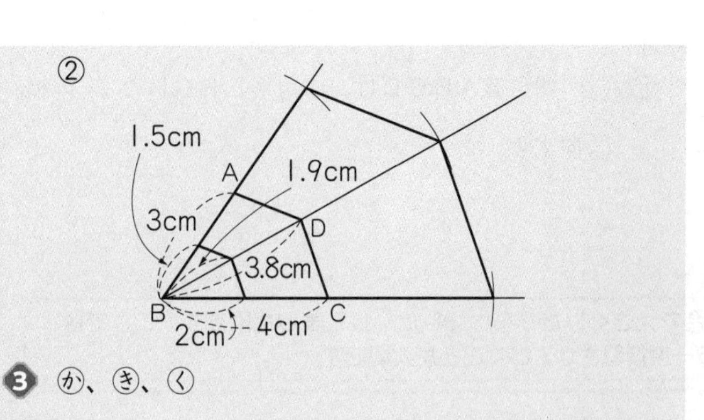

❸ ㋕、㋖、㋗

❷ ② 辺ＢＡ、辺ＢＣ、対角線ＢＤをのばして、それぞれの辺や対角線の長さの２倍、$\frac{1}{2}$の長さのところに頂点をとります。

２倍の長さは、長さをはからなくても、コンパスを使って求められます。

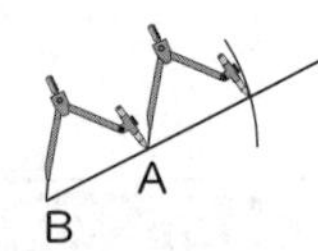

❸ 正多角形は、角の大きさと辺の長さがそれぞれすべて等しいので、また、円は半径の長さだけで決まるので、必ず拡大図や縮図の関係になります。

おうちのかたへ 拡大図や縮図について、何通りかのかき方で練習させてみましょう。また、合同な三角形のかき方と似ていますので、拡大図や縮図をかくときは、合同な三角形のかき方も復習させておくとよいですね。

しあげの5分レッスン ❶の拡大図と縮図を、別のかき方でかいてみよう。

ぴったり1 準備 54ページ

1 (1) 60000、20000
(2) 20000、80000、800

2 500、1400、15.4

ぴったり2 練習 55ページ

❶ ① $\frac{1}{25000}$
② 約600 m

❷ ① 2000
② 2

❸ 約9.8 m

❹ 約20.8 m

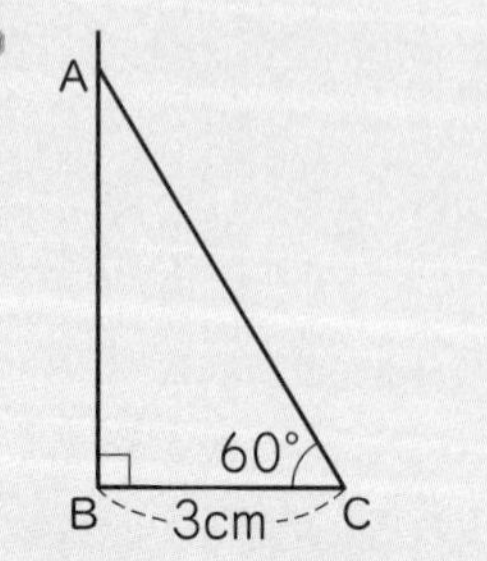

てびき

❶ ① 5 km＝5000 m＝500000 cm だから、
縮尺は、$\frac{20}{500000}=\frac{1}{25000}$
② 2.4×25000＝60000(cm)→600 m

❷ ① 500 m＝50000 cm だから、
縮尺は、25：50000＝1：2000
② 4×50000＝200000(cm)
→2000m＝2 km

❸ 10 m＝1000 cm だから、縮図でＢＣの長さは、
$1000\times\frac{1}{200}=5$(cm)
縮図でＡＣの長さをはかると、約4.2 cm だから、
実際のＡＣの長さは、
4.2×200＝840(cm)→8.4 m
実際の木の高さは、8.4＋1.4＝9.8(m)

❹ 12 m＝1200 cm だから、縮図でＢＣの長さは、
$1200\times\frac{1}{400}=3$(cm)
縮図でＡＢの長さをはかると、約5.2 cm だから、
実際のＡＢの長さは、
5.2×400＝2080(cm)→20.8(m)

おうちのかたへ 縮尺では、単位の換算でつまずくことがあるようなので、おさらいさせておきましょう。
1 km＝1000 m、1 m＝100 cm ですね。
また、問題で聞かれている単位が何なのかにも注意してあげてください。「何 km ですか。」と聞かれていたら、「5000 m」ではなく、「5 km」と答えなくてはいけませんね。

ぴったり3 確かめのテスト 56～57ページ

❶ 拡大図…㋔、縮図…㋒

❷ ① 3倍
② 角C…75°、角F…60°
③ 辺CD…2 cm、辺EF…9 cm

❸ $\frac{1}{5000}$

❹
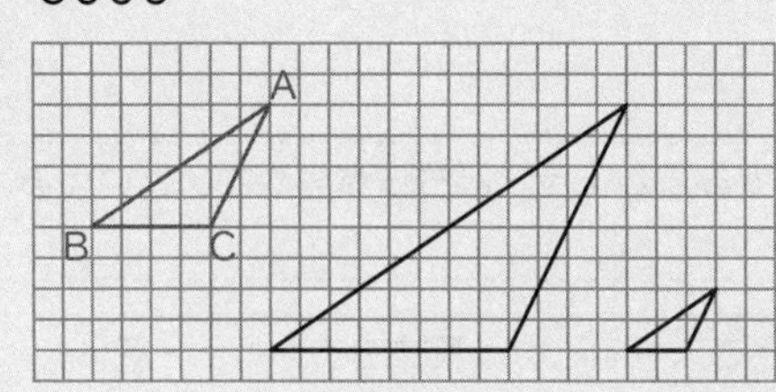

❺
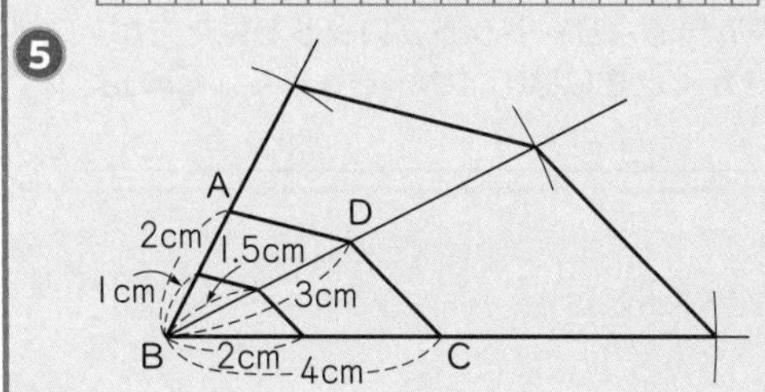

❻ ① 5 cm　② 右の図
③ 式
2.9×400＝1160
1160 cm＝11.6 m
11.6＋1.5＝13.1

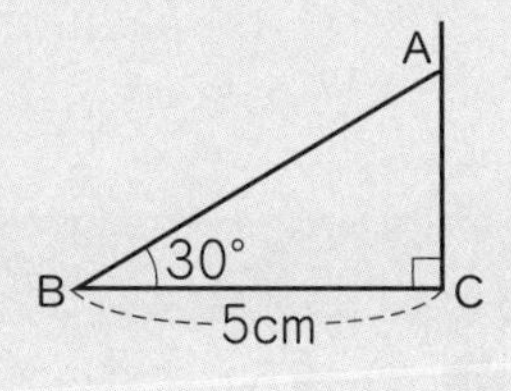

答え　約 13.1 m

はってん

1 ① 4倍
② 9倍

てびき

❶ ㋔…$\frac{3}{2}$ 倍の拡大図、㋒…$\frac{1}{2}$ の縮図

❷ ③ 四角形ＡＢＣＤは、四角形ＥＦＧＨの $\frac{1}{3}$ の縮図になっています。

❸ 200 m＝20000 cm だから、縮尺は、
$\frac{4}{20000}=\frac{1}{5000}$

❻ ① 20 m＝2000 cm だから、
$2000\times\frac{1}{400}=5$(cm)
③ 縮図でＡＣの長さをはかると、約 2.9 cm です。

1 2倍、3倍の拡大図では、底辺も高さも2倍、3倍になります。
面積を求めて比べるほかに、面積を求める式で考えることができます。

① ㋐ 3 × 2 ÷2＝□
　↓×2　↓×2　↓×2×2
㋑ (3×2)×(2×2)÷2＝□

② ㋐ 3 × 2 ÷2＝□
　↓×3　↓×3　↓×3×3
㋒ (3×3)×(2×3)÷2＝□

7 データの調べ方

ぴったり1 準備 58ページ

1 15、69、12、68.5、1

2 (1) 67、68　(2) 2組

⑧ ① ⑩ ③⑥⑫ ②④⑦(⑪) ⑤ ⑨
55　60　65　70　75　80　85(g)

ぴったり2 練習 59ページ

❶ ① 2組
② 1組

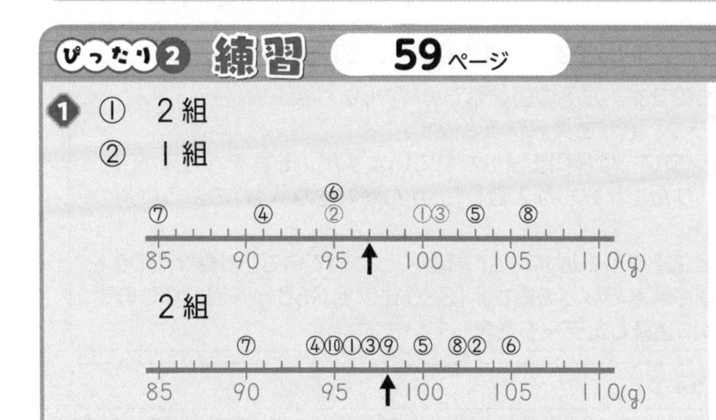

てびき

❶ ① 1組 (100＋95＋101＋91＋103＋95＋85＋106)÷8＝97(g)
2組 (96＋103＋97＋94＋100＋105＋90＋102＋98＋95)÷10＝98(g)

③　1組…21 g、　2組…15 g
④　矢印は②の図、いえない。

③　1組　いちばん重い…106 g
　　　　いちばん軽い…85 g
　　2組　いちばん重い…105 g
　　　　いちばん軽い…90 g

2　①　9(点で、)7(人)
②

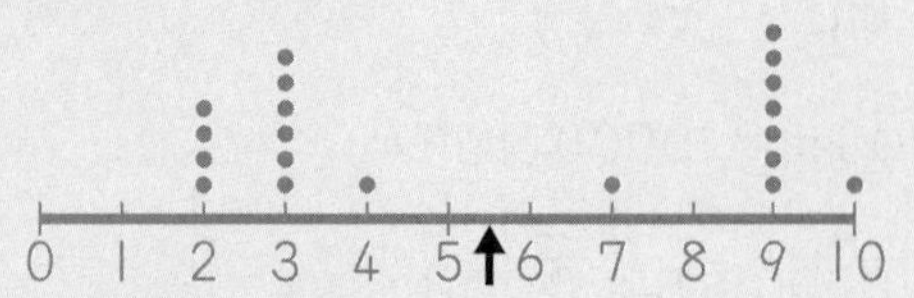

2　②　平均値(へいきんち)は
$(2\times4+3\times6+4\times1+7\times1+9\times7+10\times1)\div20=5.5$(点)

しあげの5分レッスン　58ページの1組の表とドットプロットを見なおしてみましょう。どちらが見やすいといえるかな。

おうちのかたへ　ドットとは点、プロットとはデータの値を点でグラフにかき入れるという意味です。もう一度58ページの1組の表とドットプロットを見なおさせてみるとよいでしょう。表で見るより、ドットプロットで見た方がデータのちらばりの様子はより見やすいですね。なお、実際にドットプロットをかくときには①、②…ではなく、**2**のように同じ●でかくことのほうが多いです。

ぴったり1　準備　60ページ

1　(1)　(上から順に) 1、2、3、5、0、1、12　　(2)　20、1、8　　(3)　1

2　(1)①　65　　②　70　　③　70　　④　75
(2)⑤　5　　⑥　6　　⑦　2

ぴったり2　練習　61ページ

てびき

1　①　1組…(上から順に) 1、1、2、3、1
　　2組…(上から順に) 0、2、4、3、1
②　1組…25 %、2組…20 %
③　1組…100 g 以上 105 g 未満
　　2組…95 g 以上 100 g 未満

1　②　95 g 未満のきゅうりの個数は、どちらの組も2個ずつです。
1組　$2\div8=0.25$　　2組　$2\div10=0.2$

2　①　(個) 1組のきゅうりの重さ　／　(個) 2組のきゅうりの重さ
(85 90 95 100 105 110 (g))

②　1組…100 g 以上 105 g 未満
　　2組…95 g 以上 100 g 未満
③　2組
④　(例) 1組のほうがちらばりが大きい。

2　③　100 g 未満は、85 g 以上 90 g 未満、90 g 以上 95 g 未満、95 g 以上 100 g 未満の3つの階級をあわせたものです。
1組　$1+1+2=4$(個)
2組　$0+2+4=6$(個)
④　(例)のほかに、次の特ちょうもあります。
・2組のきゅうりは、重さが95 g 以上 105 g 未満のはんいに集まっている。
・1組は、いろいろな重さのきゅうりが、同じようにとれた。

おうちのかたへ　まず、「ヒストグラフ」ではなく、「ヒストグラム」です。注意させましょう。また、ヒストグラムと3年生で習った棒(ぼう)グラフは見た目は似ていますが、全く別のものです。左下の図を見てください。

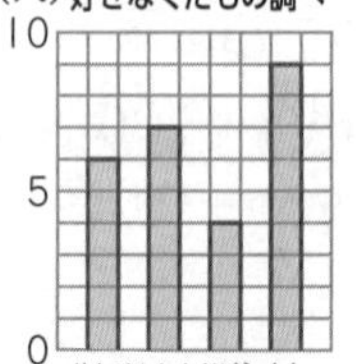

(個)　なしの重さ
(300 330 360 390 420 450 (g))

左が棒グラフ、右がヒストグラムです。
まず、棒グラフでは棒同士がはなれていますが、それぞれの棒が示すデータは「りんごが好きな人数」「みかんが好きな人数」のように別のものです。
一方で、ヒストグラムはすべての棒がくっついていて、横軸は「300 g 以上 330 g 未満のなしの重さ」「330 g 以上 360 g 未満のなしの重さ」のように連続したデータを表しています。

しあげの5分レッスン　まちがえた問題をもう1回やってみよう。

ぴったり1 準備 62ページ

1 (1)① 15　② 68
(2)③ 12　④ 67　⑤ 70　⑥ 68.5　⑦ 68.5

2 2、2、75、1

ぴったり2 練習 63ページ

1 ① 97.5 g
② 97.5 g

2 ① 3.5 点
② 3.5 点

3 ① 1組
② 2組
③ 2組

てびき

1 ① データの個数は 8 で偶数なので、中央の 4 番めと 5 番めの値(あたい)の平均値が中央値になります。
(95＋100)÷2＝97.5(g)
② データを小さい順に並べると、次のようになります。
90　94　95　96　97
98　100　102　103　105
データの個数が 10 なので、中央の 5 番めと 6 番めの値の平均値が中央値になります。
(97＋98)÷2＝97.5(g)

2 ① データの個数が 20 なので、中央の 10 番めと 11 番めの値の平均値が中央値になります。
(3＋4) ÷ 2＝3.5(点)
② 採点ミスを直した後の小テストの結果を、大きさの順に並べると、次のようになります。
2 2 2 2 3 3 3 3 3 3
4 7 9 9 9 9 9 9 10 10
データの個数は 20 のままなので、中央の 10 番めと 11 番めの値の平均値が中央値になり、中央値は変わりません。

3 ① いちばん重い重さといちばん軽い重さの差は、
1組　106－85＝21(g)
2組　105－90＝15(g)
② 1組の平均値 97 g は、最も度数が多い階級に入っていません。
2組の平均値 98 g は、最も度数が多い階級に入っています。
③ 表の 95 g 未満と 100 g 以上の度数の割合(わりあい)から求めます。
1組　100－(25＋50)＝25(%)
2組　100－(20＋40)＝40(%)

しあげの5分レッスン 代表値としての平均値、最頻値(さいひんち)、中央値の関係をもう 1 回復習しておこう。

おうちのかたへ 代表値として平均値、最頻値と中央値を学習しましたが、これらのちがいについて述べておきます。
例として5人のテストの結果が、
① 0点、10点、10点、10点、90点
② 30点、30点、40点、50点、50点
③ 20点、30点、40点、55点、55点

	平均値	最頻値	中央値
①	24点	10点	10点
②	40点	30点、50点	40点
③	40点	55点	40点

である場合を考えます。上の表はそれぞれの平均値、最頻値と中央値をまとめたものです。
まず、①で平均値を、③で最頻値を代表値として使うのは適当とは言えません。また中央値は真ん中の値しか見ていないため全体のデータをとらえづらいという欠点があります(②や③は中央値はともに 40 点ですが、同じデータではありません)。つまり、データを調べるときは、1 つの代表値だけに注目するのではなく、まずはデータをまとめて、どのようにちらばっているのかを見て、どの代表値を使うかを考えさせるようにしましょう。

ぴったり1 準備　64ページ

1 (1)① 30　② 34　③ 45　④ 49
(2)⑤ 増えて　⑥ 減って
(3)⑦ 5　⑧ 5　⑨ 126　⑩ 4

ぴったり2 練習　65ページ

1 ① 1945年…70才以上
1980年…70才以上
2020年…0才以上9才以下
② 約8％、約1006万人
③ (例)高れい者の人口の割合が増え続けている。
(例)19才以下の人口の割合が減り続けている。
(例)下のほうが広がっていたグラフの形が、下のほうがせまいグラフの形になってきている。

2 ① 約3000人
② 約2600人
③ 約400人減った。

てびき

1 ② 2020年の10才以上19才以下の人口の割合は、男性も女性もそれぞれおよそ4％なので、あわせると約8％です。
12575万×0.08＝1006万(人)

2 ① 左の目もりで棒グラフを読み取ります。
1985年は約7000人、2015年は約4000人です。
② 割合は、右の目もりで折れ線グラフを読み取ります。
2015年の65才以上の農業人口は、約4000人の約65％だから、
4000×0.65＝2600(人)
③ 1975年の65才以上の農業人口は、
10000×0.3＝3000(人)

おうちのかたへ この単元は、問題が解けることももちろん大事なことですが、実際にデータを調べるときにどのように調べていけばよいかを身につけることも重要です。そのために、
・全体を見るときに代表値としてどれを使うか？…平均値、最頻値、中央値それぞれのちがい
・データをどうまとめるか？…度数分布表を作るときに階級の幅はいくつにするか、データをどのグラフに表すか
を意識するように声を掛けてあげてください。

ぴったり3 確かめのテスト　66～67ページ

1 ① B
② A…15g　B…14.5g
③ 式 A (16+17+12+15+18+19+15+12+14+13+13+16)÷12
＝15(g)
B (14+15+17+21+11+17+12+10+16+13)÷10
＝14.6(g)　　答え A

2 ① 16人
② 15m以上20m未満
③ 20m以上25m未満
④ 4人

3 表(上から順に)
4、5、6、3、2

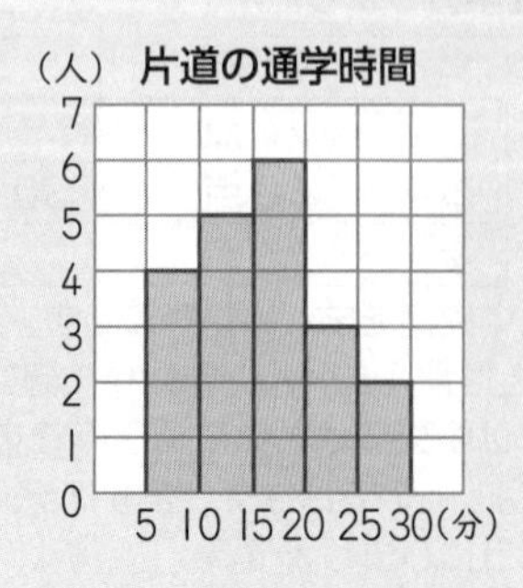

てびき

1 ① いちばん重いいちごは、Bの21gです。

2 ① 1+2+5+4+3+1＝16(人)
② ●m以上■m未満のはんいには、●mは入るけど、■mは入らないよ。
④ 30m以上の人数は、30m以上35m未満と35m以上40m未満をあわせた人数です。

3 「正」の字を使って、次のように整理します。

5	14	17	20	16
15	26	8	10	15

印をつけながら、表に書きこんでいくとよいです。

片道の通学時間

時間(分)	人数(人)
5以上～10未満	丅
10　～15	丅
15　～20	下
20　～25	一
25　～30	一
合計	

❹ ① 総人口…約 12000 万人
子どもの割合…約 17 %
② 式 12000 万×0.17＝2040 万
答え 約 2040 万人
③㋐ × ㋑ ○ ㋒ ○

❹ ① 総人口は左の目もりを、子どもの割合は右の目もりを読み取ります。子どもの割合を 18 % と答えても正解です。その場合、② は約 2160 万人になります。
② ✌比べられる量＝もとにする量×割合で求めるんだよ。
③㋐ 子どもの割合は、1960 年は約 30 %、2000 年は約 15 % で半分になっていますが、総人口が増えているので正しいといえません。
子どものおよその人数は、
1960 年…9000 万×0.3＝2700 万（人）
2000 年…12000 万×0.15＝1800 万（人）

はってん

1 ① 7
② 2
③ C、16

1 ① 縦の軸の目もりを読むと、A駅からB駅は 3 km、A駅からD駅は 10 km です。
② 横の軸の 1 目もりは 2 分です。
上りふつう列車のグラフは、D駅で 1 目もり分横の軸に平行になっているので、停車している時間は 1 目もり分です。
③ 下り急行列車と下りふつう列車のグラフが交わる点は、追いこす時刻と位置を表します。

8 円の面積

ぴったり1 準備 68 ページ

1 (1)① 2 ② 2 ③ 12.56 ④ 12.56 (2)⑤ 2 ⑥ 10 ⑦ 10 ⑧ 10
⑨ 314 ⑩ 314
2 ア① 25
イ② 5 ③ 5 ④ 4 ⑤ 19.625 ⑥ 25 ⑦ 19.625 ⑧ 5.375 ⑨ 5.375

ぴったり2 練習 69 ページ

❶ ① 50.24 cm^2 ② 1256 cm^2
③ 153.86 cm^2 ④ 28.26 m^2
⑤ 254.34 cm^2 ⑥ 706.5 cm^2

❷ ① 100.48 cm^2 ② 113.04 cm^2

❸ ① 15.7 cm^2 ② 20.52 cm^2
③ 3.14 cm^2 ④ 43 cm^2

しあげの5分レッスン 定規とコンパスだけを使って、ぴったり2 にある図形の中で気に入ったものを 1 つかいてみよう。
※円のもようはきれいなものがたくさんあるよ！

てびき

❶ ✌円の面積＝半径×半径×円周率（3.14）
① 4×4×3.14＝50.24（cm^2）
③ 14÷2＝7 7×7×3.14＝153.86（cm^2）
④ 6÷2＝3 3×3×3.14＝28.26（m^2）
⑥ 30÷2＝15 15×15×3.14＝706.5（cm^2）

❷ ① 16÷2＝8 8×8×3.14÷2＝100.48（cm^2）
② 12×12×3.14÷4＝113.04（cm^2）

❸ ② 6×6×3.14÷2（半円）－12×6÷2（三角形）＝20.52（cm^2）
③ 直径 2 cm の半円を 2 つ合わせると、直径 2 cm の円になります。
2×2×3.14÷2－1×1×3.14＝3.14
④ 10×20＝200（長方形）
10×10×3.14÷4＝78.5（半径 10 cm の円を 4 等分した 1 つ分）
200－78.5×2＝43（cm^2）

1 ① 2、4

② 半径、半径、円周率(3.14)

2 ① 式 $5\times5\times3.14=78.5$

答え $78.5\,cm^2$

② 式 $18\div2=9$

$9\times9\times3.14=254.34$

答え $254.34\,cm^2$

③ 式 $10\times10\times3.14\div2=157$

答え $157\,cm^2$

④ 式 $6\times6\times3.14\div4=28.26$

答え $28.26\,cm^2$

3 ① 式 $4\times2=8$

$8\times8\times3.14\div2=100.48$

答え $100.48\,cm^2$

② 式 $14\times14\times3.14\div4=153.86$

$14\div2=7$

$7\times7\times3.14\div2=76.93$

$153.86-76.93=76.93$

答え $76.93\,cm^2$

③ 式 $3+2+3=8$　$8\times8=64$

$3\times3\times3.14\div4\times4=28.26$

$64-28.26=35.74$

答え $35.74\,cm^2$

④ 式 (例)$10\times10=100$　$5\times5=25$

$5\times5\times3.14\div4=19.625$

$100-25-19.625\times2=35.75$

答え $35.75\,cm^2$

4 ① 4倍　② 16倍

1 ① 円の面積は、円の内側にある正方形の面積より大きく、外側の正方形の面積より小さいです。

3 ① 半径が $4\times2=8$(cm)の半円の面積と等しくなります。

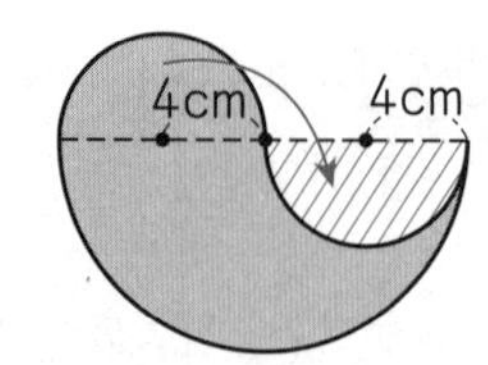

③ 正方形の4つの角にある図形は、半径3cmの円を4等分した1つ分です。この4つの図形を合わせると、半径3cmの円になります。

④ (正方形)－(正方形)－(おうぎ形)×2 で、求めます。

10cm
10cm

次のように、考えることもできます。

(図)＋(図)×2

(図)＝(図)－(図)

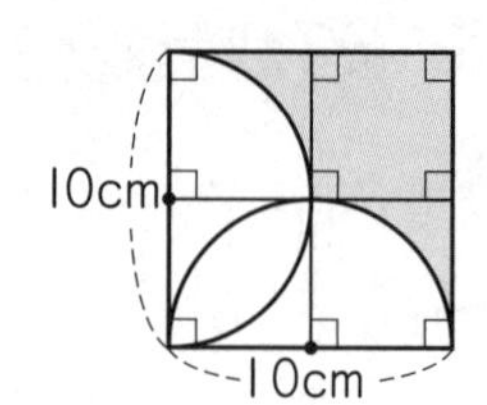

式 $5\times5=25$

$5\times5\times3.14\div4$

$=19.625$

$25+(25-19.625)\times2=35.75(cm^2)$

4

> 円周の長さ＝直径×円周率
> 円の面積＝半径×半径×円周率

① ㋐ $12\times2\times3.14$　㋑ $3\times2\times3.14$

㋐は㋑の、$(12\times2)\div(3\times2)=4$(倍)

② ㋐ $12\times12\times3.14$　㋑ $3\times3\times3.14$

㋐は㋑の、$(12\times12)\div(3\times3)=16$(倍)

おうちのかたへ 「円周率ってなに？」と聞かれると、「3.14！」と答えてしまいがちですが、できれば、「円の直径と円周の長さの比で、いつでも同じ」と答えられるように声を掛けてあげてください。また、実際の円周率は3.14で終わらず、3.141592…と限りなく続く小数です。

9 角柱と円柱の体積

ぴったり1 準備 72ページ

1 (1) 6(7)、7(6)、4、84　(2) 2、2、3、37.68

2 20、5、100

ぴったり2 練習 73ページ

てびき

❶ ① 120 cm^3　② 70 cm^3　③ 80 cm^3

❶ 角柱の体積＝底面積×高さ　で求めるよ。

③ 底面は台形です。体積は、

$(2+6)\times5\div2\times4=80$ (cm^3)
（$(2+6)\times5\div2$：底面積、4：高さ）

❷ ① 100.48 cm^3　② 141.3 cm^3
③ 9.42 m^3

❷ 円の面積＝半径×半径×円周率(3.14)
円柱の体積も、底面積×高さ　で求めるよ。

③ 半径は、$2\div2=1$ (m)です。
体積は、$1\times1\times3.14\times3=9.42$ (m^3)
（$1\times1\times3.14$：底面積）

❸ 4 cm

❸ 底面積は、$3\times6\div2=9$ (cm^2)
高さを x cm とすると、
$9\times x=36$　$x=36\div9=4$

❹ ① 565.2 cm^3　② 246 cm^3

❹ ① 底面は半径6 cmの半円で、高さは10 cmです。
$6\times6\times3.14\div2\times10=565.2$ (cm^3)

② 底面は右の図で、高さは6 cmです。
$(7\times8-3\times5)\times6$
$=246$ (cm^3)

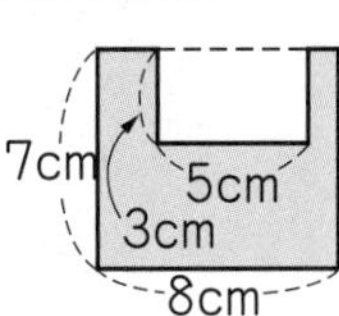

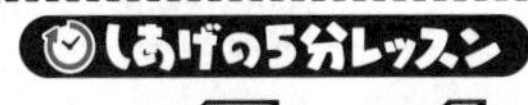

❹の②について、別の方法でやってみよう。

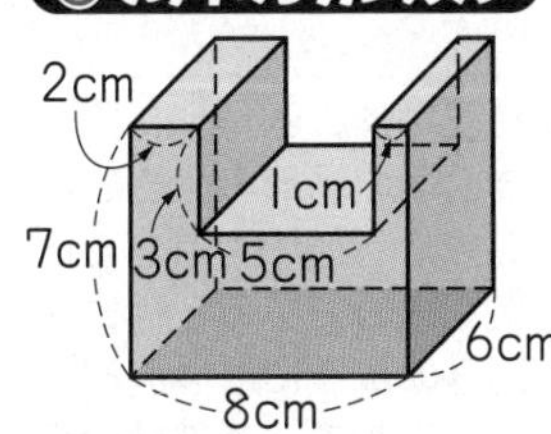

＝

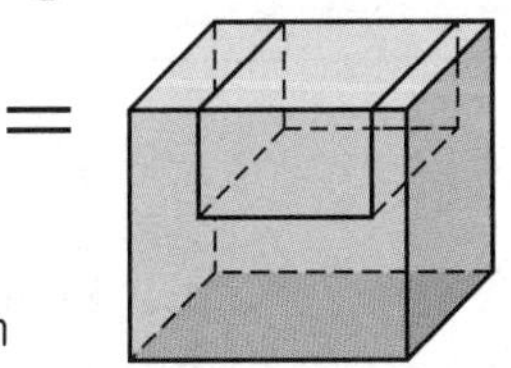

－

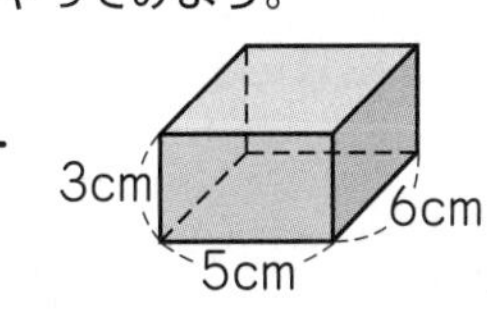

$6\times8\times7=336$ (cm^3)
$6\times5\times3=90$ (cm^3)
$336-90=246$ (cm^3)

てびきのやり方と比べてみよう。

ぴったり3 確かめのテスト 74〜75ページ

てびき

❶ ① 6　② 20、20　③ 120
④ 底面積　⑤ 底面積、高さ

❶ ㋐の直方体の体積を求める式は、
$4\times5\times6=20\times6$
（縦 横 高さ　底面積 高さ）

❷ ① 円周の半分、78.5　② 78.5、235.5
③ 底面積、高さ

❷ 円柱の体積は、四角柱の体積と等しいことから、
円柱の体積を求める式は、
$5\times5\times2\times3.14\div2\times3=5\times5\times3.14\times3$
（5：四角柱の底面の横、$5\times5\times2\times3.14\div2$：四角柱の底面積、$3$：高さ、$5\times5\times3.14$：円柱の底面積、$3$：高さ）

❸ ① 式　$12\times3\div2\times7=126$
答え　126 cm^3

② 式　$(3+7)\times3\div2\times4=60$
答え　60 cm^3

③ 式　$6\times8\div2\times5=120$　答え　120 cm^3

④ 式　$8\div2=4$　$4\times4\times3.14\times10=502.4$
答え　502.4 cm^3

❹ ① 式　(例) $5\times(4+3+3)+2\times3=56$
答え　56 cm^2

② 式　$56\times4=224$　答え　224 cm^3

❹ 右の図のような角柱とみます。

❺ 式　$9\times10\times2=180$
㋑の三角柱の高さを x cm とすると、
$6\times6\div2\times x=180$　$18\times x=180$
$x=180\div18=10$　答え　10 cm

⑩ およその面積と体積

ぴったり1 準備 76ページ

1 20、25、500、500

2 ① 4　② 4　③ 8　④ 401.92　⑤ 401.92

ぴったり2 練習 77ページ

❶ ① 約 240 cm^2　② 約 31400 m^2
③ 約 102 km^2　④ 約 598 km^2

❷ ① およその形…直方体、容積…約 315 cm^3
② およその形…円柱、容積…約 282.6 cm^3

てびき

❶ ② 円とみると、
$100\times100\times3.14=31400$（$m^2$）
③ 平行四辺形とみると、
$8.5\times12=102$（km^2）
④ 三角形とみると、
$46\times26\div2=598$（km^2）

❷ ① 直方体とみると、$21\times5\times3=315$（cm^3）
② （例）右の図のような円柱とみると、
$3\times3\times3.14\times10$
$=282.6$（cm^3）

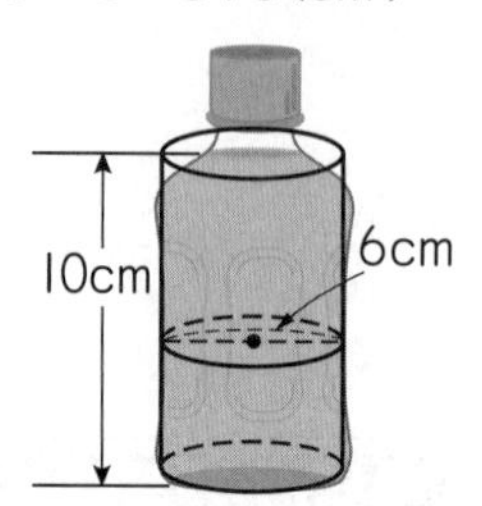

おうちのかたへ

図1

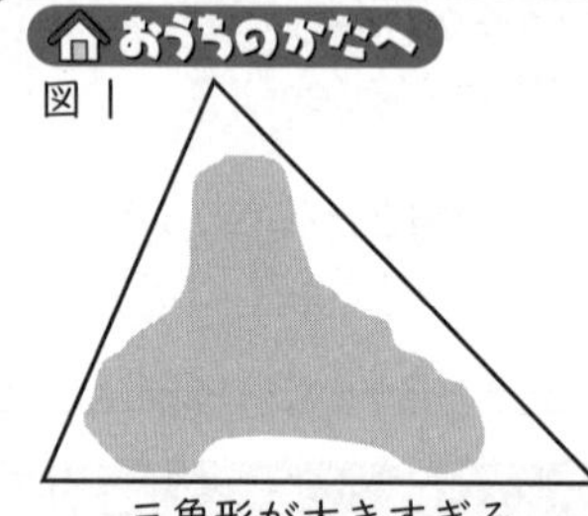

三角形が大きすぎる

図2

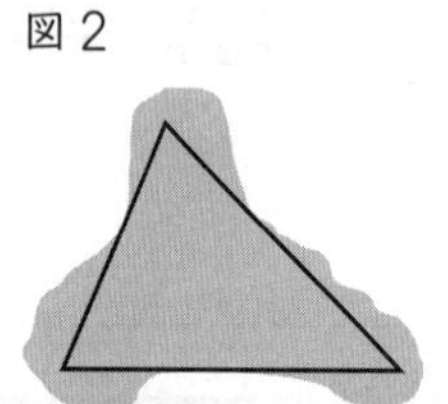

三角形が小さすぎる

図3

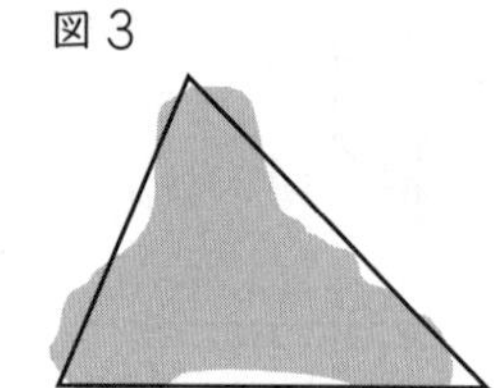

およその形を三角形、四角形、円などとみるとき、その図形の大きさに注意させましょう。図1や図2では、およその面積を求めているとはいえませんね。図3のように、はみ出している部分とへこんでいる部分の面積が同じくらいになるような図形を考えるのがポイントです。

ぴったり3 確かめのテスト 78〜79ページ

❶ ① 式　$10\times10\times3.14=314$
答え　約 314 cm^2
② 式　$52\times45\div2=1170$
答え　約 1170 cm^2
③ 式　$(15+50)\times20\div2=650$
答え　約 650 km^2

❷ ① 式　$7\times6\times9=378$　答え　約 378 cm^3
② 式　$5\times6\div2\times4=60$　答え　約 60 cm^3

❸ ① （例）半円
② 右の図
③ 式　（例）
$3\times3\times3.14\div2$
$=14.13$
答え　約 14.13 cm^2

（例）

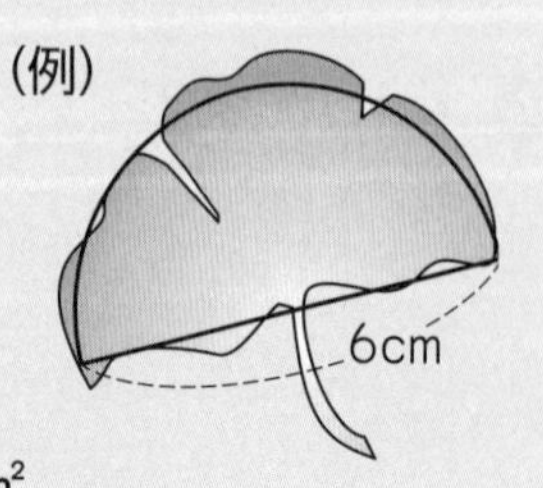

てびき

❶ ③ 上底 15 km、下底 50 km、高さ 20 km の台形とみます。

❷ ① 直方体とみます。
② 三角柱とみます。

❸ 右の図のような三角形とみることもできます。
このときのおよその面積は、
$7\times4\div2=14$（cm^2）
になります。

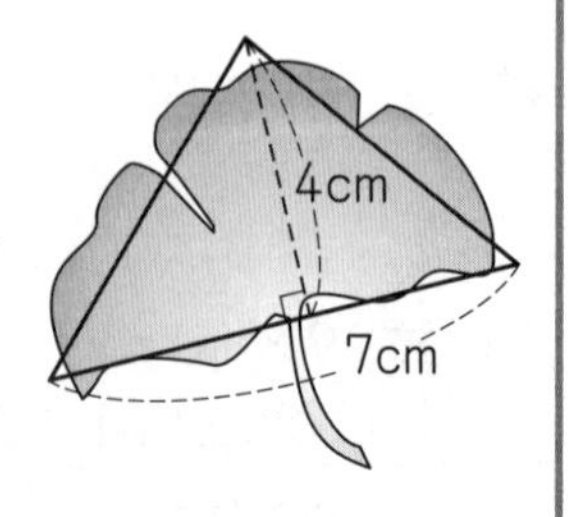

考える力をのばそう

全体を求めて　80～81ページ

1 ●全体を最小公倍数で表す求め方

①㋐ 60　㋑ 20　㋒ 60　㋓ 20
㋔ 3　A 3a
㋕ 60　㋖ 30　㋗ 60　㋘ 30
㋙ 2　B 2a
②㋚ 60　㋛ 3　㋜ 2　㋝ 60
㋞ 3　㋟ 2　㋠ 12
答え 12時間

●全体を1とみる求め方

①㋐ 1　㋑ 20　㋒ 1　㋓ 20
㋔ $\frac{1}{20}$　A $\frac{1}{20}$
㋕ 1　㋖ 30　㋗ 1　㋘ 30
㋙ $\frac{1}{30}$　B $\frac{1}{30}$
②㋚ 1　㋛ $\frac{1}{20}$　㋜ $\frac{1}{30}$　㋝ 1
㋞ $\frac{1}{20}$　㋟ $\frac{1}{30}$　㋠ 12
答え 12時間

2 ●全体を最小公倍数で表す求め方

㋐ 120　㋑ 6　㋒ 4　㋓ 5
式 120÷(6+4+5)=8　答え 8時間

●全体を1とみる求め方

㋐ $\frac{1}{20}$　㋑ $\frac{1}{30}$　㋒ $\frac{1}{24}$

式 $1\div\left(\frac{1}{20}+\frac{1}{30}+\frac{1}{24}\right)=8$

答え 8時間

3

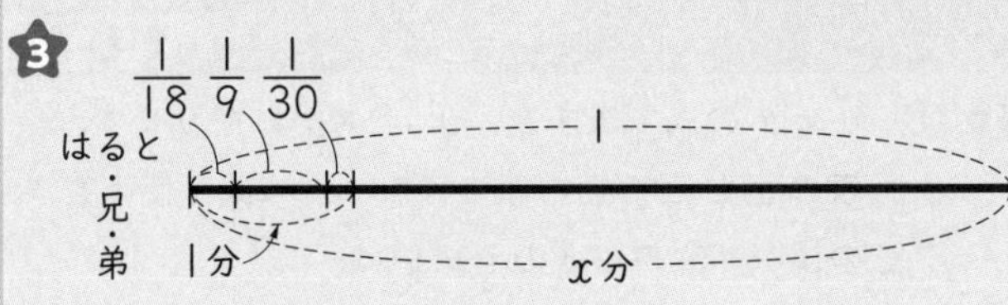

式 $1\div\left(\frac{1}{18}+\frac{1}{9}+\frac{1}{30}\right)=5$　答え 5分

てびき

2 ●全体を最小公倍数で表す求め方

20と30と24の最小公倍数は120です。
1時間に耕せる面積は、

A 120÷20=6(a)
B 120÷30=4(a)
C 120÷24=5(a)
3台使うと、6+4+5=15(a)

●全体を1とみる求め方

1時間に耕せる面積の割合(わりあい)は、

A $1\div20=\frac{1}{20}$
B $1\div30=\frac{1}{30}$
C $1\div24=\frac{1}{24}$
3台使うと、$\frac{1}{20}+\frac{1}{30}+\frac{1}{24}=\frac{1}{8}$

3 ●全体を1とみる求め方

1分間にぬれる面積の割合は、

はると $1\div18=\frac{1}{18}$
兄 $1\div9=\frac{1}{9}$
弟 $1\div30=\frac{1}{30}$
3人でぬると、$\frac{1}{18}+\frac{1}{9}+\frac{1}{30}=\frac{1}{5}$

●全体を最小公倍数で表す求め方

18と9と30の最小公倍数は90です。

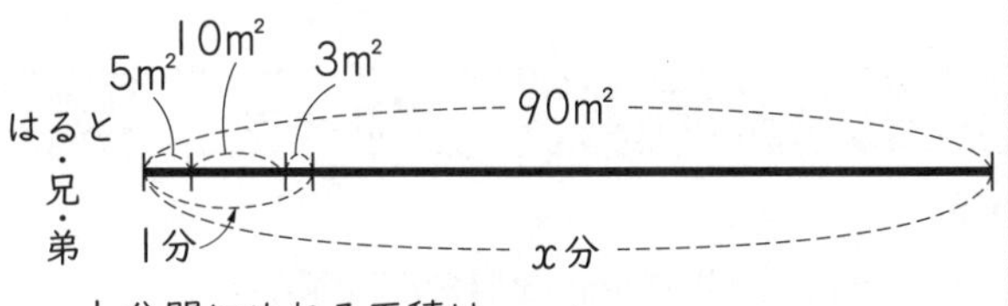

1分間にぬれる面積は、
はると…90÷18=5(m²)
兄…90÷9=10(m²)
弟…90÷30=3(m²)
3人でぬるときに、かかる時間は、
90÷(5+10+3)=5(分)

11 比例と反比例

ぴったり1 準備　82ページ

1 $\frac{1}{2}$、$\frac{4}{3}$、$\frac{4}{3}$

2 (1) 2、3、比例している　(2) 6、6

ぴったり2 練習 83ページ

てびき

❶ ① 比例している。

②㋐ $\frac{1}{3}$　㋑ $\frac{1}{3}$　㋒ $\frac{3}{5}$　㋓ $\frac{3}{5}$

③ $\frac{3}{2}$倍

体積…45 cm^3

④ $y=5\times x$

❷ ①㋐ 3　㋑ 6　㋒ 9　㋓ 12

㋔ 15　㋕ 18

② 3

③ $y=3\times x$

④ 39 cm^2

❶ ①

高さ　x(cm)	1	2	3	4	5	6
体積　y(cm^3)	5	10	15	20	25	30

（2倍、3倍、2倍）

③ 高さが 9 cm のときは、高さが 6 cm のときの、$9\div 6=\frac{3}{2}$(倍)だから、体積も $\frac{3}{2}$ 倍になり、

$30\times\frac{3}{2}=45(cm^3)$

④ x の値(あたい)でそれに対応する y の値をわった商は、いつも 5 になります。

❷ ②

高さ　x(cm)	1	2	3	4	5	6
面積　y(cm^2)	3	6	9	12	15	18
$y\div x$	3	3	3	3	3	3

y の値を x の値でわると、いつも 3 になります。

④ x の値が 13 のとき、$y=3\times 13=39$

おうちのかたへ 比例は中学校以降の数学のみならず、理科でもよく登場しますので、しっかり身につけさせてください。1個100円のものを2個買えば200円、3個買えば300円です。買う個数が2倍、3倍…になると、代金も2倍、3倍…になっています。これが比例の考え方の基本です。

ぴったり1 準備 84ページ

1 0、60、直線、グラフは右の図

2 (1) えりさん　(2) 300、200、100

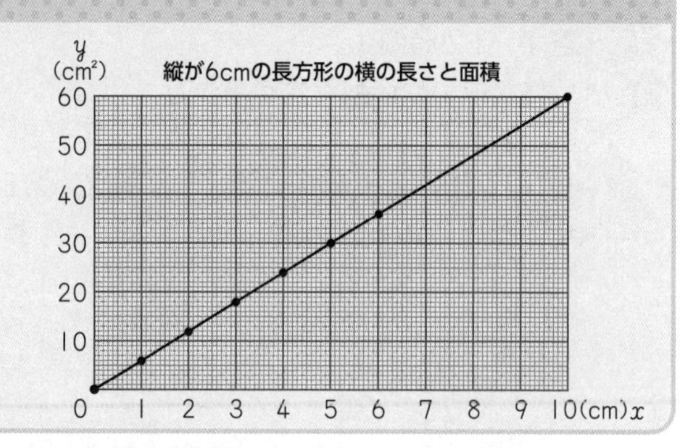

ぴったり2 練習 85ページ

てびき

❶ ①

高さ8cmの円柱の底面積と体積

② ㋐ 60

㋑ 2.5

❶ ① y を x の式で表すと、$y=8\times x$ になります。

表の x と y の値の組のほか、上の式を使うと、x の値が 10 のときの y の値は、

$y=8\times 10=80$

比例のグラフは 0 の点を通る直線になるね。

②㋐

㋑

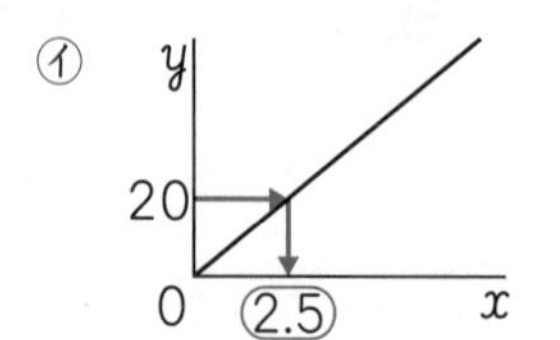

❷ ① 姉さん
② 3分
③ 2分
④ 200 m
⑤ 800 m

おうちのかたへ 比例のグラフをかく際は0の点を通っているかに十分注意させてください。

❶で、$x=1$、$y=8$ と $x=2$、$y=16$ の点だけを打って、点どうしを直線で結んでしまうと、
・0の点を通っていない
・$x=5$、$y=40$ の点を通っていない
などのグラフになっている場合があります。

これを防ぐために、
・比例のグラフをかくときは、できるだけはなれた点どうしを直線で結ぶ
・グラフをかいたら、0の点を通っているかを確認するなどの習慣をつけさせてください。

❷ ① 同じ時間に進んだ道のりで比べると、1分後姉さんは300 m、はるかさんは200 mで、姉さんのほうが道のりが長いので、姉さんのほうが速いことがわかります。
　また、同じ道のりにかかる時間で比べると、600 m進むのに、姉さんは2分、はるかさんは3分で、姉さんのほうが時間が短いので、姉さんのほうが速いことがわかります。

③
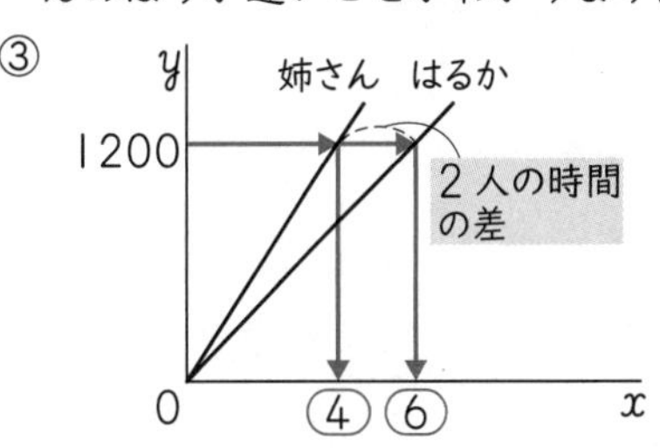

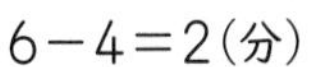
$6-4=2$(分)

④
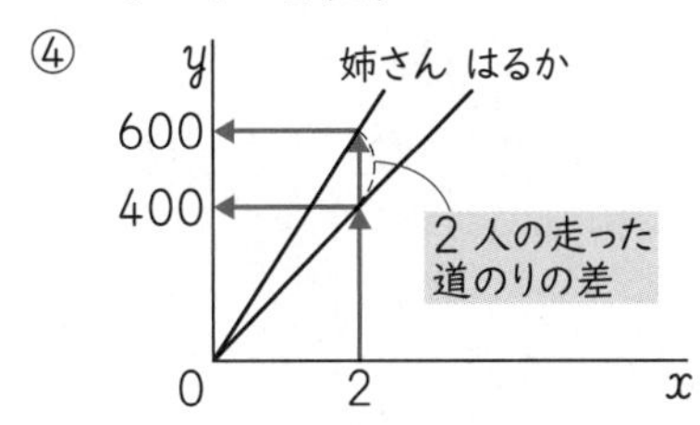

$600-400=200$(m)

⑤ 道のりは時間に比例しているから、時間が $8\div2=4$(倍)になると、道のりも4倍になります。進んだ道のりの差(2人の間の道のり)も4倍になるから、$200\times4=800$(m)

ぴったり1 準備 86ページ

❶ ① 400　② 40　③ 40　④ 3800　⑤ 3800

❷ 16、$\frac{9}{16}$、$\frac{9}{16}$

❸ ① 65　② 4　③ 4　④ 400　⑤ 400

ぴったり2 練習 87ページ　てびき

❶ 600 g分のコピー用紙を用意すればよい。

❷ 240 g分の画びょうを用意すればよい。

❸ 84 m

❶ 枚数(まいすう)は、
$180\div15=12$(倍)
重さも12倍になるから、$50\times12=600$(g)

枚数 x(枚)	15	180
重さ y(g)	50	□

(上下とも12倍)

❷ 個数は、
$150\div20=\frac{15}{2}$(倍)
重さも $\frac{15}{2}$ 倍になるから、$32\times\frac{15}{2}=240$(g)

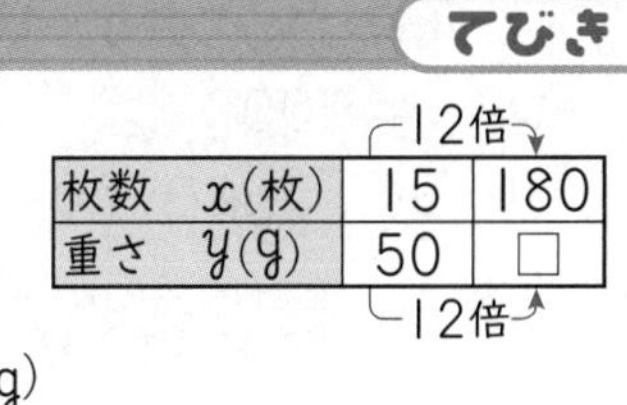

個数 x(個)	20	150
重さ y(g)	32	□

(上下とも $\frac{15}{2}$ 倍)

❸ 重さは、
$980\div70=14$(倍)
長さも14倍になるから、$6\times14=84$(m)

長さ x(m)	6	□
重さ y(g)	70	980

(上下とも14倍)

❹ 7時23分ごろ

❺ 300 cm

❹ 道のりは、
$84 \div 366$
$= \frac{14}{61}$(倍)

	東京～小田原(おだわら)	東京～名古屋(なごや)
時間 x(分)	□ ←●倍―	101
道のり y(km)	84 ←●倍―	366

時間も $\frac{14}{61}$ 倍になるから、

$101 \times \frac{14}{61} = 23.1\cdots$(分)→約 23 分

小田原駅を通過するのは、東京駅を出発してから約 23 分後になります。

❺ かげの長さは、
$126 \div 42$
$= 3$(倍)
高さも 3 倍になるから、$100 \times 3 = 300$(cm)

	短いポール	長いポール
高さ x(cm)	100 ―3倍→	□
かげの長さ y(cm)	42 ―3倍→	126

ぴったり1 準備 88ページ

1 (1) 12、5、12、12 (2) 12、12、x

2 右の図

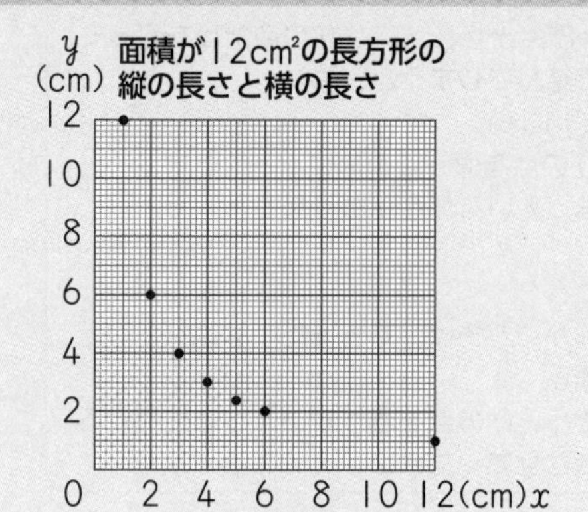

ぴったり2 練習 89ページ

❶ 反比例している。
理由…x の値が 2 倍、3 倍、…になると、それにともなって y の値が $\frac{1}{2}$ 倍、$\frac{1}{3}$ 倍、…になっているから。

❷ ① ゆみさんの家から学校までの道のり、900
② $y = 900 \div x$
③ 36 ④ 120

❸

面積が6cm²の長方形の縦の長さと横の長さ
y (cm)
6 5 4 3 2 1 0
1 2 3 4 5 6(cm) x

てびき

❶

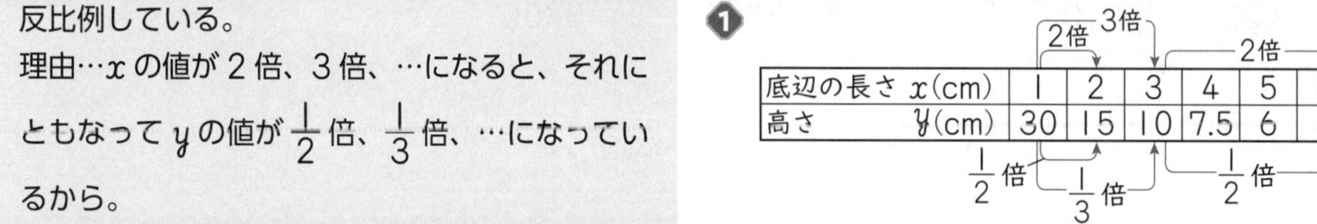

底辺の長さ x(cm)	1	2	3	4	5	6
高さ y(cm)	30	15	10	7.5	6	5

❷ ① 積 $x \times y$ は、分速×時間(分)＝道のり です。

② ✌ y が x に反比例するとき、
$x \times y$＝決まった数 になるから、
y＝決まった数÷x だね。

③ ②の式を使って、$y = 900 \div 25 = 36$

④ ②の式を使って、
$7.5 = 900 \div x$ $x = 900 \div 7.5 = 120$

③、④は、次のように求めてもよいです。

③

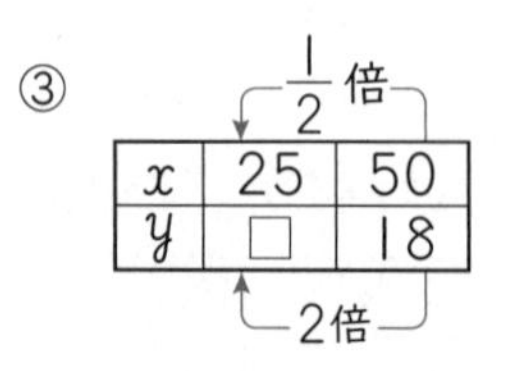

x	25	50
y	□	18

④

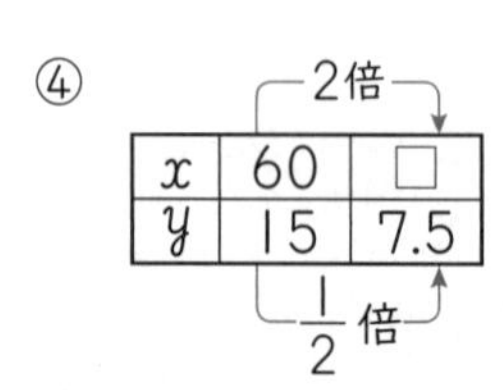

x	60	□
y	15	7.5

おうちのかたへ 反比例のグラフは曲線になります。これは中学校で学習します。点どうしをつなぐ場合は、点すべてを通るなめらかな曲線になるようにつなぐことを伝えてあげてください。

ぴったり3 確かめのテスト 90～91ページ　てびき

❶ ① 2倍、3倍、…になる。
② 比例している。
③ 8　④ $y=8\times x$

❷ ① $\frac{1}{2}$倍、$\frac{1}{3}$倍、…になる。
② 反比例している。
③ 90　④ $y=90\div x$

❸ ①㋐ 5　㋑ 15　㋒ 8
②㋐ 2　㋑ 12　㋒ 4

❹ ① $y=60\times x$
②
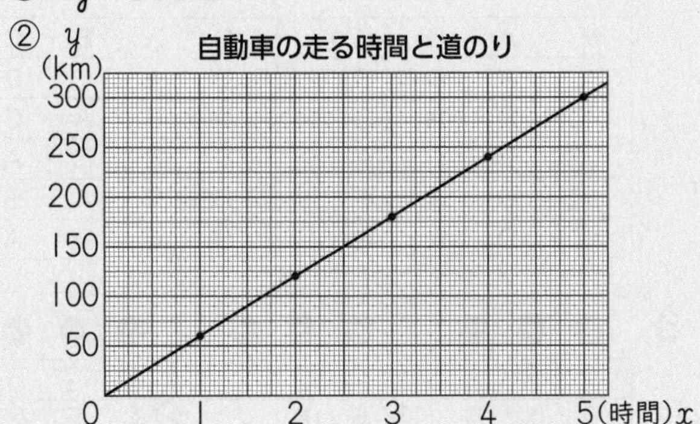

③ 150 km　④ 1時間40分

❺ 式 (例)$450\div30=15$　$48\times15=720$
答え 720 g分の折り紙を用意すればよい。

はってん

1 ㋓

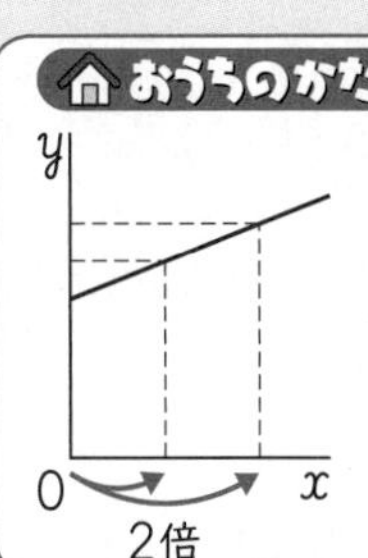

おうちのかたへ　直線のグラフだからといって、比例のグラフであるわけではありません。左のグラフでは、xの値が2倍になっても、yの値は2倍になっていませんので、比例のグラフとはいえません。比例のグラフは、0の点を通っているのがポイントです。

❸ ① 比例　② 反比例

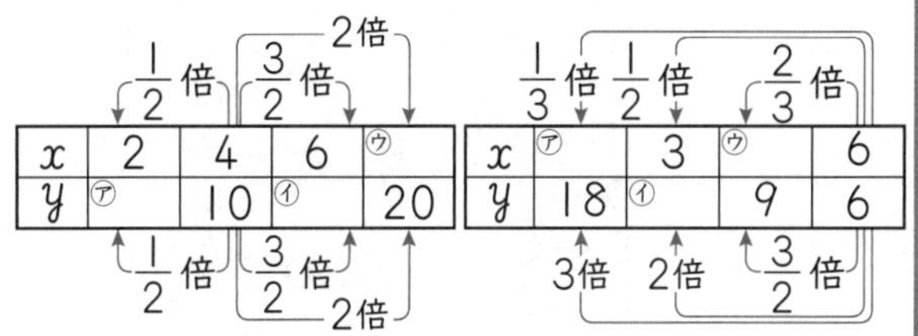

❹ ③

30分は、
$\frac{30}{60}=\frac{1}{2}$(時間)

④ ①の式から、
$100=60\times x$
$x=100\div60$
$=\frac{5}{3}=1\frac{2}{3}$

$\frac{2}{3}$時間は、
$60\times\frac{2}{3}=40$(分)

❺ 折り紙の重さは枚数(まいすう)に比例すると考えて求めます。

枚数 x(枚)	30	450
重さ y(g)	48	□

(15倍)

1
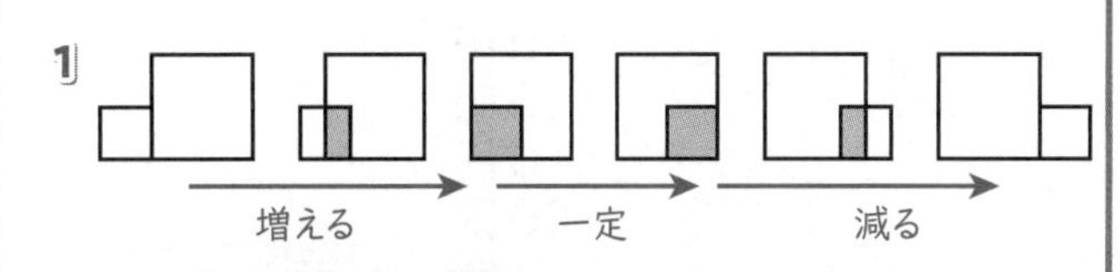

しあげの5分レッスン　比例と反比例について、まとめておきましょう。
比例は　x×決まった数＝　y
(82ページ 2)
反比例は　x×　y　＝決まった数
(88ページ 1)
と表すことができます。

12 並べ方と組み合わせ方

ぴったり1 準備 92ページ

1 ① C　② A　③ A　④ B　⑤ B　⑥ A　⑦ 6
2 ① 6　② 9　③ 1　④ 3　⑤ 9　⑥ 9　⑦ 1　⑧ 3　⑨ 6
⑩ 12
3 ① ⊗　② ○　③ ⊗　④ ○　⑤ ⊗　⑥ ⊗　⑦ 4

ぴったり2 練習 93ページ　てびき

❶

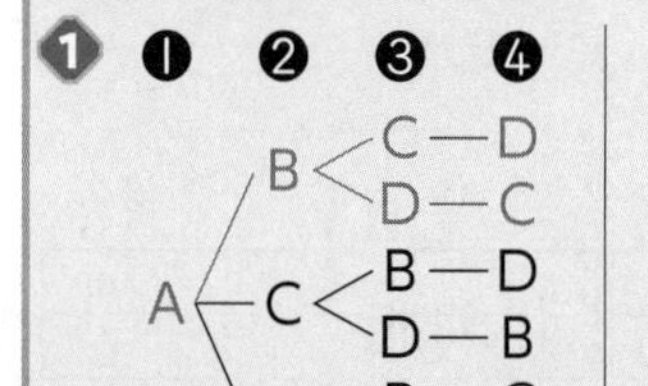

❶ ❷ ❸ ❹
B
A C—D D—C
C A—D D—A
D A—C C—A

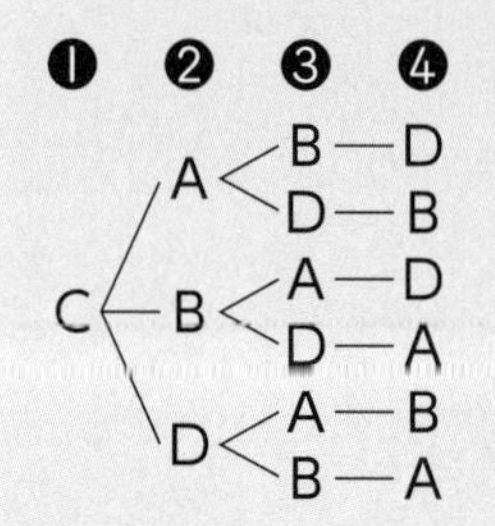

❶ ❷ ❸ ❹
D
A B—C C—B
B A—C C—A
C A—B B—A

24通り

❷

百 十 一
2 5—8 8—5

百 十 一
5 2—8 8—2

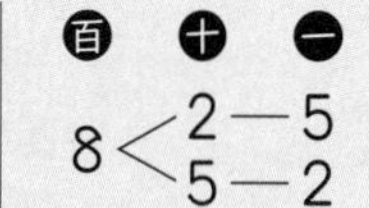

6通り

❸

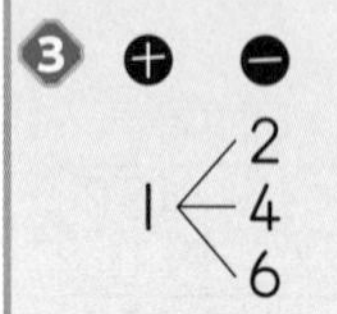

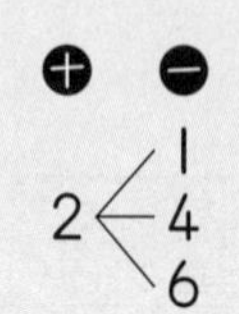

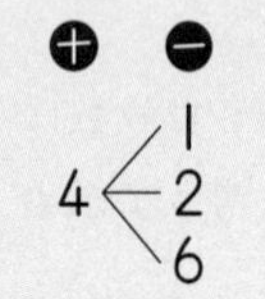

十 一
6 1 2 4

12通り

❹ 100　50　10　金額

○ ○ ○ 160円
○ ○ ⊗ 150円
○ ⊗ ○ 110円
○ ⊗ ⊗ 100円

100　50　10　金額

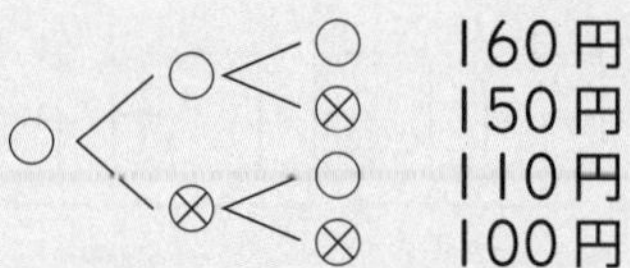

⊗ ○ ○ 60円
⊗ ○ ⊗ 50円
⊗ ⊗ ○ 10円
⊗ ⊗ ⊗ 0円

0円、10円、50円、60円、100円、110円、150円、160円

✌図や表に表すときは、まず1番めのものを決めて、残りから2番めを選び、さらにその残りから3番めを選んでいくんだよ。

❶

❶	❷	❸	❹
A	B	C	D
A	B	D	C
A	C	B	D
A	C	D	B
A	D	B	C
A	D	C	B

❶	❷	❸	❹
B	A	C	D
B	A	D	C
B	C	A	D
B	C	D	A
B	D	A	C
B	D	C	A

❶	❷	❸	❹
C	A	B	D
C	A	D	B
C	B	A	D
C	B	D	A
C	D	A	B
C	D	B	A

❶	❷	❸	❹
D	A	B	C
D	A	C	B
D	B	A	C
D	B	C	A
D	C	A	B
D	C	B	A

❷

百	十	一
2	5	8
2	8	5

百	十	一
5	2	8
5	8	2

百	十	一
8	2	5
8	5	2

❸

十	一
1	2
1	4
1	6

十	一
2	1
2	4
2	6

十	一
4	1
4	2
4	6

十	一
6	1
6	2
6	4

❹

100	50	10	金額
○	○	○	160円
○	○	⊗	150円
○	⊗	○	110円
○	⊗	⊗	100円

100	50	10	金額
⊗	○	○	60円
⊗	○	⊗	50円
⊗	⊗	○	10円
⊗	⊗	⊗	0円

おうちのかたへ 並べ方は、最初のうちは表や樹形図（じゅけいず）で考えるのがわかりやすいと思いますが、書き出すときに、やみくもに思いついたものを書いていかないようにさせましょう。落ちや重なりの原因になります。アルファベット順、数字が小さい順、あいうえお順など、自分なりに書く順序を決めておくことが大事です。

ぴったり1 準備 94ページ

1 ① B　② A　③ C　④ A　⑤ C　⑥ B
⑦ A・B　⑧ A・C　⑨ B・C
⑩ 3

ぴったり2 練習 95ページ

❶ A・B、A・C、A・D、B・C、B・D、C・D

❷ 15通り

❸ ① 10通り
② 20通り

❹ ① 12通り　② 6通り

てびき

❶

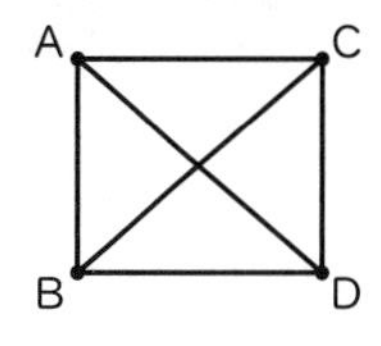

	A	B	C	D
A	＼	○	○	○
B		＼	○	○
C			＼	○
D				＼

❷ 1・5　1・10　1・50　1・100　1・500
5・10　5・50　5・100　5・500
10・50　10・100　10・500
50・100　50・500
100・500

❸ 5人をA、B、C、D、Eとおきかえます。

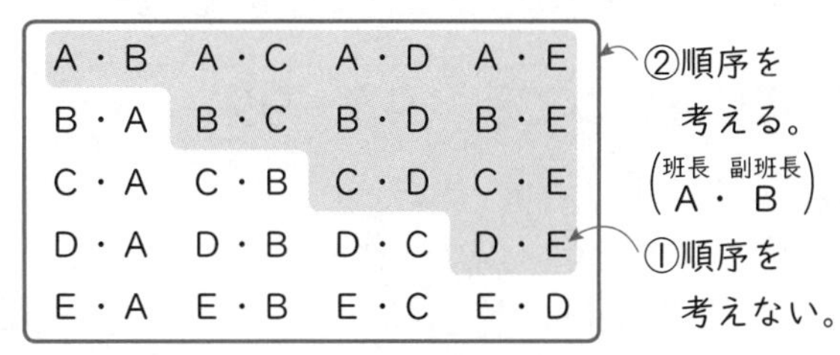

❹ カレーライスをA、ラーメンをB、チャーハンをC、からあげをDとおきかえます。
① 1番めを❶、2番めを❷とします。

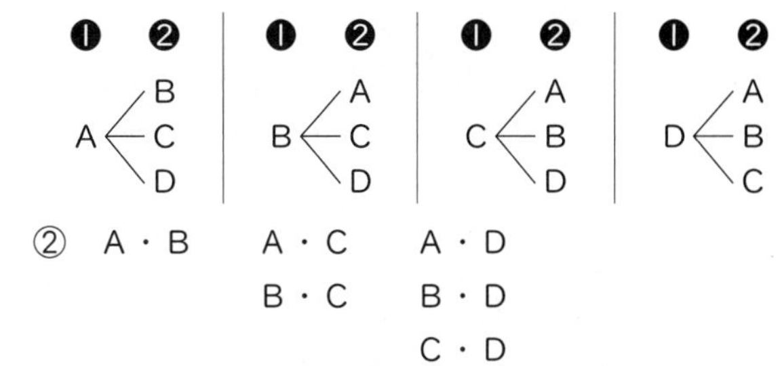

② A・B　A・C　A・D
B・C　B・D
C・D

しあげの5分レッスン ❹の①と②のちがいを説明してみよう。
例えば、「1番めに好きなものがチャーハンで、2番めに好きなものがからあげ」という人と、「1番めに好きなものがからあげで、2番めに好きなものがチャーハン」という人の回答を比べてみます。
①の聞き方だと、上の2つの回答は別の回答になりますが、②の聞き方では、好きなものは「チャーハンとからあげ」という同じ回答になります。他の場合も同じですので、この場合、①の答えは②の答えの2倍ということになります。

ぴったり3 確かめのテスト 96～97ページ

❶ ①㋐ 4　㋑ 5　㋒ 5　㋓ 4
② 2通り
③ 4の場合…2通り、5の場合…2通り
④ 6通り

❷ ① B、C、D
② B(と)C
③ 右の図
④ 6通り

	A	B	C	D
A	＼	○	○	○
B		＼	○	○
C			＼	○
D				＼

❸ 8通り

❹ 24通り

てびき

❶ ③ 百 十 一
4＜3―5, 5―3
百 十 一
5＜3―4, 4―3

❸ ① ② ③
○＜(○＜○,●), (●＜○,●)
① ② ③
●＜(○＜○,●), (●＜○,●)

❹ 白…A、赤…B、青…C、黄…D とおきかえます。
㋐ ㋑ ㋒ ㋓
A＜B＜(C―D, D―C), C＜(B―D, D―B), D＜(B―C, C―B)

同じように、㋐がB、C、Dの場合が、それぞれ6通りあります。

5 10通り

6 18通り

5 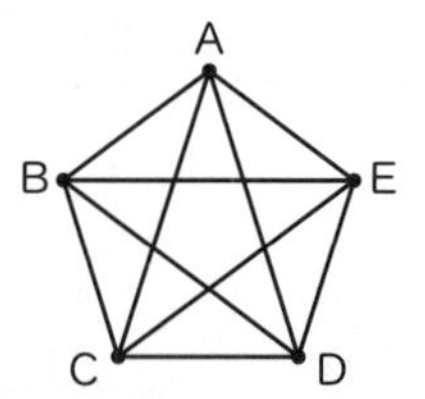

クッキー………A
キャンディー…B
チョコレート…C
パイ……………D
サブレ…………E

6 ① ② ③

カ ─ こ ＜ ゼ / ア
カ ─ コ ＜ ゼ / ア
カ ─ ジ ＜ ゼ / ア

左の図は、①がカレーライスの場合で、6通りです。
同じように、①がハンバーグライス、スパゲティーの場合がそれぞれ6通りあります。

考える力をのばそう

関係に注目して 98～99ページ

1 ①㋐ 10 ㋑ 12
② 比例していない。
③(考え方1) ㋒ 10 ㋓ 12 ㋔ 2
㋕ 6 ㋖ 21 ㋗ 6 ㋘ 2
㋙ 21 ㋚ 46 ㋛ 46
(考え方2) ㋜ 4 ㋝ 21 ㋞ 25
㋟ 46 ㋠ 46
④ ㋗…板が1枚(まい)のときのまわりの長さ
㋘…板が1枚増えたときに、増えるまわりの長さ
(㋙−1)…板が1枚から増えた枚数
⑤ 6、2、60、124、124
⑥ 考え方1…$6+2\times(x-1)=y$
考え方2…$x+(x+4)=y$

2 ① 式 $4+2\times(25-1)=52$ 答え 52 cm
② 式 $25+(25+2)=52$ 答え 52 cm

てびき

1 ② x の値(あたい)が2倍になっても、それにともなって y の値は2倍になっていません。
⑥ (考え方1) 板が x 枚のとき、1枚めの板から、$(x-1)$ 枚増えているから、2 cmずつ、$(x-1)$ 回増えています。
(考え方2) $y-x$ の数は、x より4大きくなります。

2 ①

円の数 x(こ)	1	2	3	4
できた図形の長さ y(cm)	4	6	8	10

2 cmずつ増える。

$4+\underbrace{2+2+\cdots+2}_{(25-1)こ}=4+2\times(25-1)$

x と y の関係を式に表すと、$4+2\times(x-1)=y$

②

円の数 x(こ)	1	2	3	4
できた図形の長さ y(cm)	4	6	8	10

(差：3、4、5、6)

$y-x$ の数は、x に2をたした数になります。
x と y の関係を式に表すと、$x+(x+2)=y$ です。

活用 データを使って生活を見なおそう

データを使って生活を見なおそう 100～101ページ

1 ①㋐ × ㋑ ○ ㋒ ○ ㋓ ×
②㋐ × ㋑ × ㋒ ○ ㋓ ○

2 (例)日曜日は読書時間の少ない人と多い人に分かれている。
(例)月曜日から木曜日までは、読書時間が10分以上30分未満の人が2組全体の約44％になっている。

てびき

1 ①㋐ ヒストグラムから平均値(へいきんち)は求められません。
㋒ 自分の読書時間が入っている階級を見ると、1組の中で長いほうか短いほうかがわかります。
㋓ ヒストグラムからわかるのは、40分以上50分未満の階級にいる人の数です。
②㋐ データはある1日の読書時間だから、平均値を7倍しても1週間の平均読書時間とはいえません。

2 (例)土曜日は、他の曜日に比べて、度数の多い階級がない。

プログラミングを体験しよう！

数の並べかえ方を考えよう　102～103ページ

1 ①㋐　入れかえない、92

㋑　5、入れかえる、52

㋒　7、入れかえる、72

②㋔　95　㋕　975　㋖　97

③㋗　97　㋘　9

④㋙　9

2 ①　27、21、7215、25、75
7521

②　37、39、7932、7324、9734
97432

てびき

1 4つ並んだ数を大きい順に並べるときの指示は、『1番めの数を調べ、「今の数」<「次の数」なら数を入れかえ、そうでなければ入れかえない。』です。
これを、2番めの数、3番めの数、…と調べていき、もし、「今の数」が最後の数なら「今の数」を並べかえずみにします。そして、すべての数が並べかえずみになるまで、同じ手順をくり返すということを行います。

算数のしあげ

まとめのテスト　104ページ

1 ①　600400000

②　7400こ

③　8億

2 ①　5.74

②　0.0531

③　7こ

3 ①　78

②　8.7

4 ①　9.1　②　30

③　20.05　④　0.6

⑤　3.7　⑥　3.72

⑦　$\frac{2}{3}$

⑧　$\frac{97}{28}\left(3\frac{13}{28}\right)$

⑨　$\frac{1}{2}$

⑩　$\frac{35}{18}\left(1\frac{17}{18}\right)$

てびき

1 ②

7	4	0	0	0	0	0	0
				1	0	0	0

1000を7400こ集めると、7400000になります。

③　100倍すると、位が2けたずつ上がります。

億				万
		8	0	0
8	0	0	0	0

2 ②　$\frac{1}{100}$にすると、位が2けたずつ下がります。

5	3	1		
0	0	5	3	1

③

0　$\frac{1}{7}$　1

1を7等分した1つ分が$\frac{1}{7}$だから、$\frac{1}{7}$を7こ集めると、1になります。

3 ①　$(196+78)+22=196+\underline{(78+22)}$
100

4 ✌小数のたし算とひき算の筆算をするときは位を縦にそろえて書くんだよ。

③

$$\begin{array}{r} 12.8 \\ +\ 7.25 \\ \hline 20.05 \end{array}$$

⑤　←4.0とする

$$\begin{array}{r} 4.0 \\ -0.3 \\ \hline 3.7 \end{array}$$

⑧　$\frac{5}{7}+2\frac{3}{4}=\frac{20}{28}+2\frac{21}{28}=2\frac{41}{28}=3\frac{13}{28}$

⑩　$3\frac{5}{6}-1\frac{8}{9}=3\frac{15}{18}-1\frac{16}{18}$

$=2\frac{33}{18}-1\frac{16}{18}=1\frac{17}{18}$

5 ① 5

② $\frac{23}{36}$

5 ① くふうして計算します。

$2.46-1.62+4.16$
$=(2.46+4.16)-1.62$
$=6.62-1.62$
$=5$

② 小数を分数で表して計算します。

$1\frac{2}{9}+0.25-\frac{5}{6}$
$=\frac{11}{9}+\frac{1}{4}-\frac{5}{6}$
$=\frac{44}{36}+\frac{9}{36}-\frac{30}{36}$
$=\frac{23}{36}$

まとめのテスト 105ページ

てびき

1 ① 468 ② 87438
③ 78 ④ 13
⑤ 40 ⑥ 91.8
⑦ 17.572 ⑧ 4.62
⑨ 2.8 ⑩ 6.5
⑪ 0.4

1 ②

```
   354
  ×247
  2478
 1416
 708
 87438
```

③

```
     78
 9)702
   63
    72
    72
     0
```

④

```
      13
 32)416
    32
     96
     96
      0
```

小数のかけ算は、かけられる数とかける数の小数点の右にあるけたの数の和だけ、積の小数点を右から数えてうつよ。

⑧

```
  16.5  → 右へ1けた
 ×0.28  → 右へ2けた
  1320        1+2
  330
  4.620 ← 左へ3けた
```

わる数とわられる数の小数点を同じけた数だけ右へ移すよ。商の小数点の位置になるよ。

⑩

```
       6.5
 1.4)9.1
     84
      70
      70
       0
```

⑪

```
       0.4
 1.3)0.5.2
       52
        0
```

2 ① $\frac{3}{10}$

② 8

③ 2

2 ③ $7\frac{3}{5}\div3\frac{4}{5}=\frac{38}{5}\div\frac{19}{5}=\frac{\overset{2}{\cancel{38}}\times\overset{1}{\cancel{5}}}{\underset{1}{\cancel{5}}\times\underset{1}{\cancel{19}}}=2$

3 ① $\frac{11}{30}$

② $\frac{10}{7}\left(1\frac{3}{7}\right)$

③ $\frac{3}{4}$

4 ① 37

② 336

③ 70

3 ③ $1-0.54\div1.2\times\frac{5}{9}=1-\frac{54}{100}\div\frac{12}{10}\times\frac{5}{9}$

$=1-\frac{\overset{1}{\cancel{\overset{6}{\cancel{54}}}}\times\overset{1}{\cancel{10}}\times\overset{1}{\cancel{5}}}{\underset{2}{\cancel{\underset{10}{\cancel{100}}}}\times\underset{2}{\cancel{12}}\times\underset{1}{\cancel{9}}}=1-\frac{1}{4}=\frac{3}{4}$

4 ① $2.5\times3.7\times4=3.7\times2.5\times4$

$=3.7\times(2.5\times4)=3.7\times10=37$

② $168\times9-7\times168=9\times168-7\times168$

$=(9-7)\times168=2\times168=336$

③ $\left(\frac{5}{6}-\frac{4}{9}\right)\times180=\frac{5}{6}\times180-\frac{4}{9}\times180$

$=150-80=70$

まとめのテスト　106ページ

1 ① 偶数(ぐうすう)　② 奇数(きすう)　③ 奇数　④ 偶数

2 ① 24

② 9

③ 12

④ 180

3 ① 5

② 6

③ 6

④ 4

4 ①、③、④、⑤

5 ① 74000

② 180000

③ 200000

④ 1990000

6 ① ㋑

② 2円

てびき

2 ① 8の倍数　8、16、24、32、…

6の倍数かどうか　×　×　○　×

③ 12の倍数　12、24、36、48、…

6の倍数かどうか　○　○　○　○

3の倍数かどうか　○　○　○　○

3 ① 10の約数　1、2、5、10

15の約数かどうか　○　×　○　×

④ 8の約数　1、2、4、8

20の約数かどうか　○　○　○　×

36の約数かどうか　○　○　○　×

4 十の位までのがい数にすると、140になるのは135以上145未満の数です。135は入りますが、145は入りません。

5 ✌四捨五入(ししゃごにゅう)は、4以下は切り捨(す)て、5以上は切り上げるんだよ。

① 百の位で四捨五入します。

　4000
73540

② 千の位で四捨五入します。

　0000
183962

③ 上から1けたまでのがい数にするので、上から2つめの位で四捨五入します。

200000
199332

④ 上から3けたまでのがい数にするので、上から4つめの位で四捨五入します。

　0000
1992919

6 ② ①の㋑を計算すると、1510円。

実際の代金の合計の金額は、1508円。

ちがいは、1510－1508＝2(円)

❶ ①

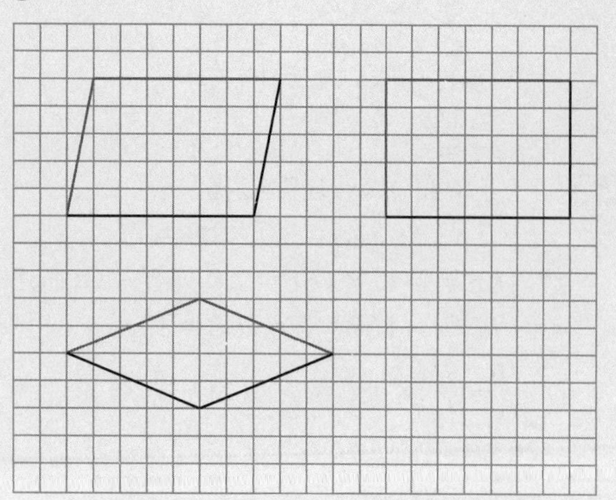

② ひし形　③ 長方形　④ 正方形

❷ ①　②

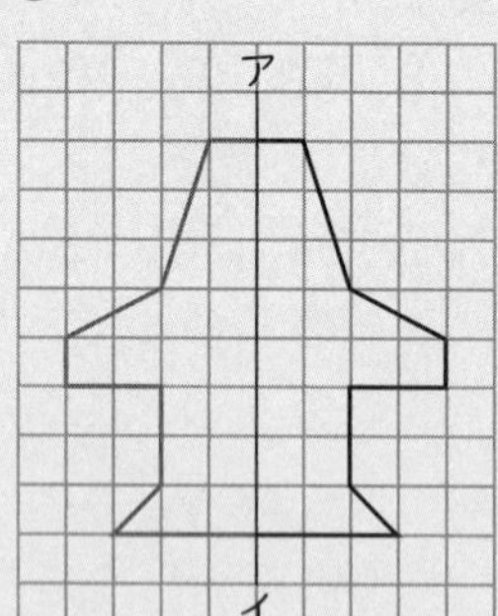

❸ ①

2cm　2cm　3cm

②

4cm　4cm　6cm

③ 1cm　1cm　1.5cm

❹ あ 55°　い 115°　う 108°

❶ 向かい合った2組の辺が平行な四角形を、平行四辺形といいます。
平行四辺形の、向かい合った辺の長さは等しくなっています。
また、向かい合った角の大きさも等しくなっています。

❷ 線対称(せんたいしょう)な図形は二つ折りにして、点対称な図形は180°回転して、ぴったり重なる図形だね。

❸ ① 3つの辺の長さは、㋐と同じになります。
② 3つの辺の長さは、㋐の2倍になります。
③ 3つの辺の長さは、㋐の$\frac{1}{2}$になります。

❹ 三角形の3つの角の和は180°で、四角形の4つの角の和は360°だね。

あ 180−(55＋70)＝55
い 360−(120＋85＋90)＝65←いのとなりの角
180−65＝115
う 180×3＝540
正五角形の5つの角の大きさは等しいので、
540÷5＝108

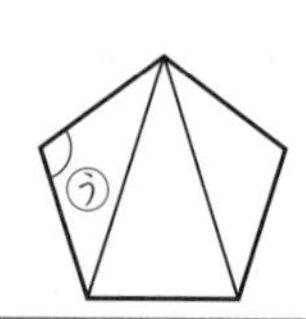

1 ① 19 cm² ② 30 cm²
③ 52 cm² ④ 24 cm²

2 ① まわりの長さ…20.56 cm
面積…25.12 cm²
② まわりの長さ…18.84 cm
面積…20.52 cm²

3 ① 729 cm³ ② 714 cm³
③ 140 cm³ ④ 360 m³
⑤ 45 cm³ ⑥ 226.08 cm³

1
面積の公式を使おう。
平行四辺形の面積＝底辺×高さ
三角形の面積＝底辺×高さ÷2
台形の面積＝(上底＋下底)×高さ÷2
ひし形の面積＝一方の対角線の長さ
×もう一方の対角線の長さ÷2

① 3.8×5＝19(cm²)
② 8×7.5÷2＝30(cm²)
③ (6＋10)×6.5÷2＝52(cm²)
④ 6×8÷2＝24(cm²)

2
円周＝直径×円周率(3.14)
＝半径×2×円周率(3.14)
円の面積＝半径×半径×円周率(3.14)

① まわりの長さには、直径もふくまれます。
8×3.14÷2＋8＝20.56(cm)
面積は、4×4×3.14÷2＝25.12(cm²)
② まわりの長さは、
6×2×3.14÷4×2＝18.84(cm)
面積は次のように考えます。

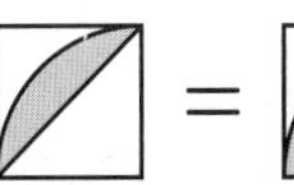 ＝ 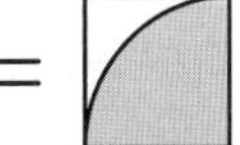 － 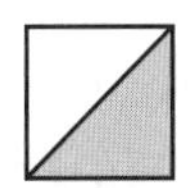

6×6×3.14÷4－6×6÷2
＝10.26
10.26×2＝20.52(cm²)

3 ① 9×9×9＝729(cm³)
② 8.5×12×7＝714(cm³)

角柱、円柱の体積＝底面積×高さ

③ 5×7÷2(底面積)×8(高さ)＝140(cm³)

④ (7×12－3×4)(底面積)×5(高さ)＝360(m³)

1つの角柱とみるほかに、下の図のように、大きな直方体から小さな直方体を切り取った立体と考えると、
7×12×5＝420
3×4×5＝60
420－60＝360(m³)

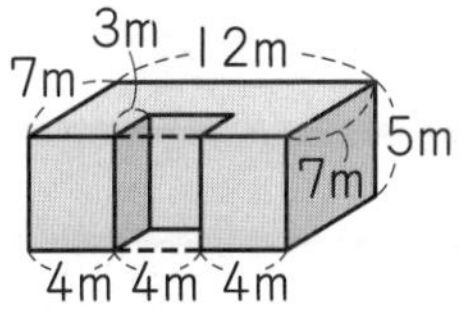

⑤ (2＋4)×3÷2(底面積)×5(高さ)＝45(cm³)

⑥ 3×3×3.14(底面積)×8(高さ)＝226.08(cm³)

まとめのテスト 109ページ

1 ① 約3cm
② 約17日
③ 約66m²

2 ① km² ② mL ③ g
④ cm ⑤ m ⑥ kg

3 ㋐ 10 ㋑ 100 ㋒ 100
㋓ 10000 ㋔ a ㋕ ha
㋖ 1000 ㋗ 1000000

4 ㋐ mL ㋑ 1000 ㋒ L ㋓ kL

てびき

1 ② 5kg＝5000g
1日に2合、つまり300gずつ食べていくので、
5000÷300＝16.6…（17）
③ 1.82×1.82×20＝66.248

まとめのテスト 110ページ

1 ① (左から順に) 4、7、10、13、16
② 31本

2 ① (左から順に) 4、8、12、16、20、24
比例している。
② (左から順に) 28、14、7、4、2、1
反比例している。

3 ① 比例…㋑ 反比例…㋐
②㋐ $y=40\div x$ ㋑ $y=30\times x$

4 ① △ ② × ③ ○ ④ ×

てびき

1 ② 4＋3×(10－1)＝31(本)

3 ①
xの値が2倍、3倍、…になると、yの値も2倍、3倍、…になるのは比例、yの値が$\frac{1}{2}$倍、$\frac{1}{3}$倍、…になるのは反比例だよ。

4 yをxの式で表すと、次のようになります。
① $y=8\div x$ ② $y=20-x$
③ $y=5\times x$ ④ $y=x+2$

まとめのテスト 111ページ

1 ① 600g
② 219kg

2 自動車B

3 ① 秒速5m
② 95km
③ 18分

てびき

1 ①
平均＝合計÷個数 で求めるよ。

4.2÷7＝0.6(kg)
② 0.6×365＝219(kg)

2 ガソリン1Lで走ることができる道のりは、
A 300÷25＝12(km)
B 240÷16＝15(km)

3
速さ＝道のり÷時間
道のり＝速さ×時間

① 125÷25＝5(m)
② 1時間35分＝$1\frac{35}{60}$時間だから、道のりは、
$60\times1\frac{35}{60}=95$(km)
③ 道のりの単位をmにして、かかる時間をx分とすると、
$750\times x=13500$
$x=13500\div750=18$

❹ ① 75
② 80
③ 1400

❺ ① 150 人
② 2250 人

❻ ① $\frac{6}{7}$
② 2：3
③ 80

❼ 200 mL

❹ 割合(わりあい)＝比べられる量÷もとにする量
比べられる量＝もとにする量×割合

① 3÷4＝0.75 → 75 %
② x 人とすると、15 % は 0.15 だから、
x×0.15＝12
x＝12÷0.15＝80
③ 30 % びきを小数で表すと、1－0.3 だから、
2000×(1－0.3)＝1400(円)

❺ ① 20 %は 0.2 だから、
750×0.2＝150(人)
② 先週と今週をあわせた入館者数は
600＋750＝1350(人)
これが先月の入館者数の 60 %にあたるから、
1350÷0.6＝2250(人)

❻ ② 8：12＝2：3 (÷4、÷4)

③ $30\div18=\frac{5}{3}$ だから、

48：18＝x：30 ($\times\frac{5}{3}$、$\times\frac{5}{3}$)　$x=48\times\frac{5}{3}=80$

❼ ミルクティーが x mL できるとすると、紅茶(こうちゃ)とミルクティーの比は 3：5 だから、
3：5＝120：x
x＝5×40＝200(mL)

まとめのテスト　112 ページ

❶ ①(1) ㋒　(2) ㋓
② A…○　B…○　C…×　D…×

❷ ①
⑪ ④ ⑧ ① ③ ⑦ ② ⑤⑫ ⑩ ⑥ ⑨
25　30　35　40(g)

② 平均値(へいきんち)…32 g
最頻値(さいひんち)…34 g
中央値(ちゅうおうち)…31.5 g
③ 表(上から順に) 4、5、3

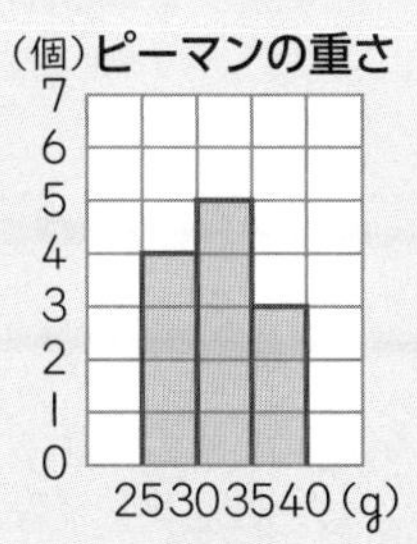

④ 30 g 以上 35 g 未満

てびき

❶ ① ㋐は棒(ぼう)グラフで、ものの量を比べるときに使います。
㋑は折れ線グラフで、変化の様子を調べるときに使います。
㋒は円グラフで、全体に対する割合を見るときに使います。
㋓はヒストグラムで、全体のちらばりの様子を見るときに使います。
② C…算数、体育、図画工作が好きな人の割合の合計は 65 %で、4 分の 3 をこえていません。
D…ヒストグラムから、調べたなしのうち、13 個が 390 g 以上であることは読み取れますが、それらがすべて 400 g 以上かどうかはわかりません。

❷ ② 平均値はいちばん軽い 26 g を仮の平均として求めると、計算が簡単(かんたん)になります。

夏のチャレンジテスト

1 ㋐、㋓

2 ① $\frac{6}{35}$　② $\frac{10}{3}\left(3\frac{1}{3}\right)$　③ $\frac{3}{8}$

④ $\frac{25}{32}$　⑤ $\frac{1}{12}$　⑥ $\frac{20}{27}$

⑦ $\frac{9}{2}\left(4\frac{1}{2}\right)$　⑧ $\frac{5}{24}$　⑨ $\frac{6}{7}$　⑩ $\frac{1}{2}$

3 ① $80\times x+340=y$

② 660

③ 7

4 ① ㋑、㋒、㋔

② ㋐、㋓

5 ①

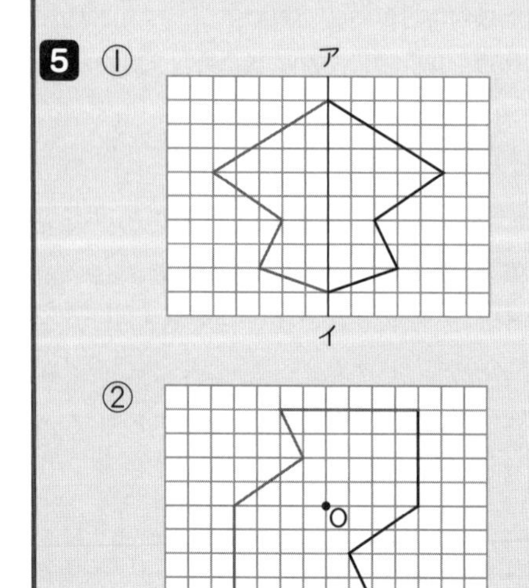

②

てびき

1

かける数＜1　のとき、積＜かけられる数

かける数＞1　のとき、積＞かけられる数

わる数　＜1　のとき、商＞わられる数

わる数　＞1　のとき、商＜わられる数

2 帯分数のかけ算やわり算は、帯分数を仮分数で表して、真分数のかけ算やわり算と同じように計算します。

①～④　分母どうし、分子どうしをかけます。

$$\frac{b}{a}\times\frac{d}{c}=\frac{b\times d}{a\times c}$$

⑤～⑧　わる数の逆数をかけます。

$$\frac{b}{a}\div\frac{d}{c}=\frac{b}{a}\times\frac{c}{d}=\frac{b\times c}{a\times d}$$

⑩　小数を分数で表して計算します。

3 ① オレンジ1個の値段(ねだん)×個数＋バナナの値段＝代金の合計

② ①の式の x に 4 をあてはめると、

$80\times4+340=660$

③ ①の式の y に 900 をあてはめると、

$80\times x+340=900$

$x=560\div80=7$

4

㋐

㋑

㋒

㋓

㋔

5 ① 線対称(せんたいしょう)な図形では、対応する2つの点を結ぶ直線は、対称の軸(じく)と垂直(すいちょく)に交わります。

また、この交わる点から対応する2つの点までの長さは、等しくなっています。

対応する点の見つけ方

② 点対称な図形では、対応する2つの点を結ぶ直線は、対称の中心を通ります。

また、対称の中心から対応する2つの点までの長さは、等しくなっています。

対応する点の見つけ方

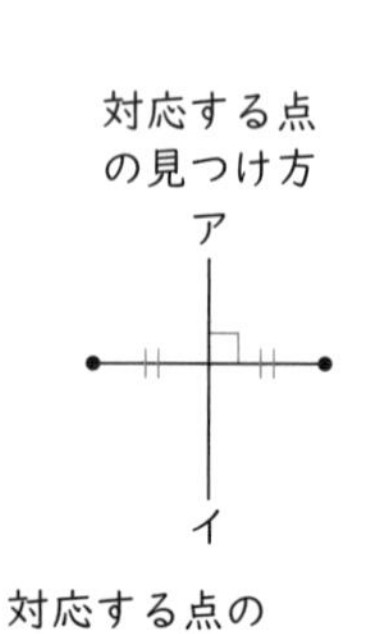

6 ① 2：5　② 4：9

7 ① 16　② 25

8 ① ㊁　② ㋐　③ ㋒　④ ㋑

9 ① 式 $\frac{13}{9}\div\frac{2}{3}=\frac{13}{6}$

答え $\frac{13}{6}$ m² $\left(2\frac{1}{6}\text{m}^2\right)$

② 式 $\frac{2}{3}\div\frac{13}{9}=\frac{6}{13}$　　答え $\frac{6}{13}$ dL

③ 式 $\frac{6}{13}\times 2.6=\frac{6}{5}$　答え $\frac{6}{5}$ dL $\left(1\frac{1}{5}\text{dL}\right)$

10 ① 式 $42\times\frac{5}{6}=35$　　答え 35 kg

② 式 お父さんの体重を x kg とすると、

$x\times\frac{7}{10}=42$

$x=42\div\frac{7}{10}=60$　　答え 60 kg

11 ① 240 mL　② 400 mL

6 ①

$1.2:3=12:30=2:5$ （×10、÷6）

②

$0.2:0.45=20:45=4:9$ （×100、÷5）

7 ①

$4:3=x:12$ （×4）

②

$18:10=45:x$ （$\times\frac{5}{2}$）

9 ① 板を x m² ぬれるとします。

0　$\frac{13}{9}$　x　(m²)
0　$\frac{2}{3}$　1　(dL)

$x=\frac{13}{9}\div\frac{2}{3}=\frac{13}{9}\times\frac{3}{2}=\frac{13}{6}$ (m²)

② ペンキが x dL 必要であるとします。

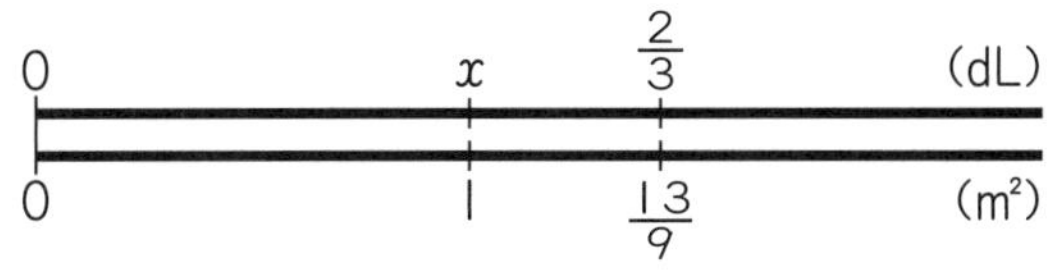

$x=\frac{2}{3}\div\frac{13}{9}=\frac{2}{3}\times\frac{9}{13}=\frac{6}{13}$ (dL)

③ 小数を分数で表して計算します。

$\frac{6}{13}\times 2.6=\frac{6}{13}\times\frac{26}{10}=\frac{6}{5}$ (dL)

10 ① 弟の体重を x kg とします。

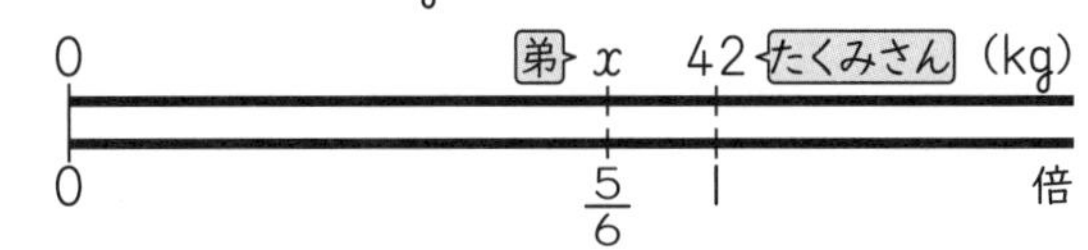

$x=42\times\frac{5}{6}=35$ (kg)

② お父さんの体重を x kg とします。

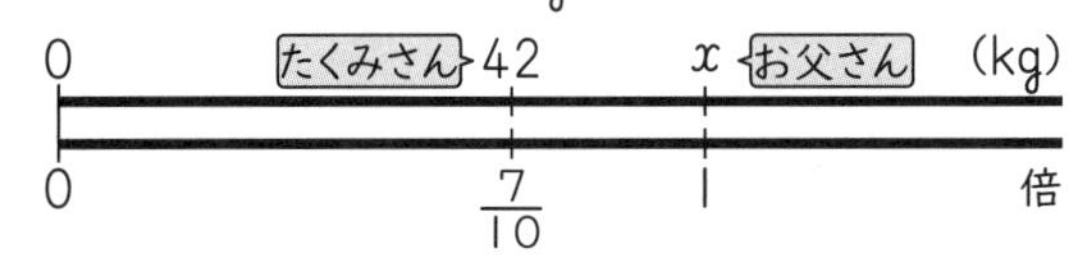

$x\times\frac{7}{10}=42$ より、

$x=42\div\frac{7}{10}=\frac{42}{1}\times\frac{10}{7}=60$ (kg)

11 ① コーヒーの量を x mL とします。

$8:5=x:150$

$x=8\times 30=240$ (mL)

② コーヒーの量を x mL とします。

$(8+5):8=650:x$

$x=8\times 50=400$ (mL)

1 ① 式 40÷2＝20
20×20×3.14＝1256
答え 1256 cm²
② 式 8×8×3.14÷4＝50.24
答え 50.24 cm²

2 ① 約 24 cm² ② 約 36 cm²

3 ① 式 8×5÷2×6＝120 答え 120 cm³
② 式 5×5×3.14÷2×10＝392.5
答え 392.5 cm³

4 ① 65°
② 辺AB…5 cm、辺GH…6 cm

5 ① × ② △ ③ ○

6 ①㋐ 5 ㋑ 48
②㋒ 24 ㋓ 2

てびき

1 円の面積＝半径×半径×3.14 です。
① まず、半径を求めます。
② 半径 8 cm の円の $\frac{1}{4}$ です。

2 ① 右の図のように、2つの平行四辺形とみて面積を求めます。
4×3×2＝24(cm²)

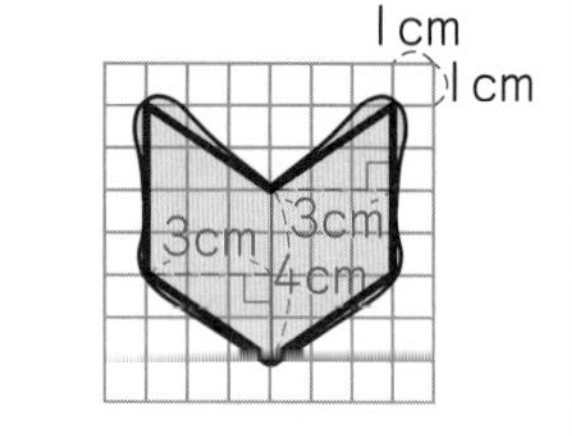

② 台形とみて面積を求めます。
(7＋5)×6÷2
＝36(cm²)

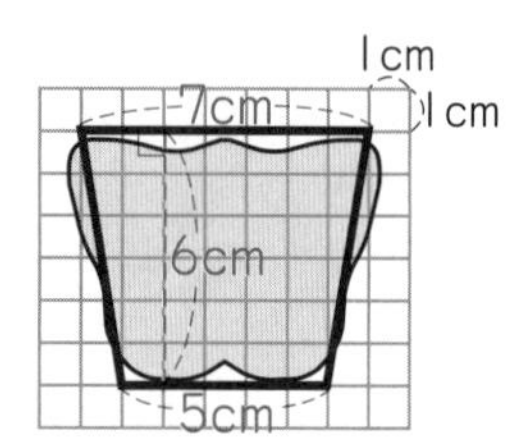

3 ① 角柱の体積＝底面積×高さ
底面は三角形です。
8×5÷2×6＝120(cm³)
（8×5÷2：底面積、6：高さ）
② 円柱の体積＝底面積×高さ
底面は、半円です。
10÷2＝5
5×5×3.14÷2×10＝392.5(cm³)
（5×5×3.14÷2：底面積、10：高さ）

4 ① 対応する角の大きさは等しくなっています。
角Bに対応する角は角Fです。
② 辺BCと辺FGは対応しているから、9÷6＝1.5で、四角形EFGHは四角形ABCDの1.5倍の拡大図です。
辺AB 7.5÷1.5＝5(cm)
辺GH 4×1.5＝6(cm)

5 ① x の値が2倍になっても、y の値は2倍にも $\frac{1}{2}$ 倍にもなっていません。だから、比例も反比例もしていないことがわかります。

6 ①

$\frac{1}{2}$倍 ／ 3倍

x(cm)	8	16	㋑
y(cm²)	㋐	10	30

$\frac{1}{2}$倍 ／ 3倍

②

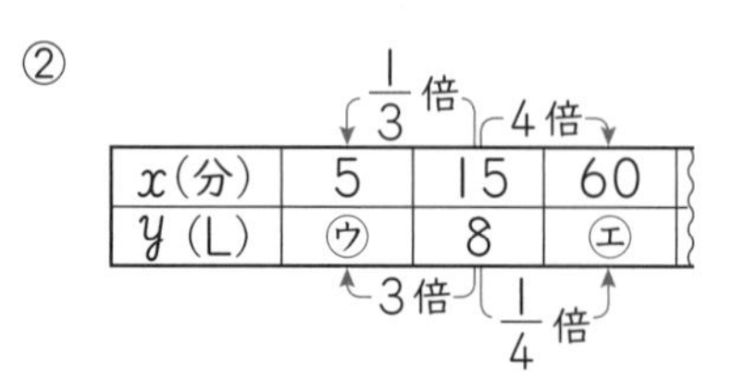

$\frac{1}{3}$倍 ／ 4倍

x(分)	5	15	60
y(L)	㋒	8	㋓

3倍 ／ $\frac{1}{4}$倍

7 ① Aの度数分布表

重さ(g)	個数(個)
24 以上～28 未満	2
28 ～32	3
32 ～36	2
36 ～40	1
40 ～44	2
合計	10

Bのドットプロット

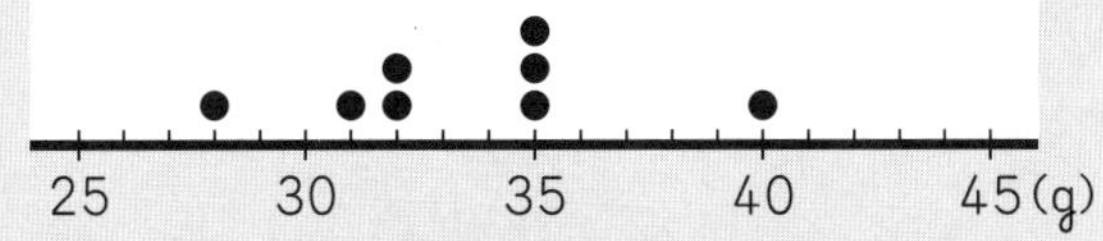

② ㋐ 40　㋑ 32.9　㋒ 50 %
㋓ 12.5%

③ Bのプランター

8 式 (例) 8×10−4×5=60
60×12=720
答え 720 cm^3

9 ① 3060 g 分の画用紙を用意すればよい。
② 350 枚

10 ① 12通り　② 9通り

7 A

① 30	② 32	③ 43	④ 27	⑤ 34
⑥ 28	⑦ 42	⑧ 26	⑨ 31	⑩ 36

B

① 32	② 35	③ 40 (→㋐)	④ 31	⑤ 35
⑥ 35	⑦ 28	⑧ 32		

Aのピーマンの重さ

重さ(g)	個数(個)	
24 以上～28 未満	2	}→㋒
28 ～32	3	
32 ～36	2	
36 ～40	1	
40 ～44	2	
合計	10	

Bのピーマンの重さ

重さ(g)	個数(個)	
24 以上～28 未満	0	
28 ～32	2	
32 ～36	5	
36 ～40	0	}→㋓
40 ～44	1	
合計	8	

②㋐ 「B」の表のいちばん大きい数です。
㋑ 「A」の表から平均値を求めます。
(30+32+43+27+34+28+42+26+31+36)÷10=32.9(g)
㋒ Aの度数分布表から考えます。
2+3=5　5÷10=0.5→50 %
㋓ Bの度数分布表から考えます。
0+1=1　1÷8=0.125→12.5 %
③ ②の問題の表の 32 g 未満と 36 g 以上の度数の割合から求めます。
A 100−(50+30)=20(%)
B 100−(25+12.5)=62.5(%)

8 ここの面を、底面とみます。

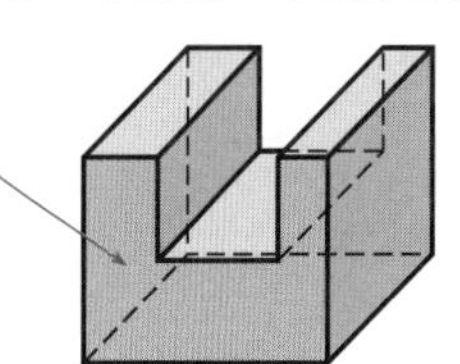

9 ① 枚数は、
360÷10=36(倍)
重さも 36 倍になるから、
85×36=3060(g)

枚数(枚)	10	360
重さ (g)	85	□

(36 倍)

② 重さは、
800÷16=50(倍)
枚数も 50 倍になるから、
7×50=350(枚)

枚数(枚)	7	□
重さ (g)	16	800

(50 倍)

10 ① AとBを 1 つのまとまりと考えます。
[AB]CD、C[AB]D、CD[AB]
[AB]DC、D[AB]C、DC[AB]
[　]の中がBAとなる場合も 6 通りあるから、全部で 12 通りです。
② グーをA、チョキをB、パーをCとします。

そら	りえ	そら	りえ	そら	りえ
A	A, B, C	B	A, B, C	C	A, B, C

1 ① 27.41
② $\frac{3}{2}\left(1\frac{1}{2}\right)$
③ $\frac{7}{10}$

2

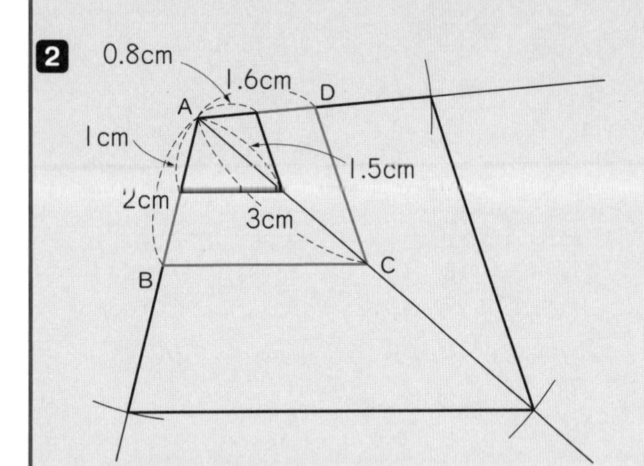

3 ① 0.85 m　② 50 mg
③ 380 m^2　④ 0.0059 km^2
⑤ 240 cm^3　⑥ 1.7 kL

4 ① ゆうたさん…5 m、けんとさん…6.25 m
② けんとさん

5 ㋑、㋒、㋔

6 ① 式　6×6×3.14÷4−3×3×3.14÷2
=14.13
答え　14.13 cm^2
② 式　4×4×3.14÷2+3×8=49.12
49.12×10=491.2
答え　491.2 cm^3

7 ① 式　12×25×1.2=360
答え　約 360 m^3
② 約 360 kL
③ 約 360 t

てびき

1 ① 28.3−(2.59−1.7)
=28.3−0.89
=27.41
② $\frac{5}{9}-\frac{1}{6}\div\frac{3}{4}+\frac{7}{6}=\frac{5}{9}-\frac{1}{6}\times\frac{4}{3}+\frac{7}{6}$
$=\frac{5}{9}-\frac{2}{9}+\frac{7}{6}$
$=\frac{10}{18}-\frac{4}{18}+\frac{21}{18}=\frac{3}{2}$
③ $\frac{1}{30}+\frac{5}{6}\div1.25=\frac{1}{30}+\frac{5}{6}\div\frac{5}{4}$
$=\frac{1}{30}+\frac{5}{6}\times\frac{4}{5}$
$=\frac{7}{10}$

2 問題の四角形をはかると、辺ＡＤは 1.6 cm、辺ＡＢは 2 cm、対角線ＡＣは 3 cm です。

3 ① 1 m=1000 mm　② 1 g=1000 mg
③ 1 a=100 m^2
④ 1 km^2=1000000 m^2
⑤ 1 L=1000 cm^3　⑥ 1 m^3=1 kL

4 ① ゆうたさん…80÷16=5(m)
けんとさん…50÷8=6.25(m)
② 1 秒あたりに走った道のりが長いほうが速いです。

5 比を簡単（かんたん）にすると、
2：6=1：3
㋐ 2：3　㋑ 1：3　㋒ 1：3
㋓ 3：4　㋔ 1：3

6 ① 6×6×3.14÷4−3×3×3.14÷2
=9×3.14−4.5×3.14
=(9−4.5)×3.14
=14.13(cm^2)
3.14 は最後にかけると計算が簡単になります。
② 底面積は、
4×4×3.14÷2（半円）+3×8（長方形）=49.12(cm^2)
49.12×10=491.2(cm^3)

7 ② 1 m^3=1 kL なので、
360 m^3=360 kL です。
③ 水 1 kL の重さは 1000 kg=1 t です。
水 360 kL の重さは 360 t です。

8 式　$160 \div (12-3) = 17.7\cdots$

答え　時速 18 km

9 全部…12 通り、奇数(きすう)…6 通り

10 ① 式　$(50+54+41+53+48+62+52+64+49+53+60+45+51+59+46+55+53+41) \div 18 = 52$

答え　52 点

② 52.5 点

③

Aグループの新体力テストの結果

得点(点)	人数(人)
40 以上～45 未満	2
45　～50	4
50　～55	7
55　～60	2
60　～65	3
合　計	18

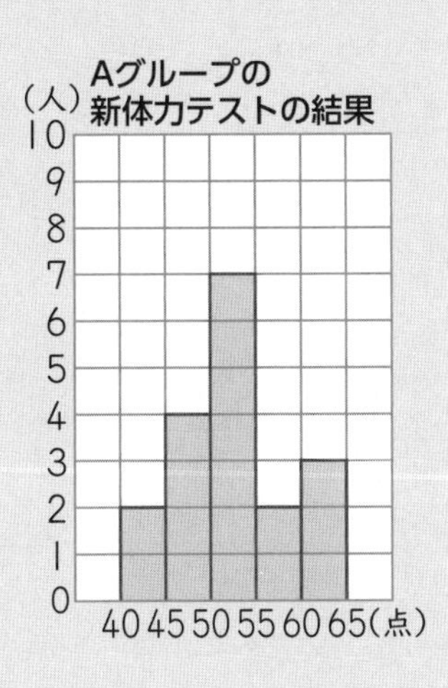

④ ㋒

8 $12-3=9$ より、9 時間で 160 km 走ればよいことになります。

速さ＝道のり÷時間　で求めます。

9

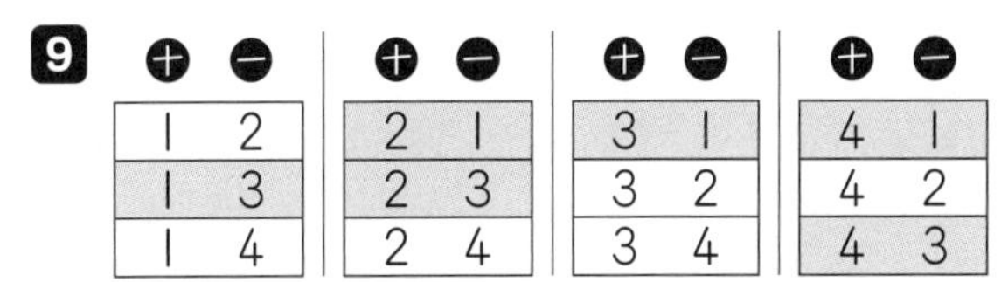

2 けたの整数は全部で 12 通りです。上の図の色のついている数が奇数です。

10 ② 中央値(ちゅうおうち)はデータを大きさの順に並(なら)べると、

41　41　45　46　48　49　50　51　52

53　53　53　54　55　59　60　62　64

データの個数が 18 なので、中央の 9 番めと 10 番めの値(あたい)の平均が中央値になります。

$(52+53) \div 2 = 52.5$(点)

③ 「正」の字を使って、度数分布表に整理します。度数分布表をもとにヒストグラムをかいていきます。縦(たて)の 1 めもりは 1 人です。

④㋐ 50 点以上 55 点未満と 55 点以上 60 点未満の度数から求められます。

$(7+2) \div 18 = 0.5$ で、50 % です。

㋑ 40 点以上 45 点未満と 45 点以上 50 点未満の度数から求められます。

$2+4=6$ で、6 人です。

学力診断テスト

1 ① $\frac{14}{15}$　② $\frac{2}{3}$　③ $\frac{9}{5}\left(1\frac{4}{5}\right)$
④2　⑤ $\frac{4}{7}$　⑥ $\frac{9}{25}$

2 ①1　②1.2　③3.6

3 ㋓

4 25.12 cm²

5 ①式　6×4÷2×12＝144
答え　144 cm³
②式　5×5×3.14÷2×16＝628
または、5×5×3.14×16÷2＝628
答え　628 cm³

6 線対称…㋐、㋑　点対称…㋐、㋓

7 ㋑、㋓

8 ① y＝36÷ x　②いえます（いえる）

9 ①角E　②4.5 cm

10 6通り

11 ①中央値…5冊
最頻値…5冊
②5冊
③右のグラフ
④6冊以上8冊未満
⑤4冊以上6冊未満

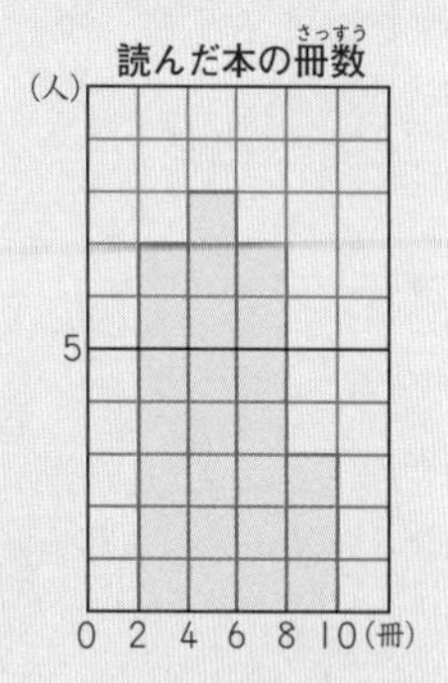

12 ① y＝12× x　②900 L
③300000 cm³　④50 cm
⑤（例）浴そうに水を200 Lためてシャワーを1人15分間使うと、200＋12×15×5＝1100(L)、浴そうに水をためずにシャワーを1人20分間使うと、12×20×5＝1200(L)になるので、浴そうに水をためて使うほうが水の節約になるから。

てびき

2 x の値が5のときの y の値が3だから、きまった数は3÷5＝0.6　式は y＝0.6× x です。

4 右の図の①の部分と、②の部分は同じ形です。だから、求める面積は、直径8cmの円の半分と同じです。
4×4×3.14÷2＝25.12(cm²)

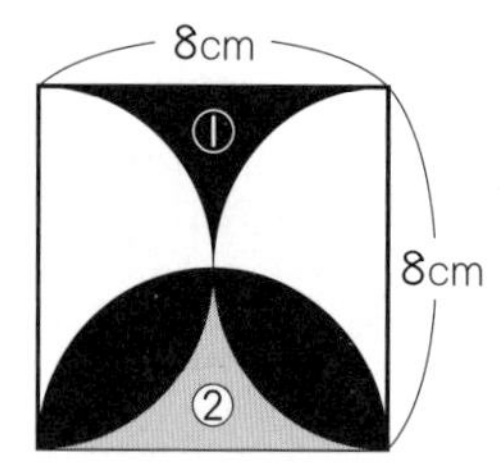

5 どちらも「底面積×高さ」で求めます。
①の立体は、底面が底辺6cm、高さ4cmの三角形で、高さが12cmの三角柱です。
②の立体は、底面が直径10cmの円の半分で、高さが16cmの立体です。また、②は底面が直径10cmの円、高さが16cmの円柱の半分と考えて、「5×5×3.14×16÷2」でも正解です。

6 1つの直線を折り目にして折ったとき、両側の部分がぴったり重なる図形が線対称な図形です。また、ある点のまわりに180°まわすと、もとの形にぴったり重なる図形が点対称な図形です。

7 ㋑は6で、㋓は7でわると2：3になります。

8 ①［横］＝［面積］÷［縦］　x × y＝36としても正解です。
②①の式は、y＝［きまった数］÷ x　だから、x と y は反比例しているといえます。

9 ②形の同じ2つの図形では、対応する辺の長さの比はすべて等しくなります。辺ABと辺DBの長さの比は2：6で、簡単にすると1：3です。辺ACと辺DEの長さの比も1：3だから、1：3＝1.5：□として求めます。

10 赤―青、赤―黄、赤―緑、青―黄、青―緑、黄　緑の6通りです。
例えば、右のようにして考えます。

赤＜青・黄・緑　青＜黄・緑　黄―緑

11 ①ドットプロットから、クラスの人数は25人とわかります。中央値は、上から13番目の本の冊数です。
②平均値は、125÷25＝5(冊)になります。
③ドットプロットから、2冊以上4冊未満の人数は7人、4冊以上6冊未満の人数は8人、6冊以上8冊未満の人数は7人、8冊以上10冊未満の人数は3人です。
④8冊以上10冊未満の人数は3人、6冊以上8冊未満の人数は7人だから、本の冊数が多いほうから数えて10番目の児童は、6冊以上8冊未満の階級に入っています。
⑤5冊は4冊以上6冊未満の階級に入ります。

12 ①12× x＝y としても正解です。
⑤それぞれの場合の水の使用量を求め、比かくした上で「水をためて使うほうが水の節約になる」ということが書けていれば正解とします。